中国土壤修复产业发展研究报告
（2024）

ANNUAL REPORT ON THE DEVELOPMENT OF
SOIL REMEDIATION INDUSTRY IN CHINA (2024)

中国电建土壤修复产业联盟
深圳市华浩淼水生态环境技术研究院   主编

河海大学出版社
·南京·

图书在版编目（CIP）数据

中国土壤修复产业发展研究报告. 2024 / 中国电建土壤修复产业联盟，深圳市华浩淼水生态环境技术研究院主编. -- 南京：河海大学出版社，2025.6. -- ISBN 978-7-5630-9750-0

Ⅰ. X322.2

中国国家版本馆 CIP 数据核字第 2025LP4583 号

书　　名	中国土壤修复产业发展研究报告（2024）
	ZHONGGUO TURANG XIUFU CHANYE FAZHAN YANJIU BAOGAO (2024)
书　　号	ISBN 978-7-5630-9750-0
责任编辑	周　贤
特约校对	吴媛媛
封面设计	张育智　刘　冶
出版发行	河海大学出版社
地　　址	南京市西康路 1 号（邮编：210098）
电　　话	（025）83737852（总编室）　　（025）83787157（编辑室）
	（025）83722833（营销部）
经　　销	江苏省新华发行集团有限公司
排　　版	南京布克文化发展有限公司
印　　刷	苏州市古得堡数码印刷有限公司
开　　本	787 毫米×1092 毫米　1/16
印　　张	15
字　　数	300 千字
版　　次	2025 年 6 月第 1 版
印　　次	2025 年 6 月第 1 次印刷
定　　价	188.00 元

《中国土壤修复产业发展研究报告（2024）》编委会

主　任
徐鹏程

常务副主任
李　斌　张业勤

副主任
周正荣　盛　晟　陈晨宇　程开宇　吕新建　谭玉平　张喜林　徐方才

主　编
刘国栋

执行主编
孙加龙

副主编
陈　飞　汶宏超　杨君儿　陈　森　李相儒　黄立华　李　江　沈　杰
孙朝亮　谭文超　殷宪强　张宏伟

编写人员

深圳市华浩淼水生态环境技术研究院
王　莹

中国电建集团华中投资有限公司
钟　明　卿　澳　杨天杰　徐梓轩

中国电建集团华东投资有限公司
汪海飞　杨锐龙　齐　权　陈欣远

中国电建集团华东勘测设计研究院有限公司
楼永良　陈启婷　张洪元　骆丽梅　郦建锋　辛立庆

中国科学院东北地理与农业生态研究所
刘芮忻

中国水利水电第六工程局有限公司
赵　鹤　苏鹏程　徐金秋

中国水利水电第九工程局有限公司
田峻旭　杨再勇　张应该　樊　阳

中国水电基础局有限公司
孙　亮　郭宝洋

中国电建集团贵阳勘测设计研究院有限公司
闫亚楠　罗治力　程　功　张小清

西北农林科技大学
孙慧敏　丁司铎　李晓鸿　赵毅华

中电建（北京）基金管理有限公司
邓　晶　陈诗扬　刘泽斌　侯雨茜

序

  土壤是人类生存与发展的根基，是农业生产的物质基础，更是生态文明建设的重要载体。在习近平生态文明思想指引下，党中央、国务院将土壤污染防治作为统筹发展与安全、推进美丽中国建设的重大战略任务，纳入国家生态文明建设总体布局。党的二十大明确提出"坚持山水林田湖草沙一体化保护和系统治理"，《中共中央 国务院关于全面推进美丽中国建设的意见》进一步强调强化土壤污染源头防控，加强土壤分类管理和风险管控，为新时代土壤修复事业指明方向。2024 年，中共中央、国务院印发的《关于加快经济社会发展全面绿色转型的意见》更是将土壤修复列入破解生态环境约束、推动高质量发展的关键领域，要求构建"政府主导、市场运作、科技支撑、公众参与"的多元共治格局。

  在此背景下，《中国土壤修复产业发展研究报告（2024）》应运而生。报告立足"两个大局"，深刻把握"双碳"目标与生态文明建设的战略耦合点，系统梳理我国土壤修复产业在政策创新、技术创新、模式创新领域的突破性进展。数据显示，2023 年全国土壤修复市场规模突破 140 亿元，矿山修复、盐碱地治理、高标准农田建设等细分领域增速超 20%，国有企业依托全产业链优势加速资源整合、民营企业凭借数字化技术撬动治理新模式，政产学研用协同创新生态初步形成。

  面对土壤污染的隐蔽性、累积性、复杂性特征，报告清醒地指出了当前土壤修复产业的技术瓶颈以及市场化机制不健全、跨区域协同不足等深层次矛盾。由此，提出构建"政策法规—技术创新—金融赋能—国际合作"思维联动的治理体系，对于落实《中华人民共和国土壤污染防治法》提出的"预防为主、保护优先"原则，推动产业向"全生命周期管理、全过程风险管控"跃升具有重要实践价值。

　　站在人与自然和谐共生的高度，土壤修复不仅是环境治理工程，更是关乎粮食安全、乡村振兴、区域协调发展的国家战略。本报告的编撰，旨在凝聚各方智慧，为构建中国特色土壤修复治理体系、助力实现"双碳"目标和美丽中国愿景提供决策参考。期待与各界同仁携手，以科技创新破解环境治理难题，以制度创新激发市场活力，共同谱写新时代生态文明建设新篇章！

徐鹏程

2025 年 4 月于北京

前　言

土壤是人类赖以生存和发展的物质基础，其健康状况直接关系到国家粮食安全、生态安全和人民群众身体健康。近年来，随着我国工业化、城镇化进程的加速推进，土壤污染问题日益凸显，重金属污染、有机物残留、盐碱化等问题已成为可持续发展和生态文明建设的瓶颈。党中央、国务院对此高度重视，将土壤污染防治作为生态文明建设的重要内容，纳入"五位一体"总体布局和"四个全面"战略布局。《中华人民共和国土壤污染防治法》的颁布实施、《土壤污染防治行动计划》的深入推进，标志着我国土壤修复事业进入法治化、规范化发展的新阶段。

本报告系统梳理了 2024 年我国土壤修复产业发展的新进展、新趋势和新挑战，旨在为政府部门制定政策、企业开展业务、科研机构开展研究提供决策参考。报告主要内容如下：

第一章全面回顾我国土壤修复政策的演变历程，重点解析"土十条"、"十四五"规划等重大政策的核心内容，总结地方实践经验，分析政策发展趋势。

第二章通过翔实的数据展现土壤修复的市场规模、竞争格局和发展潜力。2023 年，我国土壤修复行业市场规模突破 140 亿元，矿山修复、高标准农田建设等领域成为投资热点。国有企业在政策资源整合、全产业链协同等方面优势凸显，民营企业则在技术创新、模式探索方面表现活跃。

第三章至第七章聚焦土地整治和土壤改良技术、矿山生态修复技术、建筑固废与生活垃圾处理处置技术、工业固废处理处置技术和土壤中新兴污染物处理技术等相关技术的最新进展，并介绍了国内外相关修复工程案例。

第八章聚焦全域土地综合整治政策与投融资研究，涉及政策背景、实施路径、投融资模式以及案例分析。

本报告的编撰得到科研院所、央企设计院与工程局等单位的鼎力支持，凝聚了众多专家学者的心血、智慧。由于时间仓促、水平有限，疏漏之处在所难免，恳请各界同仁批评指正。

面向未来，我们将持续跟踪土壤修复领域的前沿动态，深入研究产业发展的关键问题，为推动我国土壤修复事业高质量发展贡献智库力量！

目 录

第一章 土壤修复产业政策研究 ·· 1
  第一节 土壤修复产业政策现状与发展 ·································· 1
  第二节 全球土壤修复政策概览 ·· 5
  第三节 中国土壤修复产业的政策机遇 ·································· 8

第二章 土壤修复产业市场研究 ·· 10
  第一节 市场概况 ·· 10
  第二节 市场竞争格局 ·· 15
  第三节 市场驱动因素与挑战 ·· 21

第三章 土地整治和土壤改良技术 ·· 26
  第一节 技术概论 ·· 26
  第二节 关键技术与应用 ·· 32
  第三节 技术创新与发展趋势 ·· 37
  第四节 盐碱地治理技术研究 ·· 41
  第五节 成功案例与经验分享 ·· 65

第四章 矿山生态修复技术 ·· 77
  第一节 矿山生态问题概述 ·· 77
  第二节 修复技术与方法 ·· 84
  第三节 成功案例与经验分享 ·· 94
  第四节 结论与发展建议 ·· 103

第五章　建筑固废与生活垃圾处理处置技术 ············· 106
第一节　相关政策情况 ············· 106
第二节　固废的产生与危害 ············· 108
第三节　处理处置技术 ············· 116
第四节　技术应用与效果评估 ············· 131
第五节　成功案例与经验分享 ············· 133

第六章　工业固废处理处置技术 ············· 137
第一节　工业固废分类与特点 ············· 137
第二节　先进处理技术 ············· 147
第三节　政策支持与市场前景 ············· 153
第四节　成功案例与经验分享 ············· 167
第五节　工业固废综合利用发展建议 ············· 169

第七章　土壤中新兴污染物处理技术 ············· 172
第一节　新兴污染物概述 ············· 172
第二节　处理技术与方法 ············· 184
第三节　研究进展与挑战 ············· 193

第八章　全域土地综合整治政策与投融资研究 ············· 202
第一节　全域土地综合整治的内容和意义 ············· 202
第二节　全域土地综合整治的政策分析与实施路径 ············· 208
第三节　全域土地综合整治面临的痛点 ············· 215
第四节　全域土地综合整治投融资模式及案例分析 ············· 218
第五节　全域土地综合整治工作建议 ············· 225

第一章 土壤修复产业政策研究

第一节 土壤修复产业政策现状与发展

土壤修复作为生态环境保护的重要组成部分，已经成为中国政府环境治理和可持续发展的重点领域之一。中国土壤修复产业的快速发展，离不开政策的强力推动和支持。随着土壤污染问题的日益严峻，国家和地方各级政府出台了一系列政策法规，为土壤修复产业提供了制度保障和政策引导。本章将详细分析土壤修复产业的政策现状，探讨政策演变的历程和主要内容，并展望未来政策的发展趋势。

一、土壤修复相关政策的演变历程

中国的土壤修复政策发展历程可以大致分为几个重要阶段，从早期的政策探索到目前的法规体系逐步完善，土壤修复的政策体系日趋成熟。

（一）起步阶段（2000年前）

在2000年之前，中国的土壤污染问题还没有得到足够重视，相关的法律和政策也相对缺乏。彼时，环保工作更多集中在大气、水体污染治理领域，土壤污染的治理措施大多依附于其他环境政策。早期的《中华人民共和国环境保护法》和《中华人民共和国大气污染防治法》等法律中虽然涉及部分土壤污染问题，但并没有具体的土壤修复政策。

（二）发展初期（2000—2010年）

进入21世纪后，随着工业化、城市化进程的加快，土壤污染问题逐渐显现。2001年，国家环保总局（现为生态环境部）发布了《国家环境保护"十五"计划》，首次将土壤污染防治纳入国家规划，标志着中国开始正式关注土壤污染问题。

2000年，国务院发布了《全国生态环境保护纲要》，进一步强调了土壤保护的重要性。此后，多个地区开始试点实施土壤污染调查和修复项目，为全国土壤修复工作的推进奠定了基础。

(三) 快速发展阶段 (2010—2020年)

2010年之后,土壤污染问题在中国得到更加广泛的关注。2014年,《全国土壤污染状况调查公报》发布,揭示了中国土壤污染的严峻形势。随后,土壤污染防治和修复工作迅速升温。2016年,国务院发布了《土壤污染防治行动计划》(简称"土十条"),这是中国首次系统性提出针对土壤污染防治的顶层设计文件,标志着土壤修复政策体系的正式形成。

"土十条"明确了土壤污染防治的主要目标和具体措施,并提出到2020年土壤环境质量总体稳定、土壤污染风险基本得到控制的目标。该计划的出台极大推动了土壤修复市场的发展,并为地方政府和企业提供了明确的政策指引。

(四) 法律体系逐步完善阶段 (2020年至今)

2019年,《中华人民共和国土壤污染防治法》(以下简称《土壤污染防治法》)正式实施,成为中国土壤污染治理和修复的法律基石。这部法律标志着土壤修复产业进入了法治化、规范化的新阶段。该法明确了土壤污染的防治责任主体、污染修复的具体要求,以及修复后的评估和监控机制,填补了过去土壤修复工作中法律依据不足的问题。

此后,多个地方政府相继出台了与《土壤污染防治法》相配套的实施细则和管理办法,进一步推动了土壤修复项目的落地和执行。

二、土壤修复相关政策的主要内容

当前,土壤修复产业的政策体系由国家层面的法律法规、部门规章和地方政府的实施细则构成,覆盖了土壤修复的全生命周期。以下是现行主要政策的核心内容。

(一)《中华人民共和国土壤污染防治法》

《土壤污染防治法》是中国土壤污染治理的基础法律,其主要内容包括:

(1) 土壤污染责任主体。明确污染者需承担修复责任,若无法确定责任主体,地方政府需负责修复工作。

(2) 土壤修复标准。法律规定国家需制定土壤修复的技术标准和修复后环境质量标准,作为修复项目的评估依据。

(3) 污染场地管理。法律要求,工业用地和污染场地的开发利用必须经过严格的土壤环境调查，并根据调查结果制订相应的修复计划。

（4）资金保障与激励机制。规定中央和地方政府应设立专项资金支持土壤修复，企业和社会资本也被鼓励通过PPP模式（政府和社会资本合作模式）参与修复项目。

（5）修复后监测与管理。法律要求修复完成后的场地应定期进行环境监测，确保修复效果的长期有效性。

（二）《土壤污染防治行动计划》（"土十条"）

"土十条"是中国土壤修复领域的纲领性文件，其核心内容包括：

（1）污染源控制。通过严格控制工业污染源，减少土壤污染的新增风险，重点针对农田和城市工业场地。

（2）风险评估与优先修复。对全国土壤进行普查并评估风险，制定优先修复的污染场地清单。

（3）技术支持与能力建设。鼓励科技创新，支持土壤修复技术研发，推动技术成果的快速转化与应用。

（4）社会参与与监督机制。通过加强信息公开和公众参与，提升土壤修复项目的透明度和监督力度。

（三）《"十四五"土壤、地下水和农村生态环境保护规划》

该规划是未来五年内中国土壤环境保护和修复工作的指导性文件，规划明确了以下几项重点任务：

（1）加强农用地污染防控。严格控制重金属污染农田，并逐步实施污染耕地的修复和风险管控。

（2）加强建设用地污染修复。对工业废弃地和城市更新项目中的污染土地进行系统修复，保障土地再利用安全。

（3）技术标准与市场机制。继续完善土壤修复的技术标准体系，推动市场化修复机制，激励企业参与修复项目。

三、地方政府的土壤修复政策实践

各地方政府在国家政策的指导下，结合本地区土壤污染的实际情况，积极开展土壤修复工作，制定了一系列地方性政策和措施，推动土壤修复项目的落地与执行。

（一）北京市

北京市出台了《北京市土壤污染治理修复规划》，明确了建设用地和工业遗留场地的土壤修复责任和程序。北京市还开展了污染场地数据库建设，实时监控和评估修复项目的进展和效果，为其他地区提供了良好的示范作用。

（二）广东省

广东省作为工业大省，出台了《广东省土壤污染防治行动计划实施方案》，重点针对工业污染场地和矿区修复项目。省政府积极推动修复技术的研发与应用，设立了土壤修复专项资金，鼓励企业与科研机构合作，共同开展修复工程。

（三）江苏省

江苏省在"土十条"的基础上，制定了《江苏省土壤污染防治工作方案》，强化农用地污染防控和修复，特别针对沿海工业区和农业区的土壤重金属污染问题，提出了具体的修复措施。

四、土壤修复产业政策的未来趋势

随着国家生态环境保护要求的不断提升，土壤修复产业的政策环境将进一步优化。未来的政策发展将呈现以下几个趋势。

（一）政策支持力度进一步加大

国家将在土壤修复领域投入更多财政资金，完善资金支持机制，推动修复项目的全面落实。同时，政策的执行力度也将进一步加强，特别是在工业用地和农用地的修复领域，政策落实将更为严格，地方政府的修复责任将更加明确。

（二）市场化机制的引入

土壤修复项目成本高昂，未来政策将更多地引入市场机制，通过PPP、绿色金融等方式吸引社会资本参与修复项目，形成多元化的资金投入模式。同时，修复技术的市场化推广也将进一步加速，政府将通过鼓励创新和技术转让，推动修复技术的商业化应用。

（三）技术创新和标准化的推进

政策将更加注重对技术创新的激励与支持，推动土壤修复技术研发与成果转化。与此同时，修复技术的标准化将成为政策发展的重点，国家将加快出台修复技术的行业标准和修复后评估标准，确保修复工作的科学性和规范性。

第二节　全球土壤修复政策概览

本节旨在对全球主要国家和地区的土壤修复政策进行概述和分析。通过对比不同国家的政策体系，为中国的土壤修复政策提供参考和借鉴。

一、国际组织与全球政策框架

土壤修复是全球生态环境治理中的重要内容，国际组织和多边合作机制在推动各国土壤修复政策的制定与实施方面起到了积极的引领作用。以下是主要国际组织及其对土壤修复的政策框架和指导意见。

（一）联合国环境规划署（UNEP）

联合国环境规划署在全球环境治理中具有重要的引领作用，其发布的多项环境政策和行动计划对全球土壤修复产生了深远的影响。例如，UNEP发布的《全球环境展望》定期分析全球生态环境状况，并提出政策建议。在土壤修复方面，UNEP强调减少土壤污染、促进土壤健康与可持续利用。其核心目标包括防止土壤污染扩散、推动污染场地修复、加强各国间的技术合作等。

（二）联合国粮食及农业组织（FAO）

联合国粮食及农业组织通过推动"世界土壤日"的设立，增强全球对土壤资源的重视。FAO发布的《全球土壤伙伴关系》倡导加强全球土壤保护与修复，特别是针对农业用地的土壤治理，确保全球粮食安全。该组织还通过提供技术支持，帮助发展中国家制定土壤修复政策。

（三）国际土壤科学联合会（IUSS）

国际土壤科学联合会作为一个全球性学术组织，主要通过科学研究和国际学术会议推动土壤保护和修复的前沿技术发展。其发布的土壤健康指标和风险评估模型为各国制定土壤修复政策提供了科学依据。

（四）全球土壤修复相关多边协议

多个国际协议涉及土壤修复的相关内容。例如，《联合国气候变化框架公约》（UNFCCC）中的减排目标涉及土壤的碳汇功能，敦促各国采取措施保护和修复土壤以应对气候变化；《生物多样性公约》（CBD）则强调通过土壤修复促进生物多样性保护。

二、各国土壤修复政策对比

在土壤修复领域，欧美国家由于工业化进程早，污染问题较为严重，因而修复政策相对成熟；而亚洲国家，尤其是中国和日本，也逐步加大对土壤修复的政策投入。以下对美国、欧洲、日本等国家或地区的土壤修复政策进行分析。

（一）美国：《超级基金法》与土壤修复政策

美国的土壤修复政策始于20世纪80年代，其中最重要的政策是《综合环境反应、赔偿与责任法》（Comprehensive Environmental Response, Compensation, and Liability Act，简称CERCLA），即《超级基金法》（Superfund Act）。该法案由美国国会在1980年通过，旨在为严重污染的场地提供资金和法律框架，以进行环境清理和修复。该法案的核心内容包括：

（1）污染者支付原则。法案明确规定污染者必须承担污染清理的费用。如果责任主体无法确定，则使用联邦政府设立的超级基金进行清理。

（2）国家优先名录。该名录列出了全美需要紧急修复的污染场地，联邦政府根据污染场地的危害程度确定优先修复顺序。

（3）技术支持与创新。通过拨款和技术资助，推动污染场地修复技术的研究与应用，包括物理、化学和生物修复方法。

（二）欧洲：污染者支付原则与预防性措施

欧洲在土壤修复领域的政策框架主要建立在"污染者支付原则"（Polluter Pays Principle）之上，该原则贯穿于欧盟各成员国的土壤治理法律法规中。欧盟的《土壤框架指令》（Soil Framework Directive）为欧洲各国提供了统一的政策指导，确保成员国在土壤修复和污染防治方面采取协调一致的行动。具体措施包括：

（1）土壤健康保护。要求成员国定期监测土壤健康状况，并采取防治措施以避免污染扩散。

（2）预防性修复。在污染发生之前，通过预防性政策减少农业、工业等领域对土壤的潜在污染。

（3）经济激励与技术创新。欧盟通过提供财政补助和研究资助，鼓励成员国发展新的土壤修复技术。

欧洲国家的土壤修复政策在执行层面也各有特点。例如，荷兰是欧洲最早实施大规模土壤修复的国家之一，其颁布的《土壤保护法》要求污染场地必须达到修复标准后才能进行土地再开发；德国则在土壤修复中注重技术规范，采用严格的风险评估模型以确保修复效果。

（三）日本：法制化与风险管控的政策体系

日本的土壤修复政策体系以《土壤污染对策法》为核心，该法律于2002年颁布，旨在防止和修复污染土壤，保护人体健康。与欧美国家相比，日本的土壤修复政策在法制化和风险管控方面具有独特的特点。

（1）污染场地调查与风险评估。法律要求对受污染的土地进行详细的风险评估，判断污染对人体健康和环境的危害程度，并据此制订修复计划。

（2）责任归属与补偿机制。污染者必须承担修复费用，但如果污染者无法确定或承担责任，则由地方政府负责修复工作，中央政府提供财政支持。

（3）重金属与有机污染物管控。由于日本在工业化进程中出现了大量重金属污染问题，政策特别强调对重金属及持久性有机污染物的修复技术应用。

（四）对中国政策的启示

通过对全球土壤修复政策的分析，我们可以得出若干对中国有益的启示。

1. 法律法规的进一步完善

全球土壤修复政策的一个共同特点是拥有较为完善的法律框架，并对责任归属、修复标准、监测和评估等方面做出了明确规定。中国虽然已出台了《土壤污染防治法》，但在实际执行中，相关法律和标准的细化还有待进一步加强。可以借鉴欧美等国家的经验，完善法律体系，确保土壤修复有法可依、有章可循。

2. 强化责任机制与市场化修复

欧美等国家成功的经验表明，明确污染责任主体是推动土壤修复的有效手段之一。中国需要进一步细化责任归属，鼓励企业承担环境责任。同时，中国应加强市场化机制建设，推动社会资本进入土壤修复领域，通过市场力量推动技术创新和产业发展。

3. 政策激励与技术创新

欧美国家为推动土壤修复技术的进步，制定了多种政策、激励措施，提供了大量科研资金支持。这为中国的土壤修复产业政策设计提供了有益的参考。通过财政补贴、税收减免和专项资金支持，政府可以有效鼓励企业和科研机构参与技术创新和产业发展，推动本土土壤修复技术的自主研发和应用。

第三节　中国土壤修复产业的政策机遇

在国家政策的支持和市场需求的推动下，中国土壤修复产业展现了巨大的发展潜力。然而，随着产业的快速扩展，机遇和挑战并存。中国的土壤修复行业要实现可持续发展，需要从技术、政策、市场等多方面加以优化和应对。本节将从政策机遇、政策引导与制度保障等角度，全面分析当前土壤修复产业所面临的环境，并提出应对建议。

一、政策机遇

（一）国家政策的强力推动

近年来，中国政府出台了一系列关于土壤污染治理的政策法规，推动了土壤修复市场的发展。最为关键的政策包括：

（1）"土十条"。2016年发布的《土壤污染防治行动计划》（"土十条"）明确提出要全面治理土壤污染问题，并对污染场地的治理、修复及防治工作进行了具体部署。政策明确了土壤修复的时间表、任务分工和资金投入，大大提升了修复产业的市场预期。

（2）《土壤污染防治法》。2019年，《中华人民共和国土壤污染防治法》正式实施，进一步强化了对土壤污染修复的法律监管，为修复行业提供了法律保障。法规要求对污染责任主体进行严格追责，并对修复责任和资金来源进行明确规定，提高了企业和地方政府在土壤修复上的主动性。

（二）财政和金融支持力度加大

随着国家对生态文明建设的重视，政府在土壤修复方面的资金投入逐年增加。例如，中央财政每年拨出专项资金用于土壤修复项目的支持，尤其是农田重金属污染修复和重点工业场地修复项目。此外，国家也鼓励社会资本参与土壤修复领域，采取PPP模式吸引更多资金进入这一市场。

金融方面，政策性银行和商业银行也逐渐加大了对土壤修复项目的贷款支持。例如，绿色信贷的推广为修复项目提供了重要的资金来源，银行通过低息贷款或环保基金的方式扶持修复企业的发展。

除了国家层面的政策支持，地方政府也纷纷出台相应的地方性法规和政策，推动土壤修复产业的发展。例如，上海、广东、江苏等经济发达地区陆续出台了针对本地区的土壤修复实施方案，细化了土壤修复的标准、目标和奖励机制。同时，部分地方政府还建立了"土壤修复专项基金"，通过专项资金支持本地的修复项目。

二、政策引导与制度保障

政策是推动土壤修复产业发展的核心驱动力。政府应从战略高度出发，建立健全土壤修复的政策法规体系，确保产业发展方向与国家生态文明建设的目标一致。

（一）完善法律法规体系

进一步细化和完善《土壤污染防治法》，加强相关配套法规的制定，明确各级政府和企业的责任与义务，增强法律的约束力和执行力。

（二）政策激励与补贴

政府应出台更多的税收减免、财政补贴政策，支持土壤修复企业的技术研发和项目实施，尤其是对贫困地区和生态脆弱地区要提供更多的专项资金支持。

（三）地方政策创新

鼓励各地方根据本地区的土壤污染状况，制定针对性的土壤修复政策和发展规划，实施差异化的土壤修复管理措施，推动地方政府成为土壤修复的实施主体。

第二章 土壤修复产业市场研究

第一节 市场概况

一、土壤污染现状与分布

（一）土壤污染的主要来源

土壤是人类生存和农业生产的基础资源。近年来，我国土壤污染问题日益严重，已经成为制约国家可持续发展的一大瓶颈。随着工业化、城市化以及农业集约化进程的推进，土壤受到重金属、农药、化学品等有害物质的污染，不仅破坏了土壤生态系统，威胁农产品安全，还直接危害人类健康。我国的土壤污染具有广泛性、复杂性和隐蔽性等特点，土壤污染治理与修复的任务十分艰巨。我国的土壤污染来源复杂，主要可分为以下几个方面。

1. 工业污染

工业废水、废气和固体废弃物的排放是导致土壤污染的主要原因之一。在工业生产过程中，重金属被排放到环境中，如铅、镉、汞、砷等。这些重金属不易被降解，容易在土壤中累积，造成土壤重金属污染。例如，冶金、化工、电镀、采矿等行业在生产过程中产生大量含有重金属的废物，尤其是在一些老工业基地或重工业集中的地区，这类污染尤为严重。

2. 农业污染

农业活动是土壤污染的另一个重要来源。为了增加粮食产量，农业生产活动长期大量使用化肥、农药及除草剂。这些化学品在进入土壤后，有的会直接被植物吸收，有的则会通过雨水渗透到地下水中，或者在土壤中积累，导致土壤的有机质和微生物被破坏，从而引发土壤污染。此外，畜牧业的发展也造成了土壤污染，大量的畜禽排泄物未经过处理直接排放到农田里，导致土壤中氮、磷等元素超标，破坏了土壤结构，影响土壤质量。

3. 城市化和生活污染

随着城市化的快速推进，城市垃圾的随意堆放、生活污水的排放等问题同样对土壤造成了污染。大量未经处理的生活垃圾和建筑垃圾堆积，垃圾中的有害物质（如塑料、金属、化学品等）会慢慢渗入土壤，破坏其物理和化学性质。此外，城市道路上的汽车尾气、轮胎磨损产生的颗粒物和油污等都会通过风吹雨淋进入土壤中，进一步加剧了土壤污染。

4. 采矿活动

我国的矿产资源开采活动，尤其是煤矿、金属矿的开采，常常伴随着土壤的严重污染。在矿区及其周边地区，采矿活动不仅改变了原有的地形和地貌，还通过矿物废料的随意堆放、矿区酸性水的排放等途径，将大量重金属等有害物质释放到土壤中。这些有毒有害物质不仅会污染当地的土壤，还会通过风力或水流扩散到更广泛的区域，造成区域性甚至跨区域的土壤污染。

（二）土壤污染的主要分布区域

我国土壤污染具有显著的地域性特点，污染主要集中在工业发达地区、农业集约化地区以及矿区。根据2014年发布的《全国土壤污染状况调查公报》，全国土壤总的超标率为16.1%，其中部分地区污染问题尤为突出。

1. 华北地区

华北地区是我国的农业大省，也是工业重地。河北、山西等地的煤矿开采和钢铁冶炼工业发达，土壤重金属污染问题严重。尤其是河北省，其作为我国重要的钢铁和重工业基地，土壤中的重金属含量较高。除此之外，农业生产中长期施用化肥、农药，也使得该地区土壤中的农药残留问题较为突出。华北平原的大面积农业用地受到重金属和化学残留的双重威胁。

2. 长江三角洲地区

长江三角洲地区是我国经济最为发达的地区之一，包括上海、江苏、浙江等地，这些地区的工业高度集中，尤其是化工、冶金、电子制造等行业的发展使得土壤中的有机污染物和重金属污染较为严重。此外，随着城市化进程的加速，城市垃圾和生活废水的排放对当地土壤造成了巨大的压力。长三角地区的耕地土壤中重金属超标率较高，对农业生产和食品安全构成了威胁。

3. 珠江三角洲地区

珠江三角洲是我国改革开放以来经济增长最快的地区之一。广州、深圳等地的轻工业、电子产业和制造业发达，工业废弃物处理不当的问题严重影响了当地的土壤质量。尤其是在广东的部分地区，土壤中镉、铅等重金属的污染较为严重。同时，该地区的人口密度大、城市化速度快，生活垃圾的处理不当也使得土壤有机污染问题突出。

4. 中部地区

我国中部地区以煤炭、化工和重金属冶炼等工业为主，导致土壤中重金属污染物（如铅、镉、砷）累积。此外，由于过度使用化肥和农药，有机污染物也在土壤中积累，加之土壤治理措施不足，使得耕地质量下降，土壤退化现象普遍。部分地区的耕地污染超标，影响农作物安全和居民健康。尤其是在一些矿产资源丰富的地区，矿山开采带来的土壤破坏和重金属渗漏问题更加突出。

5. 东北地区

东北地区曾是我国重要的工业基地，也是冶金、化工、煤炭等重工业的集聚地。然而随着工业设备的老化和生产工艺的落后，东北地区的土壤污染问题逐渐显现。尤其是在辽宁、吉林等省份，由于部分工业废弃物的随意堆放和处理不当，导致土壤中重金属含量大幅增加。此外，东北地区的农业集约化程度较高，大量使用化肥和农药也加剧了土壤污染。

6. 西南地区

西南地区包括四川、云南、贵州等省份，由于地处山区，矿产资源丰富，采矿活动频繁，导致土壤重金属污染较为严重。特别是在云南、贵州等省份，矿区周边的土壤污染尤为严重，部分地区土壤中的重金属含量远超国家标准。西南地区的农村生活污水处理设施不完善，大量未经处理的污水直接排放到农田中，进一步加剧了土壤的有机污染。

（三）土壤修复的主要责任单位

1. 污染土壤治理

"土十条"明确指出，污染地块治理与修复责任界定按照"谁污染，谁治理"的原则，由造成土壤污染的单位或个人承担，一般是土地使用权人。目前，污染土壤治理的责任主体主要为重点行业工业企业、所在地县级人民政府以及各地方城投公司和土储中心这4种类型。主管部门为所在地生态环境局。目前，污染地块土壤修复主要流程为场地调查→风险评估→场地修复。

2. 矿山生态修复

矿山生态修复责任主体划分原则与污染土壤治理类似，按照"谁开采，谁治理"的原则，新建、正在开采矿山造成的损害由矿业权人承担修复治理责任；历史遗留废弃矿山的生态修复工作由县级以上人民政府、矿产资源管理局/站以及各地方平台公司负责。

3. 高标准农田建设及全域国土综合整治

高标准农田建设项目业主单位一般为县级人民政府以及各地方平台公司，主要行政主管部门为县（市、区）农业农村局/农田建设服务中心。由农业农村部下达任务清单、省级农业农村厅年度实施计划统筹并发布任务清单，实行"县级申报、市级审批、市（州）上报"的方式，并且省市县要建立三级项目储备库，实行动态管理。

全域土地综合整治项目业主单位一般为县级人民政府，主要行政主管部门为县（市、区）自然资源和规划局。试点项目需要根据国土空间规划和村庄规划编制实施方案，通过公示、县（市、区）上报、各市（州）评审后上报、省级竞争性评审备案等一系列审批流程才能立项。

4. 固废处置

固体废弃物主要包括生活垃圾、建筑垃圾、工业固废、农业固废、危险废物等。其中，生活垃圾处置和建筑垃圾回收利用项目的行政主管部门为县（市、区）城管委，农业固废处置的行政主管部门为县（市、区）农业农村委，工业固废、危险废物业主单位为有关企业主体。

二、土壤修复市场需求分析

（一）土壤污染治理

1. 市场规模

中国土壤修复行业市场规模呈现逐年上涨态势，这主要得益于公众环保意识的提高和对健康生活环境的需求增加，促使企业和政府投资更多资源用于土壤污染治理，2023年中国土壤修复行业市场规模已超过140亿元。从中央财政投资来看，2021—2025年中央土壤污染防治专项预算分别为44亿元、44亿元、30.8亿元、44亿元、30.8亿元，相对保持平稳，据此估算预计未来土壤污染治理市场规模将平稳保持在100亿～150亿元之间。

2. 技术需求

物理修复技术：如土壤置换、土壤蒸发和土壤冷冻等。这些技术主要用于去除土壤中的污染物。

化学修复技术：如化学稳定化和固化、化学洗涤等。这些方法可以有效降低土壤中重金属的生物可利用性。

生物修复技术：如植物修复和微生物修复。植物修复是利用植物吸收或固定土壤中的污染物，而微生物修复则是通过微生物降解有机污染物。

纳米技术：纳米材料的应用提高了土壤修复的效率和效果。

（二）高标准农田建设

1. 市场规模

《全国高标准农田建设规划（2021—2030 年）》提出，到 2025 年我国建成 10.75 亿亩[①]并改造提升 1.05 亿亩高标准农田，到 2030 年建成 12 亿亩并改造提升 2.8 亿亩高标准农田。根据《国务院关于耕地保护工作情况的报告》，截至 2023 年底，全国累计建成高标准农田超过 10 亿亩，估算预计至 2025 年仍有 1.8 亿亩高标准农田建设缺口，至 2030 年仍有 4.8 亿亩建设缺口。按照《全国高标准农田建设规划（2021—2030 年）》要求全国高标准农田建设亩均投资一般应逐步达到 3 000 元左右，至 2030 年仍有约 1.44 万亿元投资规模。

2. 技术需求

土壤改良技术：如施用有机肥、生物炭和改良剂等，提高土壤肥力。

灌溉技术：如滴灌和喷灌技术，以提高水资源的利用效率。

农业信息化技术：如精准农业和智能监控系统，利用数据分析提高农业生产效率。

污染治理技术：针对受污染的耕地，实施土壤修复技术，以确保农田的安全和可持续发展。

（三）矿山修复

1. 市场规模

遥感调查监测数据显示，截至 2018 年底，全国矿山开采占用损毁土地约 5 400 多万亩。根据自然资源部公布的数据，"十三五"期间已完成矿山修复面积约 400 万亩，2021—2023 年累计完成矿山修复面积约 435 万亩，预计到"十四五"末期可再完成矿山生态修复 280 万亩。至"十四五"末，预计全国已完成矿山生态修复面积仅占 2018 年损毁土地的约 20.65%，未来矿山生态修复市场仍有较大的市场潜力。

2. 技术需求

生态修复技术：如生物修复和植物复绿，通过植被恢复生态平衡。

工程修复技术：如土壤重塑、填埋、加固等方法，用于改善矿山地形和土壤质量。

水土保持技术：减少水土流失，保护土壤质量。

污染控制技术：如酸性矿山排水的处理技术和重金属去除技术，确保周边环境的安全。

[①] 1 亩 ≈ 666.67 m^2。

(四)固废处置

1. 市场规模

目前,我国的固废处理行业已进入高速发展时期,但行业发展仍处于初级发展阶段,产业化程度和市场集中度仍然较低。固废行业中,工业固废物和城市垃圾为主要污染物来源,其中工业固废物可分为一般工业固废物和工业危险废物两类。截至2023年,工业危险废物和城市垃圾处理综合利用率均超过99%以上。我国固废处理主要难题集中在一般工业固废处理。根据生态环境部公布的数据,2023年我国一般工业固废物产生量达42.8亿t,一般工业固废物处置量为8.7亿t,处理利用率仅为20.33%。其中,煤矸石、磷石膏、赤泥、气化渣等品类固废资源化综合利用水平保持持续增长,但受限于建筑材料原料价格持续走低,近年来大宗工业固废整体综合利用水平有所下滑。

2. 技术需求

垃圾焚烧技术:提高垃圾处理效率,减少占地面积。

填埋技术:提升填埋场的环保标准,降低对土壤的污染。

资源化利用技术:如废物回收、堆肥化和废物转化为能源技术,以实现资源的再利用。

危险废物处理技术:针对危险废物的专门处理技术,如热解、化学固化等,以防止对环境的污染。

第二节 市场竞争格局

一、市场参与主体分析

随着土壤污染问题的日益严重,中国的土壤修复市场逐渐壮大。在土壤污染治理、高标准农田建设、矿山修复和固废处置等4个主要业务领域中,涌现出了一批知名企业和机构。

土壤修复业务领域主要参与单位包括国有企业、科研院所、民营企业3大类。国有企业中以中央企业为代表的大型企业以其规模和资源优势,在全国范围内全生命周期参与项目前期评估、规划设计、施工建设、工程监理以及建设后评价等工作,在各环节中结合项目实际开展科研和技术应用工作,主要代表企业有中国节能环保集团有限公司、宝武集团环境资源科技有限公司、中冶南方都市环保工程技术股份有限公司。国有企业中地方企业则根据各自业务特点，在各省或区域范围内开展有关业务。科研院所及高校则主要参与项目的前期调查评估、方案编制、修复效果评估、科研及技术应用等，主要代表单位有生态环境部环境规划院、中国科学院生态环境研究中心等有关单位以及中国地质大学（武汉）等有关高校。民营企业主要在各自专业领域内开展有关业务，代表企业有安徽博世科环保科技股份有限公司、北京高能时代环境技术股份有限公司、青岛冠中生态股份有限公司、永清环保股份有限公司等。

（一）科研院所及高校

1. 生态环境部环境规划院

生态环境部环境规划院主要承担国家中长期生态环境战略规划、全国生态环境保护中长期规划与年度计划、生态环境专项规划、流域区域城市群和城市生态环境规划等理论方法研究、模拟预测分析、研究编制拟定等技术性工作。先后完成70多项国家级重点规划、120多项流域和区域级环保规划及120余项国家环境政策研究，承担240多项国家级科研项目（课题）和140多项国际合作项目，报送重要环境决策参考和专报400余份，多项规划和政策得到国务院和有关部门采纳、批复。

2. 中国科学院生态环境研究中心

中国科学院生态环境研究中心牵头承担国家重点研发计划"典型脆弱生态系统保护与修复""长江黄河等重点流域水资源与水环境综合治理""大气与土壤、地下水污染综合治理"专项9个项目，课题20项；牵头承担国家自然科学基金"大气霾化学"基础科学中心项目。该研究中心依托强大的科研背景，开发了多项前沿的土壤修复技术，如化学修复和生物修复技术。其中，"微生物修复技术"在重金属污染治理方面具有显著成效。

3. 中国地质大学（武汉）

中国地质大学（武汉）在自然资源部和湖北省国土资源厅的指导下设立了自然资源部地质环境修复技术创新中心，主要建设目标为围绕生态文明建设的国家战略，针对地下水、土壤和湿地方面的典型地质环境问题，以地质环境质量的改善为目标，发挥多学科交叉优势，以水—岩（土）相互作用理论为基础，以地质环境过程调控为指导原则，围绕地质环境调查监测设备、预测评估方法和修复治理技术的研发，组建创新人才团队，突破工程化应用推广的关键技术、关键装备、关键材料、关键工艺等，构建以市场为导向的绿色技术创新体系以及成果转化与应用推广创新机制。

（二）国有企业

1. 中国节能环保集团有限公司

中国节能环保集团有限公司拥有国内最大规模的城市固体废弃物、农林生物质转化能力，垃圾、污泥、农林废弃物焚烧发电日处理能力超过1万t；该公司是央企中唯一专门从事城市水务的企业，在全国十几个城市运营和管理原水、制水和污水处理项目，水处理总规模达到541万t/d，水综合处理能力在国内同行业中位居第三；废气治理方面，该公司为电力、冶金、化工等工业企业实施大型烟气治理工程数十项，其中冶金烧结脱硫系统累计4 230 m²，占全国30%左右的市场份额，居行业首位。

2. 中冶南方都市环保工程技术股份有限公司

中冶南方都市环保工程技术股份有限公司自创立以来，坚持以设计和研发为基础，以高新技术及自主知识产权为核心，以优秀的管理能力为依托，成为节能环保设施的系统解决方案的提供商和实施商。在能源清洁高效利用、污水污泥处理、固废处理、废气治理、环境修复5大主营业务领域，为众多客户提供环境保护与资源再生利用工程的技术研究、咨询、设计、设备成套供货、工程总承包建设、工程运行管理、投融资、BT和BOT等服务。

3. 北京建工环境修复股份有限公司

北京建工环境修复股份有限公司是环境修复综合服务上市公司，牵头或参与了国家"863"计划、国家重点研发计划、国家科技重大专项等20余项课题。其掌握20余项关键技术，拥有180余项境内外专利授权，满足多种类型的复杂污染场地修复需求。2023年，该公司营业收入达12.47亿元，在云南连续中标多个亿元级矿山修复项目，以京津冀地区为起点，快速进入高标准农田建设领域，延伸土壤污染防治业务，进一步辐射水生态治理类项目、垃圾填埋场治理类项目等，围绕油泥处置、农业盐碱地生态修复、固废、危废等领域进行深入研究，进一步扩充生态产品供给。

4. 上海环境集团

上海环境集团是中国领先的环保企业，土壤修复业务年收入超过5亿元，涵盖多个省份的土壤治理项目。其自主研发的"土壤重金属去除技术"在行业内处于领先地位，能够有效降低土壤中重金属的生物可利用性。此外，集团在生态恢复方面也有一系列成功案例。

5. 中国煤炭科工集团

中国煤炭科工集团在矿山修复领域的年营业收入达到200亿元，涵盖多个矿区的生态恢复项目。该集团的"生态修复与环境治理技术"具有行业领先水平，涵盖了生物修复、工程修复等多个方面，确保了矿山的生态环境恢复。

（三）民营企业

1. 北京首创环境科技有限公司

北京首创环境科技有限公司在固废处置领域的年营业收入超过80亿元，业务遍及全国多个省市。该公司在固废处理和垃圾焚烧发电领域具有领先技术，其"固废综合治理系统"能够高效处理各种固体废物，降低环境污染风险。

2. 天津环能科技有限公司

天津环能科技有限公司在固废处置领域的年收入超过50亿元，参与多个城市的垃圾处理项目。其"垃圾资源化处理技术"在行业内具有较强竞争力，能有效将垃圾转化为可再利用资源，推动了固废的可持续发展。

二、竞争优势分析

当前土壤修复产业竞争格局研究存在局限，行业细分市场数据颗粒度不足，头部企业市场份额及区域分布特征等关键指标缺乏权威统计口径。本书聚焦建筑央企在土壤修复领域的优势分析，以中国电建集团等建筑央企作为典型代表。

（一）产业链优势

1. 上游：资源整合与获取能力

建筑央企在土壤修复产业链的上游环节具有显著优势，体现在对土壤修复业务关键资源的整合和获取能力上。土壤修复项目需要使用专业设备、特殊材料（如修复剂、生物菌种等）以及先进的技术方法。建筑央企凭借其行业地位，能够整合国内外优质的技术与设备资源。建筑央企通过与科研机构合作，能够快速获取新型修复材料、检测技术、生物修复方案等关键技术资源。此外，建筑央企在长期的基础设施建设中积累了强大的研发能力，能够开发出具有自主知识产权的土壤修复技术。建筑央企与设备供应商有长期合作关系，在专业设备的采购中具有价格和供应优先权。

2. 中游：项目管理与施工能力

建筑央企在土壤修复业务的中游环节——项目实施和管理方面，凭借多年积累的工程建设经验和管理体系，展现出全面的产业链竞争力。建筑央企通常具备完善的工程项目管理体系，可以高效组织项目资源，确保土壤修复项目按时完成。此外，建筑央企可以将已有的工程技术与土壤修复技术结合，提供从污染检测到修复施工的一站式服务。同时，建筑央企在修复过程中能够结合其他相关技术，如水体修复、矿山修复等，提供更全面的生态治理方案。建筑央企还在机械化施工和项目进度控制方面具有明显优势，能够提高修复效率，缩减施工周期。建筑央企通常拥有严格的质量管理体系，确保修复项目的效果符合国家标准和客户要求。

3. 下游：项目交付与后期维护

建筑央企在土壤修复项目的后期环节，依托其全生命周期服务能力，在项目交付与后期维护中展现出独特的优势。建筑央企能够提供从修复施工到效果评估的一体化服务，确保项目顺利通过验收。同时，建筑央企在生态修复领域的经验能够为修复后土地的植被恢复、水体净化等提供技术支持。此外，建筑央企能够为项目配备先进的监测设备，进行长期效果监测，为土地后续开发提供数据支持。通过建立长期的项目维护体系，建筑央企能够确保修复项目在长期运行中的效果稳定，进一步提升项目的社会价值。

4. 横向：全产业链协同能力

建筑央企在土壤修复业务中，不仅能够覆盖产业链的上下游环节，还具备跨领域、跨业务的整合能力，形成强大的全产业链协同效应。建筑央企在环保、水利、交通等多个领域均有业务布局，能够将土壤修复与水体修复、大气治理等环保业务结合，提供综合治理方案。修复后的土地可以与基础设施开发项目（如城市更新、高标准农田建设等）直接对接，提高土地利用价值。此外，建筑央企可以通过整合生态价值链，提升项目的经济和社会效益；能够同时承担矿山修复、流域治理、农业面源污染防治等任务，进行全域生态综合治理。

（二）技术研发优势

1. 科研资源与技术积累

建筑央企拥有或参与建设了大规模的科研平台或实验室，这些平台覆盖了多个学科领域，包括环境工程、生态修复、土壤污染治理等。利用这些科研平台能够进行跨学科、多领域的技术研究和技术攻关。例如，建筑央企可以整合地质学、环境学、化学工程、生物学等领域的专家，通过多学科的合作，推动土壤修复技术的创新与应用。

2. 跨行业技术积累

建筑央企在不同领域有广泛的业务布局，这使得其具备了多行业交叉的技术积累。例如，中国电力建设集团有限公司在水利、能源、建筑、矿业等领域拥有多年的技术经验，这些经验可以迁移并应用到土壤修复领域。通过跨行业技术的借鉴和融合，能够在土壤修复过程中引入新的技术手段或解决方案，提高土壤修复效率和效果。比如，水处理技术、废弃物资源化利用技术等可以为土壤修复提供新思路和方法。

3. 高水平的技术团队与人才储备

(1) 研发团队的高端人才

建筑央企在招聘和培养技术人才方面有很大优势，能够吸引大量的国内外顶尖人才。许多央企还与高校、科研机构建立了长期合作关系，拥有高水平的技术专家和研究人员。这些高端技术人才能够带领研发团队进行技术创新，解决土壤修复领域中的关键技术难题，如污染土壤的修复机理、污染物的降解途径、土壤修复效率的提升等。强大的技术研发队伍为央企的土壤修复技术提供了智力保障。

(2) 与高校、科研机构的合作

建筑央企通常与多所高校和科研机构建立紧密的合作关系，这些高校和科研机构在环境科学、土壤修复等领域具备丰富的科研资源。通过与高校和科研院所的合作，能够借助先进的科研成果和技术，推动土壤修复技术的研发。例如，央企可以与高校共同研发新型修复材料、修复技术及检测方法，提升技术研发的效率和质量。

4. 技术创新与自主研发能力

(1) 自主知识产权的积累

建筑央企在研发过程中重视知识产权的保护与积累。许多央企在土壤修复领域拥有自主研发的核心技术和专利，特别是一些具有强大研发能力的央企，能够在短期内自主研发出符合市场需求的新型技术。拥有自主知识产权的技术不仅使其能够在市场竞争中占据优势，还能避免技术被其他竞争对手复制。同时，央企通过自主研发的技术可在国内外市场中提供独特的解决方案。

(2) 持续的技术创新

建筑央企注重长期技术积累，鼓励技术创新，支持研发团队进行持续的技术攻关，为央企在土壤修复领域的竞争力提供了有力支持。例如，在生物修复、化学修复、物理修复等方面，央企能够不断优化技术流程，降低成本，提高效率，提升修复效果。

（三）融资优势

1. 政策补贴与财政资金支持

政府近年来出台了多项土壤污染防治相关政策，鼓励社会资本参与土壤修复领域。建筑央企作为政府重点扶持的企业之一，通常能够享受政府提供的专项资金、财政补贴以及税收优惠政策。政府为央企提供的资金支持，包括环境保护专项资金、污染修复项目补贴等。同时，国家设立了多个政策性金融机构（如国家开发银行、中国农业发展银行等），金融机构往往会优先支持环保项目和政府主导的生态修复项目，建筑央企通过与政策性银行合作，能够获得低利率或优惠贷款。

2. 资金管理能力较为突出

建筑央企通常拥有强大的资金调度能力，能够调动和整合企业内部的资金资源。与此同时，建筑央企在风险控制方面具有较为完善的管理体系，能够有效规避土壤修复项目中的潜在风险。强大的资金调度与风险控制能力能够帮助建筑央企在融资过程中获得更多的支持。例如，在融资过程中，建筑央企能够通过合理的资金规划和风险管理，提高项目的可行性和吸引力，进而争取更多低成本的融资机会。

3. 资本市场融资能力较强

建筑央企通过股票融资获得的资金不仅来源广泛，而且融资成本相对较低。通过发行绿色债券或专项环保基金，绿色债券不仅具有较低的融资利率，还能借助环保和社会责任投资的吸引力，吸引更多的投资者参与，降低融资成本。这种融资方式还能够通过优化股东结构、提升公司市值等方式增强央企的市场竞争力。

第三节　市场驱动因素与挑战

一、政策因素

（一）污染土壤治理

1. 《土壤污染防治法》

2019年实施的《土壤污染防治法》对土壤污染的防治工作提出了更为严格的要求，明确了政府、企业和社会的责任。该法律要求对污染土壤进行修复，并对污染土地进行风险评估。政策的落实加大了对污染土壤治理的要求，特别是对受污染土壤的修复与恢复工作提出了更高的标准和技术要求，推动了污染土壤治理领域的市场需求。

2. 《土壤污染源头防控行动计划》

该计划强调了对土壤污染的系统性治理，提出了加强土壤污染治理设施建设，推动土壤修复技术的研发和推广。通过政策引导，明确了土壤污染治理是生态环境保护的重要组成部分，为企业在土壤修复领域提供了政策支持，鼓励企业投资土壤修复技术和基础设施。

3. 环保税法与环境排放标准

环保税法和环境排放标准日趋严格，尤其是针对工业污染、农业化肥和重金属污染的控制标准趋严。企业面临更高的环境合规压力，土壤污染治理市场的需求进一步增加，尤其是对工业污染和重金属污染的修复需求。

（二）高标准农田建设

1. 《全国高标准农田建设规划（2021—2030年）》

为了保障粮食安全和农业可持续发展，国家提出了建设高标准农田的目标，重点改善农田的土壤质量和耕地环境。高标准农田建设需要提升土壤的肥力和质量，减少土壤污染和退化。政府对于农田质量提升的投入和对农田修复的政策扶持将直接带动土壤修复企业的业务发展。

2. 《"十四五"全国农业绿色发展规划》

《"十四五"全国农业绿色发展规划》是我国农业绿色发展的首部专项规划，明确了未来农业绿色发展的总体思路、目标任务和关键措施，指出要遏制农业面源污染，修复治理耕地生态，该领域将迎来更多市场机会。

3. 《农业农村污染治理攻坚战行动方案（2021—2025年）》

坚持精准治污、科学治污、依法治污，聚焦解决农业农村突出环境问题，以农村生活污水垃圾治理、黑臭水体整治、化肥农药减量增效、农膜回收利用、养殖污染防治等为重点领域，强化源头减量、资源利用、减污降碳和生态修复，推动了土壤修复和农田生态环境建设的需求。

（三）废弃矿山修复

1. 矿山生态修复和绿色矿山建设政策

国家出台了一系列矿山生态修复和绿色矿山建设政策，特别是对废弃矿山的修复提出了明确要求。政府鼓励矿山企业进行生态修复，推动矿山修复与绿色矿山建设。废弃矿山修复的政策驱动了修复技术的发展和应用，促进了土壤修复企业在矿山生态修复领域的投资和布局。

2. 《中华人民共和国矿产资源法》（2024年修订）

这一法律法规明确要求对矿区进行生态修复，坚持自然恢复与人工修复相结合，遵循因地制宜、科学规划、系统治理、合理利用的原则，采取工程、技术、生物等措施，做好地质环境恢复治理、地貌重塑、植被恢复、土地复垦等，国家鼓励社会资本参与矿区生态修复，为企业参与矿山生态修复带来新的机遇。

3. 《重点生态保护修复治理资金管理办法》

该办法明确中央预算安排的专项治理资金支持山水林田湖草沙一体化保护和修复工程、历史遗留废弃工矿土地整治等领域，财政部每年组织申报历史遗留废弃矿山生态修复示范工程项目，并给予相应额度的奖补资金，有效支撑矿山修复领域项目落地实施。

（四）固废处理

1.《中华人民共和国固体废物污染环境防治法》

该法律要求对固废进行合理处置和资源化利用，对固废污染土壤的防治提出了具体措施。固废的治理和资源化利用已经成为土壤修复的关键组成部分，特别是工业固废和建筑垃圾等的处理问题。政策推动固废处置技术的应用与市场需求，带动了土壤修复业务的发展。

2. 国家固废处置产业政策

国家推动固废处置行业的规范化和技术化，强调固废分类、回收利用及无害化处理。固废的合理处置将直接减少对土壤的污染，政策激励措施推动了固废处置企业的技术进步，进而促进了土壤修复市场的发展。

3.《关于"十四五"大宗固体废弃物综合利用的指导意见》

该指导意见指出，要以全面提高资源利用效率为目标，以推动资源综合利用产业绿色发展为核心，加强系统治理，创新利用模式，实施专项行动，促进大宗固废实现绿色、高效、高质、高值、规模化利用，主要针对煤矸石和粉煤灰、尾矿（伴生矿）、冶炼渣、工业副产石膏、建筑垃圾、农作物秸秆等固体废物。

二、经济因素

目前，污染土壤修复成本较高，资金来源主要为土壤污染修复防治专项资金，部分采用银行贷款。资金来源过度依赖政府，特别是中央财政。大面积的农田土壤污染修复费用极高，由于缺乏责任主体，修复工程几乎无法推动。

矿山生态修复多依赖于政府投资，遗留矿山地质环境问题点多面广，治理工程量大，治理资金投入不足，治理缺乏针对性；矿山地质灾难防治、"三废"治理、受损土地复垦与还绿工程方面的先进技术方法推广效果不佳；建成的矿山地质环境监测网点、矿山地质环境现状台账和监测、评价系统的应用程度低，治理恢复工作进展缓慢。

全域国土综合整治面临资金单一、过度依赖补充耕地指标以及垦造水田指标收益等问题，导致试点工作推进过程阻力重重。高标准农田新建和改造提升主要依靠中央和省级财政补贴，县级财政还需投入相应配套资金。大部分地方的财政投入与高标准农田建设的实际需求存在较大差距。

固废处理处置方面，2021年，我国城镇生活垃圾焚烧处理能力已超过"十四五"规模目标，但垃圾焚烧发电行业的补贴资金逐年减少并存在拖欠情况。

三、技术因素

1. 生物修复技术

概述：生物修复技术利用微生物、植物和土壤中的自然修复过程来降解、转化或吸附污染物。

技术进展：近年来，随着基因工程和生物技术的发展，微生物的种类和能力不断优化，尤其是在重金属污染、石油污染等方面的应用日益成熟。生物修复（植物修复）技术也得到了更广泛的应用，尤其在农田土壤修复中。

影响分析：生物修复技术的低成本、环境友好性和较强的适应性，使其在土壤修复中占有重要地位。随着技术的不断进步，生物修复将在污染土壤治理领域得到更广泛的应用，推动市场需求增长。

2. 化学修复技术

概述：化学修复技术通过使用化学试剂或反应促进污染物的转化、分解或固定。

技术进展：近年来，化学修复技术不断发展，新的化学试剂（如土壤稳定剂、吸附剂等）及其应用模式逐步得到完善。例如，土壤重金属污染治理中的化学沉淀法和电动修复技术，已经在部分地区取得了显著效果。

影响分析：化学修复技术在处理特定污染物（如重金属、石油烃等）方面有较好的效果，且修复效率较高，但成本较高。随着材料科学和化学工程技术的进步，化学修复技术将得到更广泛的应用，特别是在污染严重且需要快速修复的地区。

3. 物理修复技术

概述：物理修复技术通过物理手段（如通气、加热、土壤替换等）来修复污染土壤。

技术进展：例如，热脱附技术、土壤通气技术等，在挥发性有机物（VOCs）污染的治理中表现出较好的效果。

影响分析：物理修复技术在某些特殊污染土壤的治理中具有独特优势，随着新型设备和技术的不断创新，其应用前景广阔。虽然其成本较高且适用性有限，但随着技术进步，能进一步提高修复效率和降低能耗，市场需求会不断增长。

4. 复合修复技术

概述：复合修复技术将多种修复技术（如生物、化学和物理）结合使用，以期提高修复效率和治理效果。

技术进展：复合修复已成为一种趋势，尤其是在重污染土壤的修复中。例如，将生物修复与化学修复结合，在处理复杂污染时可以取得良好的效果。

影响分析：复合修复技术的不断完善和优化，使其成为未来土壤修复行业的主流技术之一。随着技术组合的多样性增加、针对性增强，复合修复能够高效解决多种污染物，推动修复行业发展。

5. 小结

技术进步是推动土壤修复业务发展的关键驱动因素。随着污染治理需求的日益增加，土壤修复技术将在未来几年不断得到创新与优化。智能化、大数据、生物修复技术以及环境友好材料的不断应用，将成为未来土壤修复行业快速发展的核心动力。但是，我国土壤环境背景值和环境基准严重不足，难以满足科学制定土壤环境质量标准的需要；对于农用地土壤，基于风险管控的稳定化技术推广应用难以降低土壤污染物超标率，反复施用土壤稳定剂将严重影响土地的土壤肥力质量和健康质量。矿山生态修复领域存在一定误区。相关工程施工单位对矿山生态修复的系统性、整体性、科学性认识不足，加之新技术投资较大，施工企业应用积极性不高，新技术的推广应用比较受限。

第三章 土地整治和土壤改良技术

第一节 技术概论

一、土地整治与土壤改良基本理念

(一) 土地整治内涵

土地整治概念的发展是一个动态变化的过程,在不同历史时期的意义不同。2000年以前,土地整治主要以"土地整理"概念为核心。《中共中央 国务院关于进一步加强土地管理切实保护耕地的通知》中要求"积极推进土地整理,搞好土地建设";现行的《中华人民共和国土地管理法》中也明确提出"国家鼓励土地整理",并指出当下为土地整治的起步阶段,主要是要借鉴海外经验,探索土地整治的实施途径。2000年至2007年期间,土地整治主要以"土地开发整理"概念为核心。土地整治有了以新增建设用地土地有偿使用费为主的法定资金渠道,使土地整治事业的发展进入快车道,这一阶段要以实施国家投资土地开发整理项目为重点,引导和推动全国的土地整治工作。2008年是我国土地整治发展史上具有里程碑意义的一年,十七届三中全会《中共中央关于推进农村改革发展若干重大问题决定》第一次在中央一级文件中明确提出"大规模实施土地整治,搞好规划,统筹安排,连片推进",开启了土地整治发展的新纪元。

2014年发布的《节约集约利用土地规定》提出,在现状土地利用的基础上,对土地整治的对象进行了细分,以土地利用总体规划和土地整治规划为依据,土地整治包含对田、水、路、林、村等全要素综合整治,历史遗留工矿等废弃地复垦以及城乡低效利用土地再开发。而在《土地整治术语》(TD/T 1054—2018)中,土地整治的内涵又以人类需求导向为基础进一步深化,依据土地整治规划及相关规划,在一定区域内对未利用、低效和闲置利用、损毁和退化土地进行综合治理,以达到满足人类生产、生活和生态功能的需要。可见,土地整治的内涵从数量保障到质量管控,再延伸至生态管护，并在未来将逐渐偏向生态景观建设。

（二）土壤改良内涵

土壤改良工作一般是根据各地的自然条件、经济条件，因地制宜地制定切实可行的规划，逐步实施，以达到有效地改善土壤生产性状和环境条件的目的。土壤改良是指排除或防治影响农作物生育和引起土壤退化等不利因素，运用土壤学、农业生物学、生态学等多种学科的理论与技术，改善土壤性状、提高土壤肥力，为农作物创造良好的土壤环境条件的一系列技术措施的统称。土壤改良是指通过各种方法和技术手段，改善土壤的物理、化学和生物性质，以提高土壤的肥力和适宜性，从而促进农作物的生长和提高农业生产效率的过程。土壤改良的目的在于解决土壤退化、板结、盐碱化、酸化等问题，恢复或增强土壤的生产力。

土壤改良的方法不局限于使用改良剂，还包括合理的耕作技术、种植绿肥、秸秆还田等农业措施。这些措施通过调节土壤中的水分、空气、热量状况和有机质转化，提高资源利用效率，从而间接改善土壤条件。随着世界人口的增长和环境资源的消耗，土壤退化已成为全球性问题。通过有效的土壤改良，不仅可以提高土壤的质量和农业生产水平，还可以促进农业经济的发展。此外，土壤改良还有助于固体废弃物的处置与资源化，符合循环经济与可持续发展的要求。总之，土壤改良是一个多方面、多层次的过程，涉及多种技术和方法。通过综合应用各种改良剂和技术措施，可以有效改善土壤条件，提高土壤生产力，为实现农业生产的可持续发展提供支持。

我国土壤改良企业的发展呈现出竞争加剧、市场集聚度高的特点。现阶段土地整治从单一要素转向山水林田湖草全域全要素，单个专业支持转向土地利用、生态环境、农田水利以及土木工程等多专业融合，进而拓展新载体、全要素、多尺度的国土空间整治＋生态修复模式及相应技术。土壤改良的技术发展具备以多机理综合治理为导向和以开发优质原料为抓手的两大特点。基于单一机理的改良措施很难从根本上解决问题，多机理综合治理是技术发展的必然结果，而在各机理组合方式中，脱出土壤盐分、酸碱中和、改善土壤结构以及提高土壤肥力4种机理相结合的方式明显受到科学界和市场关注。在原料选用方面，土壤改良技术以天然矿土资源和废弃物利用为代表，契合优质、高效、节能、环保的发展理念，贴合社会需求，具有很好的时代性和前瞻性。

二、技术分类与特点

（一）土地整治

土地整治主要包括土地整理、土地复垦和土地开发3方面的内容，其中土地整理是指采用行政、经济、法律和工程技术手段，调整土地利用和社会经济关系，改善土地利用结构，合理布局，综合开发，增加可利用土地数量，提高土地利用率和产出率，确保经济、社会、生态三大效益的统一。土地整理一般可分为农用地整理和建设用地整理。农用地整理是指采用工程、生物等措施，对田、水、路、林、村进行综合整治，从而增加有效耕地面积，提高土地质量和利用效率，改善生产、生活条件和生态环境的活动。

土地复垦是指对生产建设活动和自然灾害损毁的土地，采取工程、生物等整治措施，使其达到可供利用状态的活动。主要针对工矿废弃地、农村废弃宅基地、自然灾毁地以及大型交通、水利工程建设过程中挖废和占压的废弃地、污染废弃地这5类。常见的土地损毁方式有：（1）土地挖损。因采矿、挖沙、取土等生产建设活动致使原地表形态、土壤结构、地表生物等受到直接摧毁，土地原有功能丧失。（2）土地塌陷。因地下开采导致地表沉降、变形，造成土地原有功能部分或全部丧失。（3）土地压占。因堆放剥离物、废石、矿渣、粉、灰、表土、施工材料等，造成土地原有功能丧失。（4）土地污染。因生产建设过程中排放的污染物，造成土壤原有理化性状恶化、土地原有功能部分或全部丧失。

土地开发指因人类生产建设和生活不断发展的需要，以提高土地的利用率，扩大土地利用空间与利用深度为目的，采用一定的现代科学技术和经济手段，挖掘土地的固有潜力，充分发挥土地在生产和生活中的作用的过程。其包括两方面内容：一是对尚未利用的土地进行开垦和利用，以扩大土地利用范围。二是对已利用土地的深度开发，以提高土地利用效率和集约经营程度。其中，后者常针对城市低效利用建设用地的再开发，或城市新区的开发；而前者，主要是对未利用土地的开发利用，包括宜农荒地开发、闲散地开发、农业低利用率土地开发、河湖海滩涂开发。由于滩涂开发被严格限制，宜农荒地开发、闲散地开发、农业低利用率土地开发是增加耕地面积的主要方式，这些类型的土地开发在实践中被纳入土地整理、土地开发整理、土地整治的范畴。

（二）土壤改良

土壤改良主要包括土壤结构改良、盐碱地改良、酸化土壤改良、土壤科学耕作和治理土壤污染。土壤结构改良是指施用天然土壤改良剂（如腐殖酸类、纤维素类、沼渣等）和人工土壤改良剂（如聚乙烯醇、聚丙烯腈等）来促进土壤团粒的形成，改良土壤结构，提高肥力和固定表土，保护土壤耕层，防止水土流失。盐碱地改良是指主要是通过脱盐技术、盐碱土区旱田的井灌技术、生物改良技术进行土壤改良。酸化土壤改良是指控制废气二氧化碳的排放，制止酸雨发展，或对已经酸化的土壤添加碳酸钠、硝石灰等土壤改良剂来改善土壤肥力、增加土壤的透水性和透气性。土壤科学耕作是指采用免耕技术、深松技术来解决由于耕作方法不当造成的土壤板结和退化问题。

三、国内外技术发展现状

（一）国外技术现状与发展趋势

国外土地整治内容较为综合，整治要素更丰富，整治范围更广泛。例如，德国的土地整治最早可追溯至20世纪初，其间经历了"土地集中化发展""城市化干扰农村土地""农村整合发展""城乡统筹、等值化综合发展"4个主要阶段，主要致力于促进城乡统筹、均衡化综合发展。日本土地整治起始于20世纪50年代，主要经历了"农业整治""城市整治和农业整治""国土整治"3个阶段，从最开始的单纯解决农业问题拓展到社会治理层面，土地整治升级为国土整治。

对于盐碱地治理，国外主要的技术手段是盐碱地农业防护林建设、化学改良剂投加和耐盐碱作物种植等。其中，美国、澳大利亚等国家尝试在碱土上施用化学改良剂，以实现对碱性土壤的改良；巴基斯坦、印度等则从作物耐盐碱的角度开展了大量工作。

通过对其他国家土地整治及土壤改良分析发现，各国土地整治方面总体的趋势为"由点到面"，具有综合性不断扩大、整治要素不断丰富的特点。由于地理环境和气候条件不同，适用的技术和措施也会有所不同，在推广和应用时需要考虑具体的地方特点和条件。

（二）国内技术现状与发展趋势

我国现代意义上的土地整治出现在中华人民共和国成立以后，主要经历了起始培育（1956—1966年）、发展探索（1966—1987年）、全面推进（1997—2004年）、综合发展（2010年至今）4大阶段，土地整治也从单一的土地开发整理向集体基本农田整理、城乡建设用地增减挂钩等多种功能于一体的土地综合整治发展，最终形成以土地整理、复垦、开发和城乡建设用地增减挂钩为平台，包括田、水、路、林、村的全域土地综合整治的局面。土壤改良主要分为盐碱地治理、荒漠化治理和石漠化治理3个领域。目前，我国盐碱地治理取得突破，65%以上盐碱地得到了基本治理。中国荒漠化防治实现了沙区生态和经济状况持续改善，形成了荒漠化防治的中国模式，即统筹推进山水林田湖草沙一体化保护和系统治理。我国在20世纪80年代中期，提出石漠化的概念，主要治理措施是坡改梯。2009年以后，国家启动了专门针对石漠化治理的项目，在喀斯特地区进一步加强生态恢复，封山育林、退耕还林还草等生物技术成为治理项目中的主要措施。

在土壤改良方面，我国已形成了包括土壤排盐技术、土壤生物有机治盐改土技术、防风固沙植物育种等多种体系40多项实用技术。随着我国土壤改良技术的发展和新材料、新方法、新技术在各技术领域的应用，在新的条件下，土壤改良技术对于土壤盐碱的工程性排水在技术理论创新、灌排技术方法等方面提出了新的更高的要求。我国土壤改良企业的发展呈现出竞争加剧、市场集聚度高的特点。现阶段土地整治从单一要素转向山水林田湖草全域全要素，单个专业支持转向土地利用、生态环境、农田水利以及土木工程等多专业融合，进而拓展新载体、全要素、多尺度的"国土空间整治＋生态修复"模式及相应技术。土壤改良的技术发展具备以多机理综合治理为导向和以开发优质原料为抓手的两大特点。基于单一机理的改良措施很难从根本上解决问题，多机理综合治理是技术发展的必然结果，而在各机理组合方式中，脱出土壤盐分、酸碱中和、改善土壤结构以及提高土壤肥力4种机理相结合的方式明显受到科学界和市场的关注。在原料选用方面，土壤改良技术以天然矿土资源和废弃物利用为代表，契合优质、高效、节能、环保的发展理念，贴合社会需求，具有很好的时代性和前瞻性。

（三）经验总结

1. 转变发展理念，通过土地整治撬动乡村发展

国外土地整治，在完成基础的农田集中连片、基础设施建设后，就开始着手改善乡村人居环境，提升产业发展动力，实现乡村的稳步发展。目前，我国土地整治地域性差别大，中西部地区还处于土地整治的初级阶段，对于整治后的土地如何进行产业开发，如何最大化的发挥土地增值收益，如何带动乡村人民致富等问题并没有积极的应对措施；东部地区已经在探索土地整治后通过产业发展来提升乡村的造血机制，如引入农业开发公司进行系统经营管理，分包给种粮大户进行农业现代化种植，但是这些措施还在初期的摸索阶段，没有形成成熟的理论，也并没有大规模的推广。因此，对于我国大部分地区而言，应该转变发展思路，不能仅仅追求土地指标的一次性收益，而是要用可持续发展的眼光对待土地。

2. 重视生态模式，以土地整治促进生态农业发展

土地整治是对土地资源及其利用方式的再组织和再优化过程，是一项复杂的系统工程。其整理过程改变了基础设施配置，一定程度上改变了农田生态系统，必然对生态环境造成影响。国外土地整治过程中，不仅注重对耕地数量的提升，也注重对土地荒漠化、盐碱化、边坡治理等问题的改善，更注重对整个农田生态系统的保护和修复，推动农业向景观化、生态化发展，为传统农业的转型提供环境基础。近年来，随着我国生态保护意识的逐渐提高，土地整治工作对生态环境的保护和修复也越来越重视，但是依然有些地区的土地整治工作存在为了土地指标侵害生态环境的急功近利的现象，实践上还未达到"数量、质量、生态"三位一体的高度。土地整治要落实好山水林田湖草生命共同体的理念，强化整个过程中对生态环境的保护和修复。

3. 健全制度体系，实现土地整治的规范化管理

纵观国外土地整治工作，无一不进行完善的立法制度来保障土地整治工作的有效推进。许多国家除了土地管理法这一基本法之外，还制定了一系列相关法律，包括土地整治法、土地规划法、土地资源管理法、土地建设管理法等。目前，中国关于土地整治的法律制度体系尚未建立，特别是在现有土地政策下，如何通过土地整治引导农村土地制度改革；如何在实践中建立与土地整治项目实施相衔接的土地整治专项规划体系，更好地支撑国土空间规划和用途管制制度实施；如何在实践中协调好农民利益和农村发展两大课题；如何通过土地整治推动乡村振兴、共同富裕等问题还有待进一步解决。土地整治实际工作中还存在很多不确定因素，如对土地收益的分配问题、生态环境的补偿问题、公众参与的程序正义问题等都缺乏有效的法律文件加以规范，导致实施过程中弱势一方利益得不到有效的保障。因此，建立完善的法律体系，对我国当前及今后土地整治工作具有非常重要的现实意义。

4. 改进工作程序，提高公众参与管理和监督的程度

国外的土地整治工作都非常重视公众的参与，始终与各个利益相关者保持高度的沟通，虽然公众参与会耗费较长的时间，但是能在一定程度上保障决策的科学性，减少矛盾的产生。目前，我国土地整治工作还是以政府主导的一种自上而下的政府行为，农民参与土地整治的实施和管理较少，或者参与流于形式。长此以往，将造成农民与土地关系割裂，不利于乡村的长远发展和实现乡村振兴。因此，土地整治从立项开始，到工程建设，再到后期运营管理，都应该让农民深度参与其中，广泛地征求各利益相关方的意见，保障土地整治决策的科学合理。

第二节 关键技术与应用

一、物理改良技术

（一）地块平整设计

土地平整是改善农用地生产条件，建设稳产高产农田必不可少的重要措施。搞好平整对合理灌排、提高机械作业效率，以及改良土壤、保水、保土、保肥等有着重要作用，特别是在盐碱地等低产土地的治理中，土地平不平直接影响土壤水分和盐分的重新分配。土壤含盐匀不匀、干湿均不均直接关系到作物的播种、保苗。因此，土地平整工程规划是土地整治中农用地改造、土壤改良、保水保土的一个重要环节。

平整方案分为以下两种：

（1）耕作田块完全平整。这种方案的优点是能够最大限度地挖掘土地利用潜力，增加耕地面积，便于布置各单项工程，方便农业生产；缺点是填挖方工程量大，投资量大，对表土造成极大的破坏。

（2）局部平整。根据地形地势特点，以一块或相邻的几块格田为平整单元，在每个平整单元内部，保持土地的挖填方平衡，不需要从区外大量取土或将土大量运往区外，最终的田面高程是在挖填方平衡高程的基础上，结合农田灌排水的要求而确定。各平整单元之间允许有一定的高差。

（二）田坎设计

1. 条田田埂

条田内部采用田埂进行田块分离。田埂宜采用土埂，埂高以 30 cm 为宜，埂顶宽 40 cm 为宜，兼做生产路的田埂其路面宽度不宜小于 40 cm。田埂用生土填筑，土中不能有石砾、树根、杂草等，修筑时应分层夯实。

2. 梯田埂坎

梯田埂坎宜采用土坎、石坎、土石混合坎或植物坎等。在土质黏性较好的区域，宜采用土坎；在易造成冲刷的山区，应结合石块、砾石的清理，就地取材修筑石坎；在土质稳定性较差、易造成水土流失的地区，宜采用石坎、土石混合坎或植物坎。

（三）田间道路设计

田间道路是田间生产和运输的动脉，它是联系县与乡、乡与村、村与村、村与田间的通道，妥善布置田间道路，有助于合理组织田间劳作，提高劳动生产率。根据服务面积与功能的不同，田间道路通常分为田间道和生产路。

1. 田间道

田间道是田块与交通干支道、乡村道路或其他公路连接的道路，主要为货物运输、机械田间作业等生产操作过程服务。一般设置路宽为3～6 m。田间道应满足强度、稳定性和平整度的要求，宜采用泥结石、碎石等材质和车辙路、砌石间隔铺装等生态化结构。根据路面类型和荷载要求，推广应用生物凝结技术、透水路面等生态化设计。在暴雨冲刷严重的区域，可采用混凝土硬化路面。道路两侧可视情况设置路肩，路肩宽度宜为30～50 cm（图3-1）。

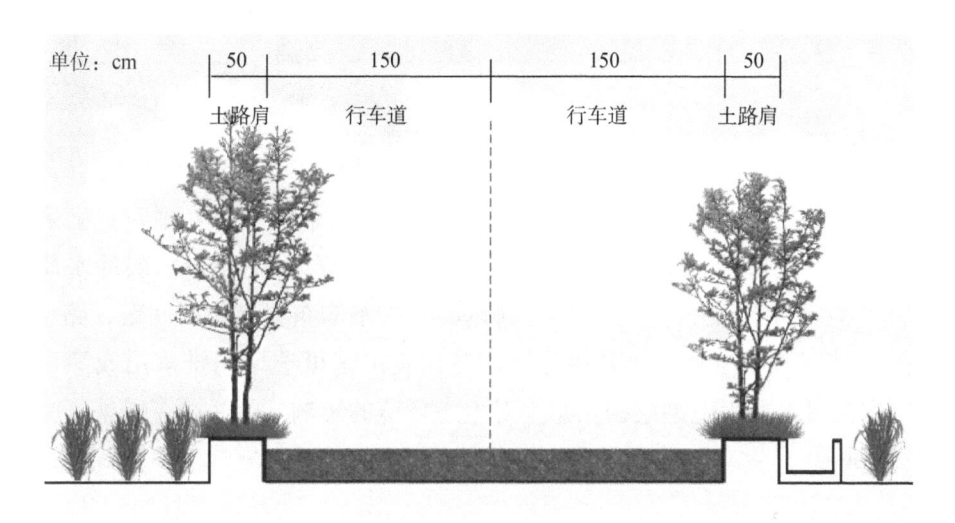

图 3-1 田间道路断面图

2. 生产路

生产路是为人工田间作业及收获农产品服务而修建的联系地块之间的主要道路，供小型机械或人、畜通行，主要起田间运输的作用，服务于1～4个田块，路宽0.8～3 m（图3-2）。路面材质应根据农业生产要求和自然经济条件确定，宜采用素土、砂石等。在暴雨集中地区，可采用石板、混凝土等。

（四）灌溉与排水技术

1. 排水沟设计

田间排水应按照除涝、排渍、改良盐碱地或防治土壤盐碱化任务要求，根据涝、渍、碱的成因，结合地形、降水、土壤、水文地质条件，兼顾生物多样性保护，因地制宜选择水平或垂直排水、自流、抽排或相结合的方式，采取明沟、暗管、排水井等工程措施。在无塌坡或塌坡易处理地区或地段，宜采用明沟排水；明沟降低、地下水

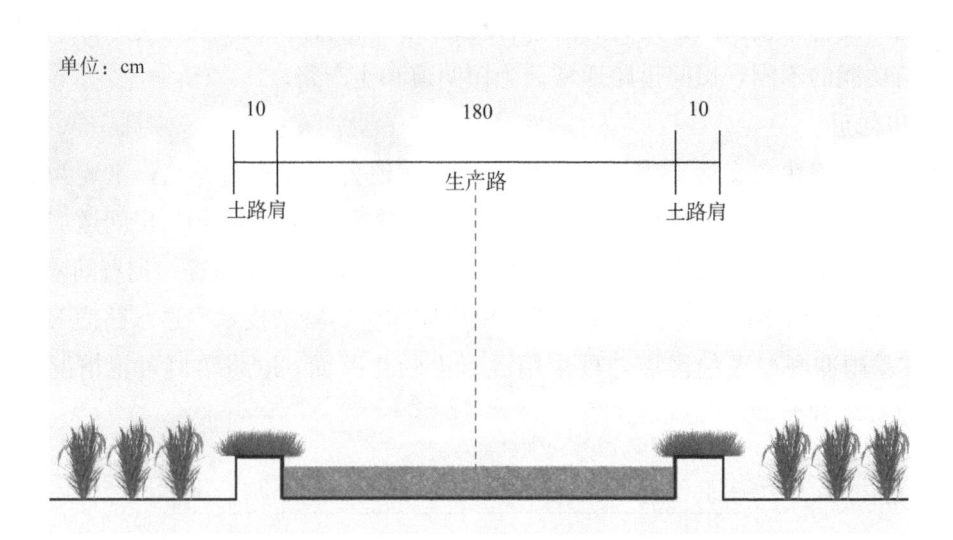

图 3-2　生产路断面图

位不易达到设计控制深度，或明沟断面结构不稳定、塌坡不易处理时，宜采用暗管排水；明沟或暗管降低、地下水位不易达到设计控制深度，且含水层的水质和出水条件较好的地区可采用井排。采用明沟排水时，排水沟布置应与田间渠、路、林相协调，在平原地区一般与灌溉渠系相分离，在丘陵山区可选用灌排兼用或灌排分离的形式。排水沟可采取生态型结构，减少对生态环境的影响（图3-3）。

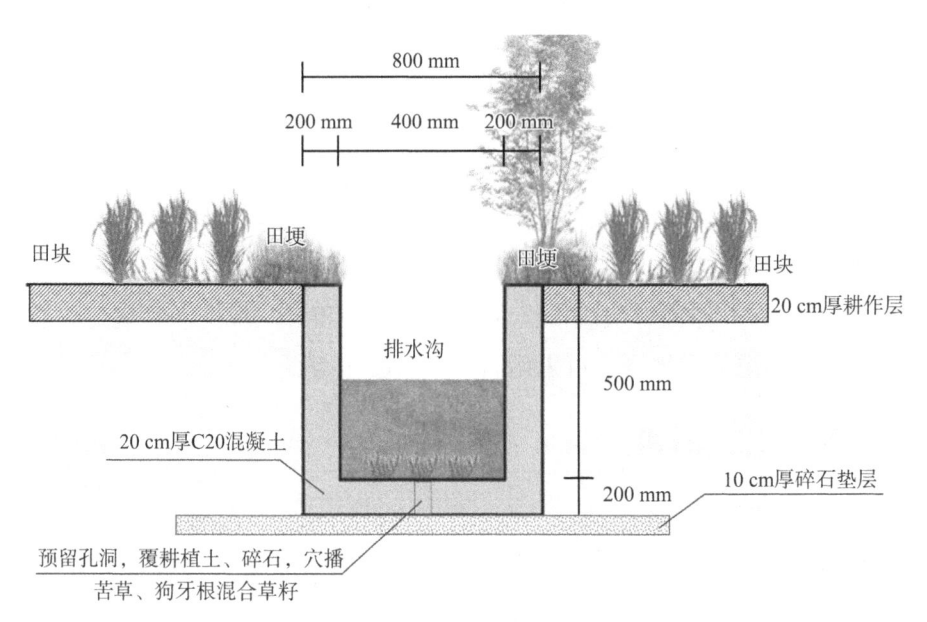

图 3-3　排水沟断面图

2. 灌溉技术

(1) 灌溉渠道可分为明渠和暗渠两类。明渠修建在地面上，具有自由水面；暗渠为四周封闭的地下水道，可以是有压水流或无压水流。明渠占地多，渗漏和蒸发损失大，但施工方便，造价较低，因此应用最多。暗渠占地少，渗漏、蒸发损失小，适用于人多地少地区或水源不足的干旱地区，但修暗渠需大量建筑材料，技术较复杂，造价也较高。

(2) 低压管道灌溉。管灌技术主要是利用低压管道来代替水渠的一种灌溉方式。灌溉采用此种方式可有效地减少水资源在传输过程中渗入地底的损失，且使用管灌的设备也相对比较简单，价格也较适合农民现有的承受力。可在田间推广使用管灌，此种灌溉技术较适合处于干旱地区的农田。

二、化学改良技术

(一) 土壤改良施用技术

土壤改良剂又称为土壤调理剂，是一类可以改良土壤性质从而促进农作物生长的材料。施用土壤改良剂是快速改善土壤环境的技术措施之一，使用时需要注意土壤改良剂的种类、使用剂量和使用方式。土壤改良剂通常由多种成分组成，原材料种类较多，如秸秆、绿肥、珍珠岩、蛭石、高炉渣、污泥、木质素衍生物、多糖类衍生物、聚丙烯酰胺、聚乙烯醇类物质等。土壤改良剂根据不同的作用原理，还可以具体分为土壤结构剂、土壤固定剂、土壤调酸剂等。土壤改良剂可以改善土壤孔隙度、通气性、透水性，调节土壤酸碱度及降低土壤重金属活性，防止植物土传病害，并且可以明显改善南方旱坡耕地存在的"酸、毒、瘦、漏、板、蚀"等多种障碍因素。施用土壤改良剂还能有效降低土壤含盐量、钠吸附比和 pH 值，提升土壤有机碳及其组分含量和土壤碳库管理指数。

(二) 水肥一体化技术

水肥一体化技术的应用受到区域地形、作物种类、种植模式、生育期的影响。常见的水肥一体化技术通过滴灌、喷灌、微灌方式，可以实现精准的水肥控制，实现节水、节肥、增产、增收、提高效率等，目前已广泛应用于设施栽培领域。随着科技的不断进步，物联网、深度学习、大数据、云计算与传感器技术也不断与水肥一体化技术进行叠加应用，从而更好地提高了灌溉施肥系统的效益。

(三) 测土配方施肥技术

测土配方施肥技术是根据土壤理化特性，通过土壤分析确定土壤养分状况，再依据植物需求和施肥要求，科学合理施用化肥、有机肥、微量元素等肥料的技术。测土配方施肥技术可以提高施肥的准确性，避免过量施肥导致土壤酸化、盐碱化等问题。测土配方施肥的具体措施根据土地类型、灌溉条件、作物种类、目标产量、施肥方式、种植模式等方面的不同而所有区别。

（四）有机肥施用技术

有机肥施用技术是一种利用生物有机肥料代替化学肥料进行施肥的技术，应用时需要注意有机肥种类、施用量、施用时间、施用方式的选择。有机肥中含有丰富的有机质和微量元素，可以增加土壤肥力，可以部分替代化学肥料的使用，降低化肥对环境的影响。有机肥来源于农业废弃物或畜禽粪便等，施肥时应选用发酵腐熟完全的有机肥，避免残留的抗生素或者重金属对农田造成污染。在推广应用有机肥的过程中，由于农业生产者年龄、受教育程度、农业收入占比、经营耕地规模等情况的不同，存在农业生产者有机肥施用意愿与行为背离的情况。因此，需要通过政府指导、市场引导等方式，积极推行有机肥的施用。

三、生物改良技术

（一）绿肥种植

为了节约土地，提高种植效益，绿肥作物的栽培应遵守种植业与养殖业相结合、用地与养地结合、多种用途相结合的原则。在品种选择上，可筛选生育期较短、生物量高、景观效果好，且能与水稻等秋熟作物顺利接茬的优质绿肥品种（如豆科黄芪属、苜蓿属、三叶草属、野豌豆属等），同时配套高产栽培与综合利用技术。

（二）轮作休耕

轮作休耕包括因地制宜推广多种种植模式，季节性休耕，冬耕晒垡，增施有机肥、基质、生物菌剂等措施，以实现耕地用养结合，培肥地力，促进农业绿色可持续发展。轮作换茬模式重点推广"水稻—绿肥""水稻—蚕豌豆""水稻—蔬菜"等科学轮作模式，同时采用冬耕晒垡，增施适量有机肥、基质等措施。

第三节 技术创新与发展趋势

一、技术创新

（一）生态海绵农业技术

生态海绵农业技术通过协调地上水田与地下水利工程，形成高效的水资源管理系统，核心技术是"透气防渗砂"与"硅砂蜂巢结构地下隐形水库"。水田部分是在原有土壤结构下方铺设透气防渗砂层，形成有效透气防水层，保证水肥不流失，营造出利于水稻生长的防渗层；地下水利工程部分建造"硅砂蜂巢结构地下隐形水库"（图3-4），将雨水收集、储存、净化，实现水资源循环利用，解决水源问题。通过雨水收集，让雨水经过设施设备的多级过滤、弃流分离、自然渗透、沉沙等处理，得到了净化，保证了较好的水质；蓄水池采用蜂巢式雨水收集系统，该系统兼具雨水收集和净化功能，并使用环保材料替代传统高耗能的水泥钢筋结构。通过生态海绵农业技术，提高对雨水的利用率，对农田进行辅助改良，除了满足粮食作物等的生产、改善生态环境等传统功能外，还可以承担解决农田雨水的管理问题，即作为一个个大的绿色海绵体在"涝"时吸水，在"旱"时又可以释放水源。

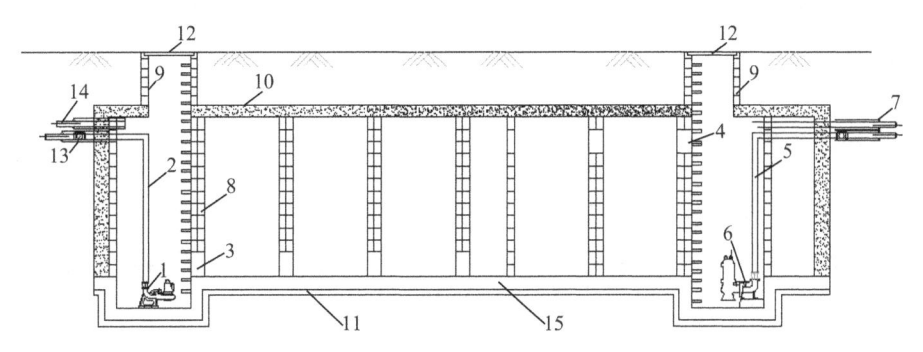

1—排泥泵；2—排泥管；3—净水排泥通道；4—出水水流通道；5—供水管；6—供水泵；7—溢流管；8—透水砌块；9—滤水砌块；10—盖板；11—混凝土垫层；12—检查井盖板；13—阀门；14—进水管；15—垫层

图3-4 蜂巢结构隐形水库典型断面图

（二）自嵌式生态挡墙技术

自嵌式生态挡墙是加筋土挡墙结构的一种形式，这是一种新型的拟重力式结构，它主要依靠挡土块块体、分层铺设土工格栅和填土夯实并通过土工格栅和挡墙锚固连接构成受力复合体来抵抗动静荷载，达到稳定土体的作用。砌块中间预留孔洞可种植爬山虎等爬藤类植物，增加其生态性（图3-5）。

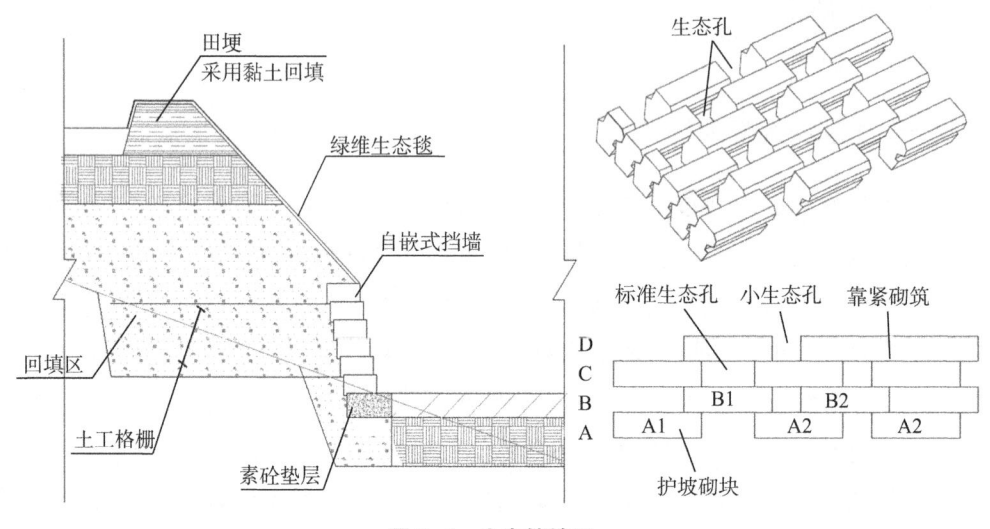

图 3-5 生态挡墙图

（三）农田尾水净化系统技术

农田尾水采用"化学法＋生物法"等多级排水净化工艺处理后，用于回用或排放，有效地减少农业面源污染，保护修复生态环境，对营造良好的农田生态环境具有重要意义。

（四）农田节水灌溉技术

传统的大水漫灌方式水资源浪费严重，水的有效利用率仅30%～40%，节水灌溉是农田建设的一项重要内容。农田节水灌溉可有效减少农田灌溉过程中的水资源消耗，提高灌溉效率。管道灌溉技术是一种常见的灌溉方式，由水泵加压或自然落差形成的有压水流通过管道输送到田间给水装置，采用地面灌溉的方法，可有效省水30%～50%。灌溉主管沿主干道布置，在灌溉供水主管上适当高程设置电动主阀门，通过前后主阀门的开启和关闭，对不同高程区间的田块同时灌溉；灌溉支管沿田间道路两侧布置，分别设置电动阀门和手动阀门，在田块进口处管道上设阀门井及消力池进行人工调控，在灌溉配水管末端设泄水阀门（图3-6）。管道灌溉技术具有适用范围广、投资成本相对较低的特点。

图 3-6　节水灌溉现场施工图

（五）生态沟渠技术

生态沟渠是通过对传统农田排水沟渠进行生态化改造形成的多功能系统，通过优化渠体结构、植被配置和材料使用，在保持排水、泄洪等基本功能的同时，新增了水土保持、水质净化等生态服务功能（图 3-7）。这主要是利用沟渠在农田与河塘湖库之间作为水流"连通器"的优势，在渠内种植水生植物并建造透水坝、沉泥池、反硝化除磷装置等设施，实现底泥截留吸附、植物吸收与微生物降解转化等多种途径持留、吸收、固定或转移农田排水中的氮磷等营养物质。农田氮磷生态拦截沟渠建设是贯彻落实乡村振兴战略、推进农业绿色发展、美丽田园建设的重要举措。

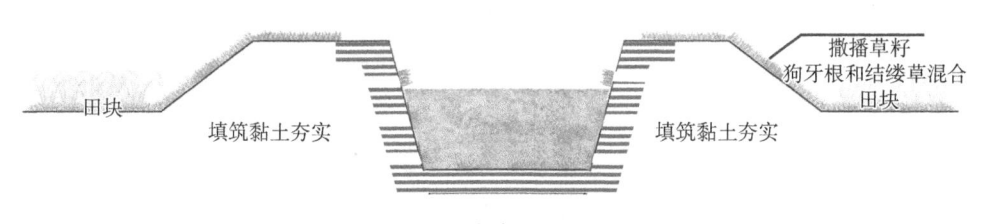

图 3-7　生态沟渠典型断面

（六）盐碱地治理技术

盐碱地治理技术主要有两种：（1）通过客土垫地，抬高地面高度。引入不含盐或含盐较低的外地土壤覆盖在盐碱地上，改善土壤质地。平整场地也是客土垫高后的一项重要措施，如场地不平整，当低洼处积水时，会造成局部未垫高地形不容易脱盐，所以一定要进行场地平整，保持场地平坦。（2）采取铺设盐碱隔离层的方法，防止土壤底部的盐分上升。盐碱隔离层的位置要高于地下水位线，其基质垫层多采用粗砂、砾石或炉渣；在隔盐层之上要设计基质防渗层，重点对土壤颗粒进行过滤，保障隔离孔隙，一般过滤层厚度为 5~10 cm；可根据种植土回填和植物的耐盐程度进行土层的厚度设计，节约资源和建设成本。

二、农业数字化

2023年中央一号文件规定要大力发展智慧农业和数字乡村。为进一步规范农田建设及管护，推进智慧农业发展进程，由中国电建集团华东勘测设计研究院有限公司牵头，成立农田技术中心，打造"农田投建营一体化数智平台"（图3-8）。该平台覆盖业务信息、项目立项、投融资、策划、规划、设计、施工、运营等全产业链内容，综合应用移动互联网、大数据、云计算、物联网、卫星遥感等技术，根据空间变异，定位、定时、定量地实施一整套现代化农田建设与管理的智能化系统，确保农田位置明确、信息准确、建设和管护全程数字化动态监测和监管。

图 3-8　智慧大屏实景图面

"农田投建营一体化数智平台"主要包含3部分内容。第一部分是农田管理大数据中心，其中包含项目业务信息以及项目立项、投融资、项目实施、验收及后期管护的全过程监管信息，各阶段上图入库矢量数据、遥感影像数据及一系列批复文件等。将这些信息按照统一的数据库标准进行标准化整合，将各阶段信息汇集和集成，建成全程全面规范化管理的农田管理大数据中心。

第二部分为农田综合管理系统。基于多源卫星遥感技术、遥感无人机技术、农情监测技术、农业物联网技术等，打造天空地一体化综合管理系统，为农田的生产决策提供科学准确的数据支撑。其主要包括环境、植物信息监测，标准化生产监控，节水灌溉，作物生长远程观察，专家远程指导等应用模式，如对农作物生长情况、病虫害情况、土地灌溉情况、土壤空气变化等的监测及大面积的地表检测，收集温度、湿度、风力、大气、降雨量，以及对有关土地的湿度、氮浓缩量和土壤 pH 值等信息的监测和远程图像分析等。该系统可构建精确的农作物种植数据模型，分为田间数据感知层、农业设施设备层、边缘服务层、溯源服务层、平台服务层以及应用层等。结合数字化农业气象信息、预警信息、5G 网络基础及管理经验，进行大数据分析、报告，为农作物种植提供宝贵的经验数据和参考依据，使农产品既能够达到产量提升实现规模化，又能保证出产质量的标准化。另外，该系统可结合安全溯源系统实现可追溯和可视化，以及与电商平台对接达到市场化。

第三部分为移动端农田巡查管护 APP（小程序）。这部分包括项目监理、巡查管护、设备管理维保。(1) 项目监理。针对农田建设用户提供农田建设中的项目监管服务，根据农田建设施工管理相关规范，对农田建设过程中的准备阶段、施工阶段、缺陷责任期至工程的竣工验收全过程开展监理工作。(2) 巡查管护。通过"无人机＋人员＋物联网监测"的方式高效开展巡田工作，APP（小程序）提供签到打卡、日志填报、任务执行、问题上传审核、数据采集、田块及设施设备勾画调整等功能，以田块为最小管理单位，做到"田块＋人员＋设施设备＋巡查管护"关联对应，做到"执行有人员、巡查有记录、管护有依据"。(3) 设备管理维保。设备维保功能模块让设备维护与维修管理变得便捷与可视，使设备维护和维修的每个过程均可查看追溯。该模块分为设备管理、时效提醒、日常维保、任务检修等 4 个功能，还提供了设施设备勾画调整、凭据上传等功能。

第四节 盐碱地治理技术研究

一、中国盐碱地概况

（一）盐碱地类型及分布

根据国土"三调"标准，盐碱地指表层盐碱聚集，生长天然耐盐植物的土地，按未利用地管理。盐碱土是盐土和碱土以及其他不同程度盐化和碱化土壤的总称，含盐量或碱化度较高，土壤结构不良、易板结，有机质含量低、养分贫瘠，土壤保肥能力弱，影响作物生长，是一种性状较差、肥力较低的退化土壤。盐土主要成分是氯化钠和硫酸钠等水溶性盐，多属中性盐，其含量一般大于0.1%；碱土（苏打盐碱土）主要成分是碳酸钠和碳酸氢钠，其碱化度（土壤交换性钠离子占阳离子交换量的百分比）一般大于5%。依据土壤盐分对农作物的危害程度，将盐碱地划分为5类，由轻到重依次为非盐碱化土（非盐渍土）、轻度盐碱化土（弱盐渍土）、中度盐碱化土（中盐渍土）、重度盐碱化土（强盐渍土）、盐碱土（盐土）。按照地理区位、土壤因素、气候条件以及盐碱成因等，可将我国盐碱地分为5大类型区。

一是东北苏打盐碱区。主要分布于松嫩平原西部和西辽河平原等地区，以苏打盐碱土为主，土壤质地黏重，具有明显的发生层次，地面为灰白色；表层为富含有机质的淋溶层，表层下为碱化层，呈块状或核状结构，往下为母质层。"湿时兜水不漏，干时刀枪不入"，治理难度大。

二是西北绿洲盐碱区。主要分布在甘肃、新疆等省（区）的广大干旱、半干旱内陆区域，这些地区盐碱地的面积相当广阔，且多呈连片分布。土壤中的盐分含量较高，以氯化物硫酸盐复合型为主。

三是黄河中上游灌区盐碱区。主要分布在晋、内蒙古、陕、青、宁等省（区）的引黄灌溉区，这些区域土壤盐分主要由硫酸盐和氯化物构成，因气候干旱和灌溉方式不当，土壤出现了次生盐碱化现象。

四是滨海盐碱区。主要分布在津、冀、辽、苏、鲁等省（市）的沿海地区，这些区域地势低洼，主要受海水影响，地下水水位和矿化度高，土壤盐分以氯化物为主。

五是黄淮海平原盐碱区。主要分布于中国的内陆平原，特别是京、津、冀、鲁、豫等省（市）。这一地区在历史上曾受到黄河、淮河、海河等河流的洪涝灾害影响，以及排水不畅的困扰，导致了严重的内涝和盐碱问题。

（二）盐碱地主要治理措施

2021年10月21日，习近平总书记在山东省东营市的黄河三角洲农业高新技术产业示范区考察调研时强调，"开展盐碱地综合利用对保障国家粮食安全、端牢中国饭碗具有重要战略意义"。此后，习近平总书记在考察河北沧州、内蒙古巴彦淖尔时，又对盐碱地综合利用做出重要指示。在主持召开二十届中央财经委员会第二次会议时，习近平总书记进一步指出，"要充分挖掘盐碱地综合利用潜力，加强现有盐碱耕地改造提升，有效遏制耕地盐碱化趋势"，"稳步拓展农业生产空间，提高农业综合生产能力"。盐碱地多形成于土壤母质含盐量高、气候干旱、地下水位高、地下水矿化度高、地势低洼缺少排水出口的区域，随着水分蒸发，地下水和土体中的盐分集聚到地表，导致土壤盐碱化。

土壤盐渍化是由于各种自然因素和人类活动导致土壤中可溶性盐积累而产生的。

这种现象往往会限制土地的有效利用，严重影响农业生产力，对全球粮食安全构成威胁，成为制约全球农业生产的主要因素之一。因此，提高盐碱地的理化性质和养分含量是实现土壤可持续生产的关键。盐碱地的治理和改良工作一直以来被视为一项世界性的难题。长期的研究和实践经验表明，盐碱地治理的本质是"淡化耕层、防治盐碱，培肥土壤、提升地力"，核心是灌排配套、控盐治碱（图 3-9）。目前已经开发出来许多有效的方法用于盐碱地的治理，包括工程物理改良法、化学改良法以及生物改良法等。

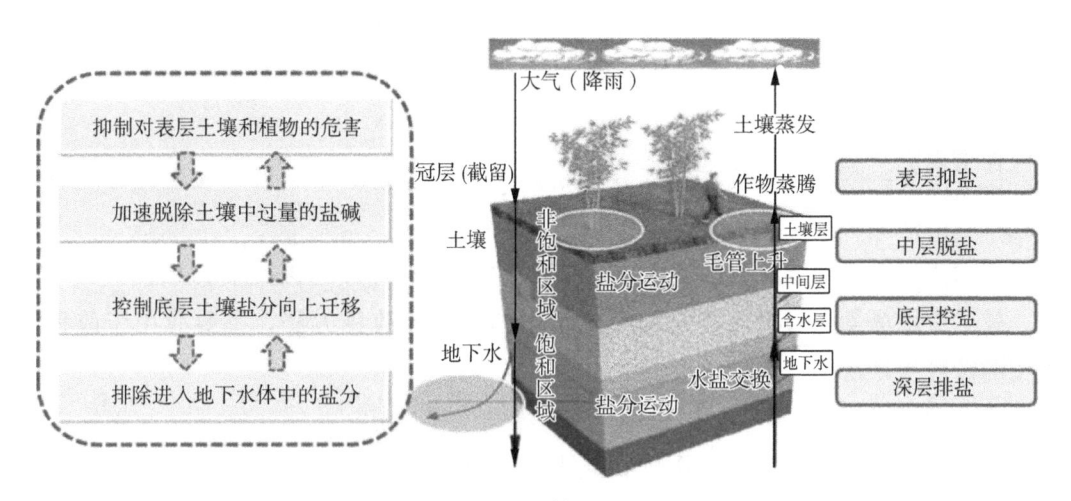

图 3-9 盐碱土壤治理原理图

1. 工程物理改良法

（1）工程改良措施

技术简介：工程改良是盐碱地改良的最主要方法，通过修筑防渗渠、排水沟、引水渠，减少灌溉时土壤水分的蒸发和流失，以降低地下水水位和土壤含盐量，提高土壤肥力。另外，还可以通过修建拦水埂、排水沟和支沟等水利设施来排除田间积水，降低地下水水位，从而达到改良盐碱地的目的。灌水洗盐是一种土壤改良技术，通过模拟降雨过程，让水分渗透到土壤中，帮助盐分通过土壤孔隙排出，从而达到改善盐碱土的效果。排水脱盐技术的关键在于调控地下水水位并去除土壤中的有害盐分。排水方式主要包括水平排水和垂直排水，前者涉及暗管排水和明沟排水，后者则主要是竖井排水。暗管排水通过铺设带有孔隙的管道至地下，直接排出灌溉和降雨后多余的水分，这些水体中带有大量盐分，从而有效降低土壤盐分含量。明沟排水是通过定期挖掘田间沟渠来排除土壤中多余的盐分，有助于盐碱土的改良。而竖井排水则是直接作用于地下水，通过抽取降低地下水水位，促使土壤中的水分和盐分向下运动，有效控制土壤的水盐动态，进而实现排盐的目的。

技术优势：工程改良技术的优势主要体现在能快速、经济、有效地改良盐碱地，深沟与暗管结合可显著提升脱盐效果，沟渠建设可提升排水效率，对地表和深层土壤排盐效果好。

技术应用场景：我国在水利工程改良盐碱土方面做了大量的工作，取得了令人瞩目的成绩，特别是在黄淮海平原地区的井灌井排，排、灌、蓄、补综合运用；滨海地区采用暗管排盐，雨水、地面水、土壤水和地下水统一调控，极大地加速了干旱、洪涝、盐碱及咸水的综合治理过程。

（2）物理改良措施

物理措施改良盐碱土的关键在于优化土壤的物理结构并减少表层蒸发，从而降低盐分在土壤表层的积聚。主要做法包括客土改良和地表覆盖等。

① 客土改良

技术简介：客土改良技术通过引入低盐客土（含盐量<0.3%）覆盖盐碱地表层（厚度20～50 cm），配合土地平整形成透水耕层。

技术优势：这种方法可以使原本板结的土壤变得松软，土壤结构改善。

技术应用场景：客土改良是国际上常用的盐碱土改良方法，主要应用于改良原生型的盐碱土，特别是重度以上的盐土。

② 地表覆盖

技术简介：地表覆盖指利用生物质类或其他覆盖材料，通过吸收的降水在下渗过程中淋洗耕层盐碱或切断土壤毛管，减少土壤表层蒸发来抑制返盐。农业生产中广泛应用的覆盖材料为秸秆和地膜。地膜具有透光增温、保水保肥、增产早熟、质轻耐久等特性；地膜覆盖可使土壤水蒸气回流，并对表层盐分具有有效的淋洗作用，随着覆盖时间延长，土壤表层脱盐效率有增大趋势。秸秆覆盖可作为缓冲层，增加水分入渗时间，减少地表径流，调节土壤水分、土壤容重和孔隙状况，还可作为良好的隔热层，调节土壤与大气之间的热量交换。

技术优势：地表覆盖切断了土壤水和大气之间的交流，可有效地抑制土壤水分蒸发，降低盐分在表层积累。其中，覆盖材料、覆盖时间以及覆盖量等对土壤水、热、盐动态有显著的影响。

技术应用场景：在干旱地区以及春季干旱季节，提早覆膜有利于抑制土壤表层盐分积累。在水资源紧缺区，地表覆盖能降低水分蒸发和盐分迁移。

2. 化学改良法

化学改良盐碱土壤的作用方式：一是凝聚土壤颗粒，改善土壤结构。改良剂多有膨胀性、分散性、黏着性等特性，能够使因盐碱而分散的土壤颗粒聚结从而改变土壤的孔隙度，提高土壤通透性，改善土壤结构。二是置换土壤Na^+，促进盐分淋洗。含钙制剂（如石膏、煤矸石、氧化钙、石灰石、磷石膏等）和酸性物质（如硫黄、硫酸铝、硫酸、硫酸亚铁等）是较常用的盐碱土壤改良剂。

(1) 含钙物质改良

技术简介：含钙物质主要以钙离子代换钠离子为改良机理。土壤中钙离子的活度增加，可交换出吸附于土壤胶体中的钠离子，使钠离子随水流转移，从而消除土壤的碱性来源，改善土壤性状，另外钙离子的增加可以降低土壤的碱化度。

技术优势：化学改良剂在盐碱地治理上确实有其独特的优势，如经济实惠、效果迅速以及操作便捷等。

技术应用场景：石膏被认为是十分重要的化学改良剂，它不仅能改善土壤渗透性，消除 Na^+，还可以为植物生长提供 Ca^{2+} 和 S^{2-}。另一种典型的无机化学改良剂是磷石膏，其为磷酸生产过程中硫酸与磷矿反应产生的副产物。磷石膏的利用已被证明是提高各种土壤物理属性的成功措施，包括团聚体稳定性和水力导电性。此外，磷石膏作为一种化学改良剂不会对环境造成有害影响。石灰加入盐渍土中后，由于石灰与土壤的相互作用，使土壤的性质得到了改善。在初期，主要表现在土壤的结团、塑性降低、最佳含水率的增大和最大干密度的减少等；在后期，由于结晶结构的形成，提高了石灰改良盐渍土的强度和耐久性。

(2) 酸性物质改良

技术简介：酸性物质作为改良剂能够直接中和盐渍土中的碱性物质，降低土壤 pH 值。

技术优势：利用酸性物质改良盐碱土见效快且方便，能够迅速降低土壤的 pH 值，从而改善土壤理化性质。

技术应用场景：腐殖酸具有丰富的吸附点，因此在土壤中与带正电荷的钠离子容易发生吸附作用。腐殖酸在土壤中分解产生有机酸，能与碱性物质和盐类发生中和反应，推动离子交换，使土壤养分得到更好的利用，对于盐碱土具有调节和改善作用。土壤中添加腐殖酸后，土壤的水分状况得到有效改善，含水量升高，促进盐分的淋洗，作物产量显著提高。磷酸脲可以迅速调节作物根际的 pH 值，降低土壤的 pH 值，从而改善碱性土壤，促进根系生长和枝叶茂盛。磷酸脲的应用可以迅速增产 20% 以上，并减少部分土传病菌的产生，改善土壤微生物环境。

(3) 有机物质改良

技术简介：土壤有机改良剂如传统的腐殖质类（草炭、风化煤、绿肥、有机物料）、工业合成改良剂、工农业废弃物等能增加土壤的有机质，促进团粒结构的形成，改良盐碱土的通气、透水和养分状况。

技术优势：生物炭作为有机改良剂来源广泛、廉价易得，具有丰富的孔结构，可改善土壤的孔隙度并降低容重，提高土壤的通透性，促进盐分淋溶和土壤团聚体的形成。施用有机肥及其物料具有诸多优势，如投资小、见效快、材料配方灵活和可操作性较强等，这些特点使得有机肥在盐碱土壤改良中具有重要的应用价值。

技术应用场景：以作物和林业残留物、粪便、城市和工业废物为原料制备的生物炭在盐碱地改良方面已引起广大科研人员的重视。生物炭是生物质在氮气氛围下，经过高温煅烧得到的富含碳的材料，是一种温和的土壤改良剂。但由于生物炭本身的孔隙结构有限，具有碱性特质且携带较多的盐基离子，这极大地限制了其在盐碱地的治理效果，并可能造成土壤盐碱度的升高。因此，需要对生物炭进行改性以提高其改良效果并降低其风险。常用物理改性、化学改性、负载改性和有机改性等方式来优化生物炭的表面结构和理化性质。酸化改性生物炭具有丰富的 H^+ 和含氧官能团，如—COOH 和—OH。这些特性不仅强化了其对土壤中 Na^+ 的置换和吸附能力，更促进了生物炭、有机物和矿物之间的紧密结合，从而加强了土壤团聚体的稳定性。此外，酸化后的生物炭中碱性元素的总量显著低于原始生物炭，减弱了其对土壤进一步盐渍化的风险。尤其是在苏打盐碱地的治理中，酸化生物炭产生了十分优越的效果。此外，使用有机肥、有机物料及其废弃物作为改良剂，是一种切实可行的方法。施用牛粪等有机肥，对盐碱土壤有着显著的改良效果。这些肥料增加了土壤的有机质含量，显著降低了盐碱土的 pH 值，进而改善了土壤的物理结构，如土壤胶体凝聚和团粒结构的优化。同时，肥料分解过程中产生的有机酸能有效中和碳酸钠盐，缓解盐害，进一步改变了土壤的质地。对于石灰性碱性土壤，其面临酸度高且有效态养分含量低的问题，有机肥的施入同样起到了关键作用。它提高了土壤的微生物活性，从而改良了土壤的整体状况。有机肥还能提高土壤中有机质、碱解氮、速效磷和速效钾的含量，这些优点与其本身的性质密切相关。

3. 生物改良法

生物改良措施包括施用微生物菌剂、作物轮作和种植耐盐碱植物等。

（1）微生物菌剂改良措施

技术简介：微生物菌剂也称生物肥料或微生物菌肥，是一种新型环保肥料。微生物菌剂通过释放特定的活性物质，如有机酸和多糖，参与土壤中盐分的化学反应，产生的不溶性盐类有助于减少土壤的盐碱度。

技术优势：相较于其他改良方法，微生物改良措施因其绿色环保、低成本和广泛的适应性脱颖而出，是未来我国乃至全世界盐碱地改良的大势所趋，具有良好的应用前景。土壤微生物在其生长过程中，促进土壤有机物的分解，从而增加土壤有机质的总量，有效改善盐碱地的环境。此外，菌剂能显著优化盐碱地耕层的土壤结构，有效缓解土壤板结现象，提升土壤含水量。

技术应用场景：溶磷菌可分解土壤中的无机磷，使之转变为植物更容易吸收的形式，这对于平衡土壤养分尤为重要。具有溶磷能力的微生物菌剂已被证明可以合理地替代价格较高的磷肥，并且具有更广的农业方面的应用前景。土壤中存在的固氮微生物能通过固定空气中的氮素来提高根际矿质元素的有效性，也能通过有效抑制土壤病原菌繁殖等作用来改善土壤条件和促进植物生长。在实际应用中，特效菌株在土壤中的稳定性较差，肥效功能发挥受限，因此，在微生物菌剂的研发过程中，需要注意根据不同的气候、土壤条件施用不同种类的菌剂并控制合适的用量。

（2）作物轮作

技术简介：通过轮作换茬，避免单一作物对土壤养分的过度消耗，保持土壤肥力。同时，不同作物对盐分的耐受性不同，轮作换茬可以充分利用各种作物的耐盐特性，逐步降低土壤盐分含量。

技术优势：作物轮作后，可提高单产水平和种植效益，且土壤中有机质含量明显提升，可真正实现"藏粮于地"和"藏粮于技"，这对于增加后备耕地面积、提升耕地质量、保障国家粮食安全具有重要的作用和意义。

技术应用场景：利用棉花、水稻冬春闲田开展"草—棉""草—稻"轮作，在增草的同时不影响粮经作物生产，是黄河三角洲盐碱地农业综合开发利用的重要方式和内容。

（3）种植耐盐碱植物

技术简介：不同植物对盐分的吸收能力各异，要根据土壤的具体含盐量来选择合适的植物进行种植。

技术优势：植物修复技术具有环境友好的特点，且是最为有效且治本的一种改良手段。部分植物不仅可以通过根系分泌有机酸来中和土壤的碱性，还能通过增加地表覆盖来保护土壤，减少水分蒸发。同时，它们的根系还能疏松土壤，增加土壤孔隙度，改善土壤结构，甚至增强土壤中微生物和酶的活性。种植这些植物后，其根系向下生长和地表水分的向下运动都会促进土壤中的盐分向更深层迁移，从而影响盐碱土的水盐动态变化。

技术应用场景：多年来的农业生产实践证明，在水资源充足的地区，最有效的植物修复方法之一是在早期种植水稻。在盐碱地上种植水稻是一项有效的土壤治理与利用措施，也是增加粮食来源的有效途径。此外，盐碱地多成方连片、地势平坦，发展畜牧业最为合适，因此选择立足实际，调整盐碱地种植业结构，优化利用方式，发展牧草产业，促进草畜结合，实现水清草美畜壮，是生产生态双赢的可行举措。在改良盐碱地的初期，选择种植紫花苜蓿和燕麦这类既耐旱又耐盐碱的作物作为"先锋作物"，这些作物在生长时能够有效地吸附土壤中的盐分。随后，结合碱水沉降技术和土壤置换等工程手段，打出一套"组合拳"，以逐年改善中重度盐碱地的土壤状况。

4. 因地制宜综合施策

盐碱地问题确实是个长期且复杂的挑战，其反复性使得任何单一技术都难以根治。需要构建一个多层次的防治体系，以工程措施为基石，结合农艺、化学和生物等多种手段，形成防治与养护的良性循环，这样才能实现持久且有效的治理效果。治理盐碱地，还要对各地特征做深入剖析，并在确保淡水资源和排水条件充足的基础上，分区分类开展盐碱耕地治理改良，因地制宜地构建相应的治理技术与方案。立足国情、农情，开展盐碱地综合利用工作，既是保障国家粮食安全的应有之义，也能够为世界盐碱地治理利用提供中国经验，具有十分重要的意义。

同时，推进盐碱地综合利用，也是改善水土生态环境、推进农业绿色低碳发展的有效途径。从 20 世纪 50 年代开始，我国就开始探索盐碱地治理的技术模式，并在各盐碱区形成了一些区域特色明显的关键技术，如东北苏打盐碱区的种稻洗盐改碱技术、西北绿洲盐碱区的膜下滴灌技术、滨海盐碱区的"上覆下改"控盐培肥技术、黄河中上游灌区盐碱区的生物节水农艺技术、黄淮海平原盐碱区的有机培肥盐斑改良技术等。在治理盐碱地时，需根据地区特点采取不同的策略。对于一些地区，发展盐土农业是可行的，而对于内陆干旱区域，应优先保护自然盐碱生态环境系统，避免短视的局部改良导致长期的大面积生态灾难。结合物理、化学和生物等技术措施，配合有效的管理策略，形成一套综合的盐碱地改良技术，不仅可以提高土地利用率，还能改善生态环境，带来经济和社会的双重效益。

二、中国盐碱地治理现状与发展趋势

（一）传统盐碱地治理已取得的成效

针对不同地区盐碱地呈现的不同特点，我国因地制宜，通过盐碱地土壤改良、耐盐碱作物品种培育、适用耕作技术研究应用等一系列治理措施，破解了盐碱地治理与资源高效利用的难题。中华人民共和国成立以来，我党立足国情，带领人民积极探索盐碱地改良利用，取得了辉煌成绩，成功将黄泛区盐碱地治理改造为大粮仓；在西北内陆地区累计治理盐碱耕地面积达 2 500 万亩，新增粮食产能达 400 万 t；在黑龙江省累计治理盐碱耕地面积近 650 万亩，新增粮食产能近 200 万 t。近年来，随着未利用地的开发力度加大，以及盐碱地治理技术的提升，通过政府引导和社会投资，已有较大规模的盐碱地被开发利用，形成了综合改良等主要技术模式，取得了显著成效。

1. 东北苏打盐碱区

（1）排盐洗田

依靠水盐的运动改良土壤。在将盐碱地分类分块后，根据不同地块的盐碱成分和含量修筑水渠，用以"排盐""洗田"，控制地下水水位。位于吉林省西部的白城市,就是利用地表水治理盐碱地的一个典范。

(2) 播撒改良剂

通过在田间播撒改良剂修复土壤。"排盐"后施用特定的改良剂交换脱碱。在这一过程中,除了传统的化学改良剂之外,还根据不同地区盐碱地块的特性,加入自主研发筛选的微生物菌剂,以重建"大孔隙"的土壤团粒结构,为土壤功能恢复奠定基础。

(3) 筛选并种植耐盐碱作物

完成初步治理后,再进一步筛选并种植耐盐碱作物,提升土壤有机质含量,使其加速形成生态循环体系。目前,耐盐碱的水稻是兼具生态效应、经济效应和社会效应的一个主要选择。

吉林省大安市逐渐形成以水定地、集中连片、生态改良、良种培育、现代化生产经营五位一体的"大安模式"。通过盐碱地治理,新增水田 12.73 万亩,燕麦、小冰麦的种植面积逐年扩大;羊草、芡实、菱白种植渐渐兴起。通过盐碱地种草改良技术,将"盐碱地改良""耐盐碱牧草种植""草食家畜喂养"3 项共同发展,在盐碱地上建立稳定高效的草地农业生态系统,改良后每 10 hm^2 的重度碱地碱茅人工草地年生产优质牧草 15 t、中度羊草人工草地年生产优质牧草 20 t、轻度苜蓿人工草地年生产优质牧草 60 t,在取得丰厚经济效益的同时,也使得盐碱地这一珍贵的土地资源成为我国重要的生产潜力(图 3-10)。

图 3-10 盐碱土地综合整治前后航拍图

2. 西北绿洲盐碱区

(1) 种植盐生植物

新疆的盐碱地面积占全国盐碱地面积的 1/3。以前,当地通过灌排洗盐的传统方法改良盐碱地。随着滴灌种植、节水农业的发展,当地研究种植盐生植物、推广有机肥,创新治理思路,更好地开发利用盐碱地。传统的"洗"盐方法,改良一亩地需要大概 2 000 m^3 的水,这在当前的水资源利用方式下已无法持续。因此,该地区推广了新的盐碱地改良方法,即种植盐生植物。研究团队从"吃盐植物"中筛选出耐盐性较强、产量比较高的盐地碱蓬试种,发现在其他作物都不能生长的盐碱地上,每亩盐地碱蓬能收获 1.8 t 干草，带走 400 多 kg 盐。种植第一年，土壤盐分就降低了 40%，到第二年累计降低了 60% 以上，到第三年累计降低了 85% 到 90%，盐碱地成了能种植正常作物的土地。2020 年以来，在农业农村部的支持下，甘肃积极开展退化耕地治理行动，在瓜州、玉门、甘州、临泽、高台、景泰 6 个县（市、区）探索改良利用盐碱耕地 10 万亩，并试点开展耐盐碱油料作物种植示范 6 000 亩，发展了盐碱地特色优势产业，为探索大面积盐碱耕地治理积累了经验。

（2）推广有机肥

在盐渍化程度较轻的土地上，使用有机肥，减少化肥使用量，改善盐碱带来的土壤板结问题、培肥地力，可以一定程度上缓解土地盐碱化程度。2019 年，有机肥在新疆推广，年均施用超 5 800 万 t，化肥使用量连续 3 年下降，1 000 多万亩耕地盐碱化程度得到缓解。

3. 黄河中上游灌区盐碱区

宁夏位于黄河中上游灌区盐碱区，盐碱化耕地面积较大，分布广、地力差。2019 年以来，在宁夏罗平县重点实施银北地区百万亩盐碱地改良骨干排水沟道治理工程，主要采取"骨干沟道＋田间工程"总体规划、综合治理。结合盐碱地高效利用、高标准农田建设等工程项目，对田间进行土地平整，完善田间灌排体系配套，实施高标准农田项目 21 个，建成高标准农田面积为 24.54 万亩，综合治理第三、第四、第五排水沟长 80.74 km；累计铺设田间排水暗管 628 km，使治理区内地下水位明显下降，降低了土壤中的盐碱量。同时，大力推广盐碱地农艺改良技术，以工程改良、土壤改良和农艺措施改良相结合的模式，加大石膏、深松耕、改良剂施用、作物秸秆、畜禽粪便等资源化利用，累计推广秸秆培肥示范 80.3 万亩、机深松 41.68 万亩、有机肥示范面积 26.5 万亩、示范推广调理剂面积 1.16 万亩。通过科技措施和排水技术，减少减轻土壤返碱现象，实现了耕地质量保护、地力提升、高效节水灌溉，提升了耕地质量，增加了粮食产量，保障了粮食供给安全。通过一整套技术模式带动了全产业链的发展，并在黄河中上游灌区的其他盐碱区大面积推广，同时，大力发展宁夏富硒特色农业，破"碱"成蝶。

4. 滨海盐碱区

（1）种植耐盐碱植物

北靠渤海湾的山东潍坊滨海受到海水南侵的影响，致使土地盐碱化严重，特别是碱化度较高的区域，植物几乎不能生长。这片滨海盐碱地通过巧妙地利用地理条件，成功进行了水土改良。在渤海莱州湾南岸的防潮坝上种植了 7 km 长的怪柳林，成为近年来潍坊市利用"北柳"进行盐碱地生态治理的成功典范。此外，有"沙漠人参"美誉的肉苁蓉，与怪柳存在着寄生关系，亩产量在 600 kg 左右，鲜品亩产值万元以上。

（2）发展水产养殖特色产业

潍坊滨海在盐碱地上发展水产养殖特色产业，推广养殖新模式，建成现代化水产养殖车间6.32万 m²，改造标准化养殖区4.4万亩，建设小棚生态育苗棚241座（图3-11）。此外，江苏省通州湾盐碱地改良示范基地是推动沿海未利用盐碱地的一个成功典范。早在2017年，江苏省地质局就探索在改良后的滩涂盐碱地上试种"海水稻"并获成功，耐盐水稻稳定亩产达550 kg。近年来，该示范基地先后承担了国家、省300余个籼、粳稻品种耐盐水稻区域试验任务；优选出耐盐性更强的"海璞1号"等优质品种（系）。

图3-11 盐碱地改造后变水产养殖基地

5. 黄淮海平原盐碱区

黄淮海平原历史上是我国盐碱地的重灾区。近年来，山东省在盐碱地改良治理中投入大量人力和物力，经过长期的实践和探索，取得了大量治理盐碱地的技术和经验。在山东东营市黄河三角洲农业高新技术产业示范区建成了盐生植物种质资源库，搜集本地和国内外粮食、饲草、药用植物、果蔬等盐生作物种质资源1.5万份。在灌排配套的示范基地种上了黑小麦、藜麦、大豆等耐盐碱粮食作物和苜蓿、燕麦等耐盐碱牧草；共筛选培育小麦、大豆、藜麦、苜蓿、花生等45个耐盐碱作物新品种（系），开展各类作物试验示范10万余亩。近年来，耐盐碱作物的产量纪录一再刷新：大豆亩产235 kg，马铃薯新品种亩产达4 413 kg，紫花苜蓿干草亩产595.4 kg。

（二）新兴盐碱地治理面临的挑战与机遇

1. 新兴盐碱地治理面临的挑战

近些年来，我国针对盐碱地改良开展了大量工作，在盐碱地治理及农田应用方面取得了巨大进步。一些地方依赖单一方式进行治理，取得了一定成效，但受到水资源等条件的制约，面临改造成本高、维护难等诸多问题。

(1) 可持续发展观念薄弱，保护性开发程度不高

东部沿海和东北西部等地区是我国重要的湿地分布区，湿地与盐碱地交错分布，盐碱地治理和利用涉及大量的灌溉用水，灌溉回水中会含有一定的盐分、氮、磷，若处理不当，可能会对湿地水环境和水生态造成潜在的风险。此外，在农业实践中，长期过量使用同一种肥料可能会使土壤养分失衡，还可能危害土壤中的作物。另外，在盐碱地的治理过程中，虽然洗盐、排盐和土壤改良培肥等措施效果显著，但土壤改良剂和化肥、农药如果使用不当，可能加剧农业面源污染。若未能持续进行治理和压盐，返盐返碱的问题很容易发生。传统的土地扩张开发意识强烈，保护性开发程度不高。东北西部盐碱地得到过一定程度的开发利用。但是，由于缺乏保护性开发技术，局部地区也出现了开发水田撂荒、盐碱化重现的问题，致使盐碱地科学开发利用受到极大制约。

(2) 水资源紧缺问题突出，水资源配置不平衡

盐碱地开发利用离不开对土壤盐分的灌排淋洗，水资源是盐碱地改良的关键影响因素。盐碱地主要集中区，农业用水和生态用水之间的矛盾突出。我国"三北"地区盐碱地面积占全国八成以上，盐碱地改造利用可能加剧农业用水和生态用水之间的矛盾。2022年，"三北"地区水资源总量仅占全国水资源总量的19.65%，但农业用水占全国农业用水总量的38.26%。此地区3/4的省份农田灌溉水有效利用系数高于全国水平，意味着水资源挖潜空间有限，同时人工生态环境补水占全国人工生态环境补水量的47.64%。随着盐碱地开发利用力度加大，对于吉林西部、黑龙江松嫩平原以及陕西、甘肃等盐碱地相对集中、水资源匮乏、生态敏感脆弱的地区来说，不仅水资源供需矛盾可能更加突出，农业用水和生态用水之间的关系也更难处理。此外，水资源配置的不平衡成为盐碱地综合治理与农业可持续发展的主要障碍。农业灌溉用水经常性受到生态、工业、生活等行业的挤占，盐碱地治理和利用通常需要消耗大量淡水资源，如按照亩均300 m³的灌溉用水量核算，每开发100万亩盐碱地，全年需增加3亿m³淡水资源的有效供给。此外，盐碱地多分布于干旱半干旱的缺水地带，随着多年开垦，水资源较佳的区域多已利用。若无大规模的水利工程，盐碱地的集中开发仍面临挑战。因此，立足区域水土资源利用现状，探索均衡配置及高效利用水资源的措施具有十分重要的意义。

(3) 顶层设计有待提高，科技创新体系不完善

总体来看，我国治理盐碱地的实践还处在探索起步阶段。我国盐碱耕地改良的标准规范是参照2014年国家颁布的《高标准农田建设 通则》(GB/T 30600—2022)，在土壤改良、培肥地力、耕地质量监测等方面均为通行标准，没有考虑盐碱地的特

殊性，尚没有专门针对盐碱地的改良培肥标准。目前，国内尚没有高校院所具备盐碱地综合利用全领域的研究团队和教学力量，从事盐碱地利用研究的专家团队比较分散，研究领域比较零散，科研人才队伍培养和储备不足，致使协同创新能力和原创能力不足，缺少全面的、成熟的、突破性成果，难以为盐碱地综合利用提供强有力的科技支撑。

(4) 资金来源单一，投入不足

盐碱地治理需要大量的资金投入，仅靠财政资金难以为继，金融支持不可或缺。各级地方政府和群众普遍认为，盐碱地治理改造是国家投入开发项目，资金以财政投入为主，应该由上级政府财政出资兴建。虽然国家和部分省市出台若干政策文件支持盐碱地综合利用，但是提及金融支持政策的相对较少，即便部分省市提出了金融支持政策措施，盐碱地综合利用企业在享受银行融资、保险保障等金融服务过程仍然缺乏明晰的配套支持政策，导致相关政策落地难。同时，金融管理部门没有纳入盐碱地治理工作体系，导致工作切入难、信息获取难、跟进服务难。

2. 新兴盐碱地治理面临的机遇

盐碱地是我国耕地提质、增效、扩容的重要战略后备资源，是我国粮食增产的"潜在粮仓"。开展盐碱地综合利用对保障国家粮食安全、端牢"中国饭碗"具有重要战略意义。

(1) 国家政策的大力扶持

党的十八大以来，习近平总书记高度重视盐碱地综合改造利用工作，多次深入盐碱地区域实地考察，发表一系列重要讲话，做出一系列重要指示批示，为新时代、新征程推进农业生产和盐碱地综合改造利用指明了前进方向、提供了根本遵循。2022年1月印发的《中共中央 国务院关于做好2022年全面推进乡村振兴重点工作的意见》要求，研究制定盐碱地综合利用规划和实施方案。分类改造盐碱地，推动由主要治理盐碱地适应作物向更多选育耐盐碱植物适应盐碱地转变。支持盐碱地、干旱半干旱地区国家农业高新技术产业示范区建设。

(2) 行业发展前景良好

习近平总书记在河北考察时强调，开展盐碱地综合利用，是一个战略问题，必须摆上重要位置。要立足我国盐碱地多、开发潜力大的实际，发挥科技创新的关键作用，加大盐碱地改造提升力度，有效拓展适宜作物播种面积，积极发展深加工，做好盐碱地特色农业这篇大文章。盐碱区所拥有的丰富土地资源、盐生植物资源、咸水资源以及多样化的气候条件，为其在空间开发、满足多样化食物需求和生态建设方面提供了巨大的潜力。随着国家科技和经济实力的增强，以及绿色发展理念的深入人心，"大食物观"的提出为盐碱地农业带来了新的发展机遇。依托于国家"藏粮于地，藏粮于技"的战略，如今，更多地方打开思路，坚持"两条腿走路"，把"以地适种"同"以种适地"相结合,进行土壤改良的同时,在选育耐盐碱植物上发力,找到了更多治理改良盐碱地的有效方法。

(三)盐碱地治理潜力与发展趋势

1. 盐碱地治理的潜力

2023年7月20日,习近平总书记主持召开中央财经委员会第二次会议,研究加强耕地保护和盐碱地综合改造利用等问题。会议指出,"盐碱地综合改造利用是耕地保护和改良的重要方面""要充分挖掘盐碱地综合利用潜力,加强现有盐碱耕地改造提升,有效遏制耕地盐碱化趋势"。作为可以改造利用的非传统耕地资源,盐碱地是粮食增产的"潜在粮仓",宜耕盐碱地资源开垦能够有效补充耕地面积;现有盐碱耕地改造提升,可以有效挖掘单产潜力;因地制宜利用盐碱地发展饲草和现代畜牧业,能够拓展多元食物渠道;治理生态脆弱盐碱区域,可以提升防风固沙能力,防止盐碱地荒漠化,改善农业生产条件和生态环境。据第二次全国土壤普查资料统计,我国还有5亿亩的盐碱地资源有生产潜力可挖,包括2亿亩的盐碱化耕地,另外近3亿亩的盐碱荒地中有近1/10具备转化为耕地进行开发利用的潜力。按照新一轮全国耕地后备资源调查评价成果,基于当前资源条件和技术水平,综合考虑生态、气候、土壤、区位等因素,现阶段全国适宜开发为耕地的盐碱地主要分布在吉林、内蒙古、新疆、黑龙江等省(区),这部分盐碱地在做好生态管控的前提下可优先开发利用。盐碱地的开发利用潜力,不仅仅体现在面积上,改造后的盐碱地能变成优质的耕地,粮食生产能力剧增。依据国内相关机构最新研究结论,我国目前具有较好农业开发价值的盐碱障碍耕地总面积约3 500万亩,主要种植作物有小麦、玉米、马铃薯、甜菜、向日葵、高粱、牧草等,但产量较低且效益不稳定,另有尚未进行农业利用的盐碱地约6 500万亩,食物生产开发潜力较大,但目前底数不清,还未形成可以操作的实施方案。未来这些未被利用的盐碱地如能改造改良,每年就可增加100亿kg以上的食物产量潜力。如今,盐碱地不仅能产粮食,科研工作者因地制宜,还发展了耐盐碱中草药、牧草、林果等特色作物的种植,在更大的广度上挖掘着盐碱地的农业生产潜力。

2. 盐碱地治理的发展趋势

盐碱地是耕地"提质、扩容、增效"的重要来源。第三次全国国土调查成果显示,2019年末我国盐碱地共1.15亿亩。立足国情、农情,因地制宜开展盐碱地综合治理利用,是一个战略问题,必须摆上重要位置。据了解,目前我国在盐碱地综合利用方面已形成了包括土壤排盐技术、土壤生物有机治盐改土技术等8大体系40多项实用技术。在种植品种方面,我国已累计推广了50多种耐盐碱作物品种。通过持续治理改造,我国盐碱地呈现面积总量减少、重度盐碱地面积比例逐年降低的趋势。

盐碱地治理、水土资源优化布局涉及一系列复杂的理论、技术和应用问题，需要准确刻画气候、作物、土壤、地下水等因素对根区盐分累积效应的综合影响，为盐分淋洗需水量的精准测算、区域水土资源的评价管理确立科学基础。同时，盐碱土壤的修复是一个综合治理工程，需要多领域合作，促进科研资源的集约高效和成果产出。国家盐碱地综合利用技术创新中心成立之后，制定了详细的未来发展规划，这对加速全国盐碱地综合利用技术创新具有重要意义。国家盐碱地综合利用技术创新中心建设发展分3个阶段。

（1）第一阶段是2023—2025年。突破一批盐碱地生物育种关键核心问题；突破盐碱地土壤改良与快速培肥、多水源高效利用等关键核心技术；构建"生物育种—绿色投入品—标准化智慧化种养—生态化利用"的盐碱地生态化、高值化全产业链条。

（2）第二阶段是2026—2030年。基本建成具有国际影响力的国家级创新中心；制约盐碱地保护和利用的关键核心技术基本得到解决；孵化出一批科技型企业。

（3）第三阶段是2031年以后。在我国不同盐碱类型区基本形成稳定且可持续的盐碱地综合生态高效利用模式；盐碱地后备耕地资源的作用得到科学合理的发挥。

（四）盐碱地综合治理的技术转型升级

随着实践的拓展，人们对盐碱地的认识也在不断深化。面对传统盐碱地治理过程中遇到的困难以及新兴盐碱地治理中出现的挑战，盐碱地综合治理技术亟须转型升级。

1. 构建新兴农业评估技术体系

为确保对盐碱地的多尺度评估，构建了农业适宜性评价和利用规划技术体系。该技术结合了多尺度的监测手段，包括点、田间和区域尺度的传感器件、近地传感器以及遥感影像等，以实现对土壤水盐动态和时空演变的全面监控。在获取监测数据后，进行土壤盐渍化的分级分区评估，同时评估土壤质量和农业利用的适宜性。基于评估结果，结合不同作物/植物的耐盐性、生态习性以及当地的种植习惯，制定出科学合理的盐碱地利用种植布局规划。其中，代表性技术包括土壤盐分的高精度实时原位测试技术、田间土壤盐分的磁感式快速探测与解译技术以及基于多/高光谱影像的田块—区域多尺度盐渍信息融合技术等。

2. 形成盐碱地蒸发阻断农业高效抑盐技术体系

在旱作盐碱地实施"上覆下改"控盐培肥技术。一方面，该技术采用可降解地膜覆盖的方式，有效减少土壤表面水分的无效蒸发，进而降低盐分在土壤表层的积聚；另一方面，该技术结合秸秆旋耕还田和农家有机肥的施用，构建了一个稳定的"水肥保蓄层"，在土壤盐分积累的时期持续进行盐分控制，以控制土壤盐分上行，抑制土壤返盐。

在次生障碍盐碱地运用"上膜下秸"控盐技术，通过在土壤下层设置秸秆隔层，有效阻断土壤毛细管的连续通道，从而限制底层盐分向表层的迁移。同时，在地表覆盖一层薄膜，进一步抑制盐分在土壤表层的积聚。

3. 探索"以种适地"同"以地适种"结合的"双适应"模式

科技支撑有望让盐碱地升级转型成为耕地，推动盐碱地综合治理与高效利用相结合，有利于农业的可持续发展。要将盐碱地的修复目标确立为后备耕地，而不仅仅是普通的生态修复，要先"草地化"生态修复，再"耕地化"定向培育，千万不能急功近利，要符合生态及土壤修复的科学规律。目前，从"以地适种"到"以种适地"，我国的盐碱地治理正因地制宜地开展。多地通过创新治理方式提升盐碱地综合利用效益，研发耐盐作物/盐生植物优良品种的筛选、培育、栽培以及资源化利用技术，建立耐盐作物/盐生植物种质资源库，创建盐碱地耐盐作物优质高效种植技术体系。具体而言，在提升作物耐盐性的道路上，除了土壤改良这一传统方法，还能借助传统育种和植物基因组学技术来达成目标。耐盐性隐藏着复杂的机制，包括离子平衡和渗透调节等多个方面。盐生植物和耐盐作物提供了丰富的耐盐基因资源，这无疑是育种过程中不可或缺的种质。如今，新型生物技术的崛起加速了耐盐作物的育种过程。虽然育种工作本身充满了复杂性，但遗传学和基因组学的飞速发展，为此提供了强大的技术支撑。结合传统育种和现代生物技术，可以培育出耐盐性更强的作物，有助于提高农业的可持续性，还能进一步提升作物的产量。

同时，在盐碱环境下，植物会借助其根系分泌的物质吸引功能微生物，这些微生物能增强植物对盐碱环境的适应性，进一步促进作物生长。此外，通过构建合成的微生物群落，相比单独接种某个菌株，可能获得更为显著的效果。为了提高接种效率，现代农业实践中还引入了有机材料、生物炭等载体，并借助先进的制剂技术，确保微生物缓慢而稳定的释放。通过对盐碱地进行一系列改良并"升级转型"为耕地，让宜耕盐碱地成为未来粮食增量的来源。

三、中国盐碱地治理建议

（一）科学治水与精准控盐

盐碱地作为宝贵的后备耕地与生态屏障，其改良与利用在我国具有重大意义。多年的实践表明，调控地下水水位和淡水压盐为核心的灌排水利工程措施是盐碱地改良的关键措施。然而，这些方式也伴随着对淡水资源的巨大消耗，特别是在当前淡水资源日益紧张的背景下，传统的灌溉洗盐模式已难以满足绿色发展的要求。因此，要寻求新的改良途径，实现低耗水、低投入、高效且生态的盐碱地改良。这不仅关乎农业的可持续发展，更是对生态产业的重大挑战。与区域资源相结合，探索绿色、可持续的盐碱地利用新模式，已成为当前研究的重点方向。盐碱地治理与盐渍化防控的关键在于，依据土壤盐渍变化及环境特点，优化调控土壤的水盐状况，从而去除或减少土壤中的盐分，防止盐分堆积，并减轻盐碱对植物的损害。

1. 科学治水

治盐的前提是治水，以水利措施为先导，把农业节水放在突出位置。

(1) 调整用水方式

积极探索"管道送水、滴灌浇水、沙培回水"三位一体的水资源高效利用模式，因地制宜推广水肥一体化灌溉模式，实现精准控肥控水。完善井渠和排水设施，设计优化滴灌系统，根据盐碱地土壤质地、盐碱土入渗特点和区域自然条件及种植作物，合理设计、确定滴头流量、滴头间距、滴灌带间距等关键参数。种植前不进行大水洗盐，而是按照种植的不同时期调控灌溉方式，精准节水控盐。

(2) 运用雨洪资源

低平原区春旱、夏涝，黄河三角洲地区降水多集中在7、8月份，地下水水位浅且水质咸，当地下水水位埋深在土壤返盐临界水位附近变化时，土壤盐分呈"春季蒸发积盐、雨季淋溶脱盐"的周期性变化。建议因地制宜布局水库、池塘，推进建设雨水集蓄利用工程，充分收集天然降水，提高雨洪水资源利用水平，利用雨水和提引蓄积的淡水冲洗盐分，改良盐碱地。在旱季，将地下水水位控制在防治盐碱化的临界深度（2~3 m）以下；雨季来临前，则调整到防涝蓄雨深度（4~6 m）；到了雨季，保持水位不低于作物的抗湿深度（0.5~1 m）。这样做可以在旱季减少蒸发、控制盐分，而在雨季则能淋洗盐分、改善咸度。根据动态调控指标，采用井灌方式，通过井水来抗旱，用灌溉替代排水，实现"夏天蓄水、春天使用"的周年调节模式。这种方法能够一体化地解决抗旱、除涝、治碱和改咸的问题。

(3) 拓展微咸水和咸水等边际水资源

拓展微咸水和咸水等边际水资源的安全利用方法与途径，在不影响作物生长的基础上，合理利用不同盐度水资源。通过种植耐盐植物，在盐碱地区和滨海滩涂地区发展咸水（海水）灌溉农业。利用咸水结冰冻融、咸淡水分离原理，在冬季利用高矿化度咸水灌溉盐碱地，并迅速形成冰层，阻挡地表水分蒸发，避免含盐量上升；融化后的高矿化度咸水先下渗，而后低矿化度的咸水和淡水再下渗，使土壤表层脱盐。依据滨海盐碱区主要种植作物冬小麦和夏玉米一年两熟的种植制度下作物耐盐与需耗水规律，在生长关键阶段采用微咸水进行补充灌溉，这既减少了淡水资源的消耗，又实现了作物的增产目标。作物本身对盐分具有一定的耐受性，因此使用微咸水灌溉并不会对其生长造成危害。在春季（旱季）生长关键期，作物得到灌溉；夏季，降雨渗入地下，又可淋洗因微咸水灌溉留在地表的盐分。

2. 精准控盐

（1）多元化手段培育盐碱地耕层

在维持土体盐贮量的前提下，可以运用培肥、耕作和管理等多元化手段，精心培育盐碱地上的肥沃耕层。此举旨在提升耕层中的有机质和微生物含量，优化土壤结构，并增强盐分的淋洗效果；能够将植物主要根系层中多余的盐分巧妙地调节至根层以下，从而达到"以肥调水控盐"的治理目标。在盐碱地改良的研究中，特别是在水资源受限的条件下，农艺措施对于土壤水肥盐的优化调控以及肥沃耕层的构建显得尤为关键。早在20世纪70年代，陈恩凤等土壤学家已强调，综合的水肥管理措施是改良盐碱地的有效方法。他们提出的"厚活土"培育理念，揭示了有机质在增加后能够优化土壤结构、减少水分蒸发、促进盐分淋洗、抑制盐分累积，并增强土壤微生物活性，从而实现盐碱土壤水肥盐的平衡调控。这一理念至今仍为盐碱地改良提供重要的理论基础和实践指导。通过研究土壤水分、盐度和肥力之间的关系，可以优化施肥方案，减轻盐分和旱害对作物生长的负面影响。当土壤中水溶性钙、钾离子等含量高时，作物的抗盐性增强，因而增施含钙的肥料，可提高盐环境中植物的生存能力及抗病能力。

（2）充分运用智慧农业理念和方法

实施多尺度土壤水盐动态、时空演变的联合监测监控，并根据监测结果进行土壤盐渍化分级分区、土壤质量和农业利用适宜性评估，在评估结果的基础上依据不同作物/植物的耐盐性、生态习性、当地种植习惯等进行盐碱地利用种植布局规划，实现土地盐渍化的精细治理和精准控盐。智慧农业较传统农业，在模式上更加绿色生态，在操作上更加精准精细，在产出上更加节约高效。为实时追踪农田数据变动，在试验示范区布置物联网监测点，涵盖土壤墒情、盐分、养分及水质等7大类别，并增设互联网视频采集点。这些设施将对土地水资源利用、土壤环境及作物生长状况进行数字化监控与精确调整。此外，借助智能化信息管理系统及农业专家智慧，对土壤养分墒情、气象信息及进出水水质进行自动分析与人工判别，旨在优化盐碱地治理策略，提升其治理效果与科学化水准。整合全面感知、可靠传输、智能处理及"多网融合"等尖端技术，推动农业大数据在种植、畜牧、渔业等产业的深度融合应用，进而提高整个农业产业链的运作效率。

（二）障碍消减与绿色保育

1. 障碍消减

我国目前拥有集中连片盐碱荒（草）地资源约2亿亩，以及占全国耕地面积5.9%、总面积1.14亿亩的盐碱化耕地，集中分布在东北（吉林、黑龙江）、青新

（青海、新疆）、西北内陆（内蒙古、宁夏、甘肃等）以及滨海和华北平原（河北、山东、江苏等）共4个地区，其盐碱荒（草）地面积占比分别为19.1%、57.1%、22.9%和0.8%，盐碱化耕地面积占比分别为18.5%、33.1%、15.4%和33.0%。土壤盐碱障碍顽固与反复、水资源匮乏和适生作/植物品种缺少制约了盐碱地的开发利用与产能提升。盐碱地的障碍现象主要表现为土壤湿度大时黏结、通气透水性较差，土壤干燥时硬度大、透水性差，盐碱化严重的地表会渗出盐类物质，直接造成作物死亡枯萎，严重影响了土地资源的利用。针对不同类型盐碱地的障碍特征及土壤质量演变规律，采取合理且有针对性的障碍消减技术至关重要。

(1) 苏打盐碱土的障碍消减

东北松嫩平原地区的苏打盐碱土在未开垦前，主要由粉黏粒构成，虽有微团聚体，但数量不多。由于缺少有机碳、水溶性碳和腐殖质等关键胶结物质，大团聚体极为稀少，这使得土壤颗粒极易分散，湿润时泥泞不堪、干燥时板结坚硬。这种土壤状态对作物根系的生长构成阻碍，同时也影响了营养物质的转化、迁移以及土壤有机质的积累。

① 种稻洗盐

大量研究结果表明，种稻可以降低苏打盐碱土的pH值、全盐量、交换性钠和碱化度。在种植前，建立合理的灌排系统，有效实施了"泡田洗盐"环节，显著减少了土壤中的可溶性盐分。在水稻生长过程中，其根系会分泌有机酸，并吸收部分可溶性盐，所以水稻自身的生长对苏打盐碱土的盐碱消减有一定作用。水稻秸秆和根系的残体在微生物作用下，转化为对土壤有益的腐殖质和有机酸，进一步降低了土壤的碱性。另外，种植过程中使用的改良剂，特别是酸性改良剂，对土壤pH值和碱化度的降低起到了关键作用。

② 施用有机改良剂

开垦种稻之后，随着有机改良剂和大量植物残体的投入，土壤有机碳及各组分含量增加，新形成的胶结物质使粉黏粒和微团聚体逐渐团聚起来，形成大团聚体，并提高了其稳定性，进而改善了土壤的结构。

③ 作物轮作

除了盐分高，盐碱地土壤结构也是制约农作物生长的一个重要因素。2023年中央一号文件提出，扎实推进大豆玉米带状复合种植，支持东北、黄淮海地区开展粮豆轮作，稳步开发利用盐碱地种植大豆。大豆通过自身的根瘤菌吸收土壤中的氮气，转化为植物生长所需要的氨基酸，还可以吸收土壤中的其他养分、水分和微量元素等，从而改良盐碱土地。

(2) 滨海盐碱地的障碍消减

滨海盐碱地的改良面临两大核心障碍：一是土壤盐碱度过高，二是地力水平较低。这类土地位于海陆交汇的敏感地带，受潮汐和海流的影响，其成土过程中积盐现象先于土壤形成，导致土壤长期处于高盐碱状态。此外，由于地下水浅且水位高，加剧了土壤盐分的积累。新垦的滨海盐碱地土壤发育不足，多以砂质土为主，物理结构不稳定，影响保水保肥能力，加之沿海滩涂区多雨且气温变化大，这些因素共同加剧了土壤表层盐分的积累。研究表明，高盐分和高碱度不仅抑制了土壤二氧化碳的排放，减弱了土壤呼吸作用，也对微生物活性产生负面影响，进而加剧土壤板结。土壤中的高盐分和钠离子会破坏土壤胶体，使其分散，导致团聚体稳定性下降，土壤毛细管处于密集的板结状态。滨海盐碱地的高盐分对作物生长构成严重威胁，导致作物生长缓慢甚至死亡。因此，在新垦初期，滨海盐碱地往往荒芜或仅有少量耐盐作物能够生长，普通农作物难以存活。这强调了滨海盐碱地在农业生产前必须经过有效的改良治理。滨海盐碱地地力水平低，特别是土壤有机质含量很少，这是改良盐碱土壤的主要制约因素。

① 施用有机改良剂

检验土壤肥力水平的重要指标是土壤中有机质的含量，而盐碱土壤中的有机质含量通常低于 10 g/kg，相对来说处于极低水平，因而滨海盐碱地地力提升的关键在于土壤有机质含量的增加。例如，羧甲基纤维素钠由于其优异的低渗透性和保水性，已被广泛应用于盐碱地的改良。该改良剂价格低廉，适合大规模应用于盐碱地改良。研究表明，在土壤中施用羧甲基纤维素钠可以改善盐碱地的物理和水力性质，抑制土壤蒸发，在保持水分和控制盐分、促进作物生长、改善盐碱地方面具有巨大潜力。

② 筛选耐盐植物

中国科学院地理科学与资源研究所依据滨海盐碱地季节性水盐运移的分异规律，准确匹配适盐牧草及轮作制度，筛选确定甜高粱、田菁、小黑麦等多种盐碱地适生植物。江苏省南通市盐碱地水稻种植基地成功融合盐碱地改良与耐盐碱水稻选种技术，进一步提升了改良效率，改善了土壤质量，并将种植的 4 000 多亩耐盐水稻亩产由 2017 年的 339.5 kg 提高到 2020 年的 625 kg 左右。

2. 绿色保育

在盐渍土的治理与改良过程中，不仅要聚焦于消除土壤盐渍的障碍，还需同步关注土壤质量的改善和土地地力的提升。这样的综合策略能够最大限度地挖掘盐渍障碍土地资源作为耕地后备资源的潜力，并为粮食增产提供有力支持。2023 年 5 月，习近平总书记在河北考察时强调："开展盐碱地综合利用，是一个战略问题，必须摆上重要位置。要立足我国盐碱地多、开发潜力大的实际，发挥科技创新的关键作用，加大盐碱地改造提升力度，有效拓展适宜作物播种面积，积极发展深加工，做好盐碱地特色农业这篇大文章。"因此，在治理盐碱地的过程中，要同步进行绿色保育关键技术的研究。

(1) 树立生态文明观，坚持以水定地

对盐碱土的改良与利用一定要遵循水盐运动的科学规律，做到从农田到流域尺度上对土壤水盐平衡进行科学调控，使整个根系层的盐分含量维持在不影响作物生长的水平上，或把影响尽量降低到最低程度，以充分实现其利用效益。处理好盐碱地水资源开发与区域山地、林地、草地、湿地、农田、沙漠等不同生态系统用水平衡之间的关系，科学分析区域不同用地系统之间的水盐运动关系。

(2) 利用生物改良培肥，降低化学农药使用量

通过有效的培肥方法包括增施微生物菌肥、有机肥直接提高肥效，研制出退化盐碱耕地专用生物有机肥、肥药一体化缓释新型肥料和抗盐纳米调节剂，实现施肥、用药一体化。或通过秸秆覆盖等方式间接培肥，秸秆还田是世界上普遍重视的一项培肥地力的增产措施，杜绝了秸秆焚烧所造成的大气污染的同时还有增肥增产的作用。秸秆覆盖后，减少了水分蒸发，秸秆变成了有机肥，提高了地力，降低了土壤表层含盐量。秸秆肥料不但能改良盐碱土壤，实现增产增收，而且秸秆处理的全过程不添加任何化学物质，既能避免破坏土壤，还能有效减少污染，实现盐碱地的生态保育。

(3) 转变育种观念，加强生物种质资源保育

挖掘盐碱地开发利用潜力，仅仅"改地"还不够，还可以"改种"，从"以地适种"向"以种适地"转变。由治理盐碱地适应作物向选育耐盐碱植物适应盐碱地转变，可以在不对盐碱地生态环境进行不可逆改造的情况下，进行作物种类和品种的选用。为促进耐盐碱品种的创新、筛选和推广，自2017年起，我国盐碱地主要区域先后开设了水稻、小麦、大豆等作物品种耐盐碱区域试验，分类制定了品种审定标准。为充分发挥种子在盐碱地利用中的重要作用，2022年8月，农业农村部印发了《关于短生育期冬油菜、再生稻、耐盐碱作物品种选育示范工作方案的通知》，推动开展耐盐碱作物种质资源筛选鉴定，加快培育耐盐碱品种，推进了耐盐碱作物品种选育步伐。

(4) 增加植被覆盖，涵养生态

盐碱地种草改良是一项兼具生态效益与经济效益的重要举措，在取得丰厚经济效益的同时，也使得盐碱地这一珍贵的土地资源成为我国的重要生产潜力。作为盐碱化土地上的原生植物，牧草是改良盐碱地的先锋植物，是开发盐碱地的首选作物。碱茅、羊草、野大麦等耐盐碱性强的草种，可以增加地表植被覆盖，提升生态环境质量，有助于恢复和增强生物多样性，为其他植物和动物提供生存空间，同时使土壤得到疏松，有机质和微生物含量提升，可显著改善土壤结构，提高土壤肥力。羊草是我国北方草甸草原的原始优势植物，具有耐盐碱、耐干旱、耐水淹等抗逆性强和生

态适应性广的特点，整个生育期用水量 300 m³/亩左右，满足节水农业和发展优质牧草的要求；同时羊草粗蛋白含量高、适口性好，是重要的优质牧草；另外，它有着丰富的横走根茎，能在地下不断复制形成网络，在荒漠化治理、盐碱地改良、毒害草治理、涵养水源等生态作用上表现明显，一年种植能受益 20～30 年，更适合长效生态治理。种植过程不仅是土壤产出的过程，也是土壤养护的过程。牢固树立生态优先、绿色发展理念，解锁盐碱地的潜力，以生态为出发点，顺应自然的节奏，采取生态化手段，使盐碱地的治理改良变得更具韧性、稳定性和可持续性。

（三）养分库容扩增与增碳减排

1. 养分库容扩增

盐碱土除了盐碱障碍外，大多土壤肥力水平较低，土壤保水保肥能力较差。土壤养分库容是土壤综合肥力的体现，它直接反映了土壤为作物生长提供必要养分的能力。评估土壤养分的指标包括化学指标、物理指标和生物指标，其中化学指标涉及土壤养分含量、阳离子交换量、盐基离子饱和度和有机质含量等关键参数；生物指标则涵盖生物量、土壤微生物多样性、土壤酶和土壤动物等方面；同时还包括土壤耕层深度、团聚体含量等物理指标。作物生长过程中，土壤本身的地力对产量的贡献率高达 60%～75%，而当年施用的肥料仅贡献约 30%。所以，提升土壤肥力是实现作物高产的关键。首先，氮是作物生长的关键营养元素，对作物高产至关重要。增加氮肥的使用并培育土壤氮素肥力，是提升农业生产和确保粮食安全的重要方法。其次，磷对作物生长至关重要，同时也是肥料的重要成分。然而，由于土壤的特殊理化属性和磷酸盐的化学特性，磷肥的利用效率相当低，磷肥的当季利用率也仅有 10%～25%。对于农田而言，农田土壤供磷能力的关键在于土壤有效磷的库容，要增大这个库容，就得增加磷肥的使用。最后，钾也是植物必需的营养元素，土壤是钾素的储存库和交换库，是土壤—植物钾素循环的基础。此外，随着农业技术的发展，土壤中微量元素的缺乏症状也逐渐体现出来，微量元素供给不当也会对作物的生长、产量以及品质造成影响，因此，对于营养物质含量低的盐碱土，采取合理的措施扩大其养分库容对盐碱地的综合治理和环境保护具有重要的意义。

（1）增施有机肥

施肥是影响土壤养分库的主要因素之一，增施有机肥有利于盐碱地养分库容扩增，能一定程度上实现化肥减施，并改善盐碱地土壤养分库容小、缓冲能力弱等问题。然而，在农业实践中，农牧民往往偏好氮磷肥的使用，忽视钾肥和中微量元素肥料的重要性。这种不平衡的施肥习惯导致了土壤养分比例的失调，从而限制了作物的产量。为了解决这个问题，需要综合考虑有机肥中的养分含量，合理优化化学氮磷肥的施用量，并适当补充钾肥和中微量元素肥料。长期施用钾肥对土壤全钾和速效钾的积累有积极作用。结合有机与无机肥料,能显著提升土壤对钾素的缓冲能力,增强土壤中钾素的有效利用性。然而过度培肥会导致土壤养分库容过大,传统的"大水大肥"种植方式不仅可能引发土壤次生盐碱化的问题,还会造成肥料的浪费和环境污染。因此,土壤养分库容具有双重性。一方面,较大的土壤库容可能有利于作物的高产和优产;另一方面,也可能增加面源污染和环境污染的风险。相反,较小的土壤库容可能会影响作物产量和品质,但能显著降低环境污染风险。不同的养分类型可能带来不同的环境风险。因此,建立科学的施肥制度以构建合理的养分库容,对于高效利用资源养分、促进农业生产与生态的协调发展具有重要意义,具体措施为:①强化施肥。面对土壤特定养分库容不足时,需采取强化施肥策略。此举旨在满足作物高产的直接需求,并且预留富余,以滋养土壤,逐步扩充其养分储备,夯实土壤的基础肥力。②均衡施肥。当土壤中的某一关键养分通过强化施肥达到理想状态后,转向均衡施肥模式。这样既能确保作物持续高产,又能维持土壤中养分的动态平衡。③优化施肥。针对土壤养分过剩、存在环境污染风险的情况,应采取优化施肥措施。在保证作物产量不受影响的前提下,通过减少肥料投入,逐步调整土壤养分库容至合理区间。这种施肥策略对于提升轻度盐碱耕地的作物产量并减少化肥使用量具有重要的技术价值。

(2) 秸秆还田

随着农业经营模式的变迁,过去施用有机粪肥的方式逐渐转化为秸秆直接还田,秸秆等有机物料还田后势必会引起土壤养分的转化,从而影响土壤养分的固持与释放。农作物秸秆中有机质平均含量为15%,并包含N、P、K、Ca、S等关键营养元素,这些元素对农作物生长至关重要。作为一种广泛的资源,秸秆具有数量庞大、来源多样的特点。将秸秆转化为肥料,不仅提供了全面的养分,还具有持久的肥效,对改善土壤结构和培肥效果显著。这种处理方式不仅有效利用了农业废弃物,还促进了资源的循环利用。

(3) 施用改良剂

在盐碱地治理中,能够实现养分库容扩增效果的还有其他措施,如使用生物质炭、石膏和腐殖酸等改良调理剂,这些调理剂能通过促进土壤团聚体形成并提高阳离子交换量,进而直接和间接地增强土壤养分库容,减少养分流失,延长肥料效果,并最终提高作物对养分的吸收与利用率。例如,生物炭含有钾、钙、镁等植物生长所需的养分元素,可直接被植物利用。此外,其独特的孔隙结构和高比表面积能吸附并保存土壤养分,防止养分流失。对于易溶解的养分(如氮、磷),生物炭的添加能显著减少它们的损失,从而提升土壤肥力。利用微生物改良盐碱化土壤也是一种有效的措施。通过选育新型耐盐植物和利用功能微生物,如有机磷细菌、硅酸盐细菌及光合细菌等,这些微生物活动常常影响土壤的各项指标,有助于土壤养分库容的扩增。

2. 增碳减排

我国提出了力争2030年前实现碳达峰、2060年前实现碳中和的战略目标。土壤作为关键碳库，其碳储量对全球气候具有显著影响。盐渍土作为地球表面的一部分，对维持生态系统平衡至关重要。盐渍土有机碳含量较低，自然状况下的盐渍土上植物生长受到抑制，微生物活性低，因而其具有较高的潜在固碳能力；沿海滩涂和盐渍土的有机碳储量相对较低，但固碳潜力巨大；盐渍土在吸收二氧化碳方面表现出色，其吸收量远超植物。这些发现强调了盐渍土在陆地碳汇系统中的重要性，以及其在增碳减排方面的巨大潜力。因此，应当重视盐渍土在碳汇方面的作用，发挥盐渍土在实现碳中和战略中的贡献。

盐碱地的治理利用是固碳减排的重要途径，研发能同步实现盐碱地地力快速提升与固碳减排的改良剂、生物有机复合专用肥、生物质炭基专用肥、微生物菌剂等绿色低碳产品，以提高土壤质量，支撑产能提升、粮食安全、耕地保护、生态保护与高质量发展等国家战略和需求的实现。目前，农田施肥主要包括有机肥、无机肥等，这些不仅可以改善土壤结构，还可以促使大粒径微团聚体的凝集，还能提高土壤有机碳固持性能。其中，有机堆肥作为一种土壤改良剂，可以通过将微生物引入的有机物转化为腐殖质并在土壤中积累，从而缓解气候变化，促进土壤有机碳的周转和固存，同时有效地为有机固体废物提供资源，降低其环境毒性。堆肥富含多种活性细菌，可以改变土壤中细菌的结构域间共存模式，减少微生物对资源的潜在竞争。土壤细菌对土壤有机碳的质量和分布很敏感，施用堆肥能够引起土壤有机碳和养分的变化。然而，目前尚不清楚盐碱地碳源的输入如何驱动细菌群落，以及细菌相互作用如何介导土壤有机碳的周转和固存。因此，在后续的工作中需要进行长期的田间试验，以探究长期施用堆肥对盐碱地再生的影响，以及细菌群落的演替和潜在的代谢机制。

此外，盐碱稻田在物理、化学和生物特性上与传统耕地不同，这可能会使温室气体排放更加复杂。目前广泛使用的盐碱土改良剂——脱硫石膏可以改善土壤质量（如土壤孔隙度、容重和盐碱胁迫），并向稻田输送更多的氧气，这有助于 CH_4 氧化为 CO_2，并通过植物的光合作用加速 CO_2 固存；此外，脱硫石膏中的 Ca^{2+} 可与 CO_3^{2-} 和 HCO_3^- 反应形成 $CaCO_3$，从而限制了盐碱稻田中 CO_3^{2-} 和 HCO_3^- 向 CO_2 的转化；同时，脱硫石膏含有丰富的固碳微生物和官能团（如羟基、羧基和醛基），可以通过自养微生物的代谢固定 CO_2，通过与土壤矿物形成有机—无机复合物来抑制易分解 SOM 的矿化。与天然矿物形成相比，利用工业废渣促进矿物碳酸化，避免了原材料的开采，节省了应用成本。盐碱地作为复杂的生态系统，其治理需综合考虑提升土壤质量、环保及增碳汇等原则。经治理的盐渍土可成为重要的后备耕地，不仅助力我国，也为全球生态保护和固碳减排贡献力量。

四、结语

我国是典型的资源约束型农业大国,随着人口增长和城市化加速,众多耕地转为工业用途,这进一步导致了土地沙漠化和盐碱化。虽然现代农业科技大幅提升了单位面积作物的生产效率,但我国资源短缺的问题仍需关注。盐碱地是主要的低产土壤类型之一,我国是全球第三大盐碱土分布国家,拥有超过 5 亿亩的可利用盐碱地资源。这些盐碱地被视为重要的后备耕地资源和"潜在粮仓",其改良对于增加耕地数量和提高耕地质量具有重要意义。盐碱地治理是一项长期且艰巨的任务,尽管目前已取得了显著进展,但仍需要全球农业、土壤、生态和植物等领域的学者们持续探索,深入研究盐碱地的成因和治理效果的影响因素,加强盐碱化土壤改良修复的物质和技术支撑,并按照综合防控的原则要求,对土壤污染防治方案内容进行适当调整与优化,从根本上贯彻落实盐碱地改良与利用任务。在盐碱地治理的同时,需重视土壤质量的优化,以增强盐渍化土壤的产出能力和作物的养分吸收效率,在提升土地生产力的同时,注重资源的高效利用,进而推动现代农业产业结构的合理化调整,最终实现对盐碱化区域生态环境的积极改善。

第五节 成功案例与经验分享

一、典型全域土地整治项目

(一)衢州市衢江区富里万亩水田垦造项目

衢江区富里农村综合改革试验区——万亩水田垦造及智慧生态农业培育工程(以下简称"万亩水田项目")正是基于城市建设用地与耕地之间的土地矛盾,从数量、质量上追求耕地占补"双平衡"。该项目作为浙江省重点农田垦造建设规划项目,以低丘缓坡改造的工程为抓手,通过高目标定位、高起点规划、高标准建设,将衢州市衢江区规划建设成为国家级智慧生态农业综合改革试验区(图 3-12、图 3-13)。

万亩水田项目位于衢江区江山港北岸,涉及廿里镇富里村、文塘村、石塘背村、里屋村、山下村和后溪镇江滨村,涉及农户 2 033 户、6 823 人。试验区东起廿里镇富里村,南靠江山港,西至京台高速衢州南互通连接线,北邻柯城区华墅乡、航埠

图 3-12 衢江富里万亩水田垦造项目规划设计效果图

图 3-13 建成实景图

镇，总面积为 18 492.66 亩，规划总投资 30 亿元。试验区以万亩水田垦造及智慧生态农业培育工程为启动点，一期投资 15.41 亿元，水田垦造总规模为 9 526.67 亩，其中新增水田 7 014.30 亩、旱地改水田 1 680.41 亩、标准农田建设 831.96 亩。

万亩水田项目的首要任务是进行水田垦造，通过场地平整和耕植土覆盖，建设水田；其次是为垦造水田兴建农田水利工程和田间道路，满足水田灌溉排水需要和机械化生产的道路通达需要。农田水利工程、道路工程的建设既立足万亩水田项目的建设现实要求,又紧密结合工程区远期国家级智慧生态农业综合改革试验区的功能要求,灌溉排水系统结合智慧农业的定位打造智慧农业节水灌溉系统,水生态、水景观系统;道路工程结合美丽乡村、现代农业、休闲度假旅游、智慧农业风情小镇等复合型的功能定位建设园区道路和田间道。作为一个以设计引领为龙头的EPC模式的土地整治项目,万亩水田项目充分发挥了设计优势,积极探索创新土地整治项目从顶层设计到实施落地的新路径,包括以下几个方面。

(1)坚持以土地综合利用为总原则。万亩水田项目进行顶层谋划的时候,尚未有国土空间规划和全域概念。项目在执行之初便确定对现状耕地进行严格保护,对铁路、输变电塔等设施进行严格的保护距离退让。对于非耕地进行统筹规划,为远期园区的发展和提升提供空间和平台。同时整体土地指标按村统计计算,确保每个农户的土地指标和利益不受影响。

(2)坚持以经济落地为总思路。项目充分结合原有地形现状,合理规划和利用现有河道,避免大量的土地改造,保证土石方开挖外运或者外购费用最低。合理选择灌溉水源和灌排方式,尽量采用自流灌溉方式。从投资、工程实施强度等方面综合考虑,项目分期实施,统筹考虑项目总体规划、施工交通、农田水利的灌排方式的空间布局,提出合理可操作的建设程序。

(3)坚持绿色生态位价值理念。在环境承载力允许的条件下进行开发建设,注重以生态观念为价值导向的先进意识,形成生态和谐、环境良好的旅游观光农业试验区,体现人与自然的和谐发展。

(4)以综合发展为模式创新。在土地整治的基础上构建食、住、行、游、购、娱等旅游6大要素,以发展"智慧农业"为核心,通过资源融合、市场融合、规模融合、集聚集群融合、品牌融合多种方式,创新旅游产业融合发展环境,形成旅游产业链,发展融合延伸产业,结合园区内现有农村打造4个美丽乡村样板旅游区,实现"农业+旅游"的示范基地。

(5)以专题研究为充分保障。为了实现项目全方位的综合分析,以及园区内工程的精准性和园区施工安全得到保障,规划内容在常规篇章之外,又针对核心问题与目标,开展了农田水利与农田垦造两大专项规划,进行从定性到定量的分析和计算,为项目的落地和可行性进行了充分保障。

(6)突出精细管理质量优先。为确保项目大规模施工能够顺利有序地开展,项目伊始便确定了质量管控流程。通过样板先行制度改善交底效果(实物样板交底),方便理解的同时也方便了施工分包单位的自检工作;引入试验管理体系,确保每个田块、每个分层土石方的压实度能够满足设计质量要求;建立每日质量实测实量制度,确保现场施工严格按设计参数、试验成果要求进行。

万亩水田项目已被省国土厅列入 6 项国土资源管理试点之一，是衢江区在农村土地综合改革上的一次重大探索。工程列入省重点项目，也是全省耕地保护重点工作。在衢州市土地开发项目中率先采用 EPC 总承包模式，是浙江省乃至华东地区规模最大的土地垦造项目之一。项目成立科研创新管理小组，创造性地引入了生态挡墙、高效节水管灌、地力提升等系列创新手段，皆取得了良好的效果，使得项目建成后新增耕地超过 7 000 亩，且耕地质量评定比周边原有土地质量高两级，顺利通过区级验收和市、省两级验收复核。鉴于项目有大规模连片集中的优质耕地，衢州市与联合国粮农组织、工发组织合作的世界食品安全创新示范基地也正式落地于本项目。

（二）广州市从化区鳌头镇全域土地综合整治与生态修复

2021 年 9 月，经自然资源部批准，从化区成为全国唯一以县域为单元开展全域土地综合整治的国家级试点。该项目是从化区全域土地综合整治试点的先行先试区，规划整治范围涉及 18 个行政村、1 个社区，核心整治区涉及 8 个行政村，面积 1.3 万亩，新垦造水田 1 246 亩（图 3-14、图 3-15）。

图 3-14　项目区鸟瞰规划图

鳌头镇万亩良田示范片区通过完成约 7 000 亩土地流转与约 6 600 亩农田主要整治工序，盘活利用龙潭旧镇墟沿街百余栋旧厂旧屋的闲置低效建设用地资源，引入越秀集团风行田园综合体产业项目，打造集游景点、住民宿、品美食、购特产、享体验于一体的农文旅三产融合发展区。同时，开展村庄集中整治，推进人居环境改善和公共服务配套设施的完善。通过修缮徐家大院、财神庙、刘氏宗祠等历史遗迹，完善村庄公共文化空间；通过弘扬醒狮、上灯等传统习俗，打造民俗集聚地，推动民俗文化薪火传承，以"绣花功夫"推进乡村建筑风貌提升，彰显岭南文化魅力，打造文

图 3-15　项目区鸟瞰实景图

化厚重、特色鲜明的美丽村庄。

保护耕地，端牢饭碗。整治耕地"非农化""非粮化"、丢荒弃耕问题，实施旱地改水田、园地复耕和现状农田提质改造，清退香蕉、果树苗木等经济作物，新增水田约 1 500 亩、新增耕地约 200 亩，进一步守牢耕地红线。按照机械化、规模化生产要求，将不规则田块整合成标准大田，调节农田土壤酸碱度和有机质含量，完善农田水利和交通基础设施，建成连片高标农田。

科技赋能，绿色循环。强化现代农业科技运用，配套建设农业数字化工程，部署农田监测、管道灌溉、尾水处理、光伏发电等系统，采用工厂化育秧、无人机喷洒技术，实现节能节水、减药减肥，促进农业可持续发展。推行"稻—肥""稻—蔬"轮作制度和"渔稻共生"模式，提高土地产出效益，与华美牧场、力智猪场、中施龙泰蚯蚓养殖基地等单位合作建立"饲料—有机肥"供给链，推动绿色种养循环农业发展。

根治水患，造福群众。针对潖江（二）河流域汛期易涝问题，项目结合全国中小河流治理，制定《潖江（二）河流域防洪排涝综合整治实施方案》，采用"截、疏、抽"方式对河流、排水沟渠、排涝泵站进行系统整治，疏浚主河道，疏通 6 条支流堵点，新建农田排渠和 2 座排涝泵站，提升 15 座老旧排涝泵站，有效提升防洪排涝能力，解决困扰农业生产和群众生活的水患难题，每年可减少内涝损失约 1 000 万元。

护绿增绿，涵养生态。坚持生态设计理念，推进生态保护修复。在河道内，治理洪涝造成的水土流失和植被破坏，补种格桑花、狗牙根等生命力强的物种固土护堤，改善 4 处河口滩地滨水环境，营造鱼藻鸟禽栖息家园。在河两岸，保留田间冠状较好的高大果树，改造多个桑基鱼塘，沿田间一级路建设农田防护林网，在排灌沟渠预留动物逃生通道，种植具有净化水体作用的植物，打造"水清、岸绿、景美"的生态田园风光，擦亮一河两岸生态底色。

传承文化，留住乡愁。保护徐家大院、财神庙、宗祠等历史文化资源，挖掘醒狮、上灯等传统文化价值，完善8个村庄公共文化空间，打造祠堂前、榕树下民俗集聚地，推动农耕文化薪火传承。纠治农村建房求怪、媚洋等不良倾向，用本地传统文化元素引导乡村建筑风貌整治，打造文化厚重、特色鲜明的美丽村庄。

国企搭台，助力共富。区城投集团作为项目运营主体，按照"农业＋"运营模式，科学规划农文研旅功能区，搭建合作框架，引入哈维农业等市场主体，携手发展主粮种植、休闲观光、种子研发、研学培训等多业态农业，促进国企民企优势互补、合作共赢。搭建"企业＋合作社＋农户"共享平台，引导土地流转，建立联农带农机制，实现"家门口"就业，带动村集体年收入增加15万元、村民年收入增长约10%～20%。

（三）茂名市霍镇垦造水田土壤修复工程案例分析

1. 项目概况

根据《中共中央 国务院关于加强耕地保护和改进占补平衡的意见》《广东省垦造水田工作方案》文件要求，按照"占优补优、占水田补水田"要求，大力推进全省垦造工作。茂名市霍镇作为试点进行垦造水田工作。

项目区建设提高项目区土地利用率和产出率，为农业增产和农民增收提供有力的保障，为电白区垦造水田项目起到良好的示范和带动作用，产生较大的社会效益和经济效益（图3-16）。生态环境保护方案实施后，可保持水土、美化田园空间，在收到良好社会效益和经济效益的同时，实现了社会、经济、生态效益的协调统一。

2. 修复技术

（1）有机质改良

项目区土壤有机质含量为0.7%，根据农用地质量分等定级规程，有机质含量为5级水平。根据《广东省土地整治垦造水田建设标准（试行）》，垦造水田项目建设后水田耕作层有机质含量不得低于建设前，并考虑到由于田间温度、水热条件、二次发酵等影响，有机质添加后有部分损耗，为保证项目区建设后有机质含量符合建设标准要求并满足耕地质量的提升，建设后项目区土壤有机质含量应≥1.0%，确保完工后水田土壤有机质含量达到《广东省土地整治垦造水田建设标准（试行）》等相关标准的要求。

土壤调节剂的选用应以"无毒无害、环境协调"的原则，不能对土壤、水源、空气等产生污染，使土壤指标调解工作对其他环境因素造成影响，形成顾此失彼的情形，该项目采用的是石灰与土壤调节剂。

图 3-16　退造水田成功案例

土壤治理采用动态管理，理论计算调节剂后，实际投放受到天气、风速、河流等影响，效果会有所降低，需要多次投放、多次检验，直至达到标准。实施过程中，"投放—翻土—灌水"形成一个循环，每个循环后检测土壤指标，再重新计算投放量，开始下一次循环。

该项目设计土壤改良产品选用经农业农村部认证登记的土壤调理剂，参照土壤调理剂标准（NY525），使用产品有机质含量≥45%。后期管护过程中还可利用环保实惠的绿肥、农家肥等肥料。

根据项目区耕作层厚度为30 cm，每个片区需提升的有机质含量、容重测算。按产品有机质含量45%，并考虑到田间温度、水热条件、二次发酵等影响，有机质添加后损耗率20%，项目区规划土壤调理剂用量共960.39 t。具体用量见表3-1。

施工过程中，以田块耕作层回填平整后的土壤检测数据作为土壤改良背景值，严格土壤采样及送检规范，进一步核实土壤有机质提升目标和改良产品施加量，并以此作为土壤改良工程决算依据；同时注意土壤生态安全，防止污染土壤进入农田。

（2）pH值改良

项目区土壤pH值为5.95，土质偏酸。按照建设标准，土壤酸碱度在水浸时保持在5.0~8.0，目前该项目部分区域pH值略高于标准值，因此以≥6.0作为改良目标分区进行适当改良提升。土壤pH值的改良以掺入生石灰作为改良方式，生石灰施加量通过下式进行计算：

$$M=(pHt-pHi)\times 0.612/[(0.33+0.13\times(6.42-pHi)-0.003\ 4\times \\ Pclay-0.001\ 4\times OM-0.001\ 6\times CEC-0.016\times[h]ex)\times ec]$$

式中：pHi 与 pHt 分别表示酸化土壤的初始 pH 值与预定的目标 pH 值；$Pclay$ 表示土壤黏粒百分比（<0.002 mm），单位为％；OM 表示土壤有机质含量，即每千克风干土壤中所含的有机质的量，单位为 g/kg；CEC 表示土壤胶体所能吸附各种阳离子的总量，即阳离子交换量，单位为 cmol（+）/kg；$[h]ex$ 表示土壤交换性酸，是土壤胶体表面吸附的交换性氢离子和铝离子总量，单位为 cmol/kg；ec 表示生石灰中 CaO 的有效含量，单位为％；M 为生石灰的施用量，单位为 t/hm^2。

计算得生石灰用量共 2.29 t/hm^2，具体用量见表 3-2。

（3）土壤翻耕

为使耕作层土壤与土壤改良产品能得到充分混匀，共进行土壤翻耕 16.9 hm^2。

具体方法：土壤改良产品存放点——人工装车——运输至改良田块——人工卸载、拆卸包装——机械装撒——机械翻耕（连续翻耕 3 次，充分混匀）；随后向田块中注水 10～15 cm，水位与耕作层土壤上方持平；再使用耙地机在田块上反复耙地 3 次。

3. 项目特点

该项目为土壤提质工程，将旱地、水浇地、林地和不合理的沟渠、道路等开发成水田，主要是对原土酸碱度、有机质的调解，以及少量区域的土壤替换工作，土壤指标调解的方式是采用调节剂。

通过完善项目区的农田水利设施、交通设施等，改善了项目区农业生产条件，农田基础设施水平得到较大提高。基础设施的完善，对提高耕地质量等级、提高土地利用率、改善作物生长环境、提高作物抵抗自然灾害的能力发挥了积极的作用，使作物收成得到保障，农民收入增加，逐步提高农民生活水平，有利于减少政府对扶贫资金的投入，减轻政府财政负担。通过对项目区的建设，在其生产条件得到改善、生态环境得到优化、土地利用率得到提高的同时，也促进了项目区所在地的经济发展。

二、经验总结与启示

当前，由于城市化进程的不断加快，城乡之间土地资源利用之间的矛盾可谓是愈发突出，城市建设所需要的土地资源越来越多，而可用的土地资源则越来越少；对于农村地区来说，越来越多的农民进城务工，田地荒芜现象明显增加，土地资源闲置问题突出，如何有效地解决当前土地资源利用时产生的矛盾，更加高效地利用土地资源是促进我国发展建设的关键所在。

表 3-1　各样品控制区域土壤调理剂用量计算表

检测编号	控制面积（亩）	有机质百分比（提升前）	有机质百分比（提升后）	提升有机质百分比	产品有机质含量	损耗率	含水量	耕作层厚度（m）	土壤容重（g/cm³）	每亩添加有机质（t）	添加改良产品总量（t）
WEN2023051184-01	111.31	0.70%	1.31%	0.86%	45%	20%	30%	0.30	1.31	8.63	960.39
合计	111.31										960.39

表 3-2　项目区域生石灰规格及用量

样品	原 pH 值	目标 pH 值	土壤黏粒百分比	有机质 OM（g/kg）	阳离子交换量 CEC [cmol(+)/kg]	土壤交换性酸[h]ex（cmol/kg）	ec	每公顷石灰施用量（t/hm²）	每亩石灰施用量（t/亩）	改良区域对应水田面积（亩）	生石灰施用量（t/hm²）
WEN2023051184-01	4.8	6.0	0.002%	13.1	9	10	50%	0.31	0.02%	111.31	2.29
合计										111.31	2.29

实践证明,全域土地综合整治是贯彻习近平生态文明思想、实施乡村振兴战略的重要手段;是忠实践行"八八战略"、奋力打造"重要窗口",建设高质量发展建设共同富裕示范区的重要载体;是履行自然资源部统一行使所有国土空间用途管制和生态保护修复职责、实施国土空间规划的平台抓手。以顶层设计、创新驱动的前瞻性,项目标杆、示范引领的示范性,因地制宜、特色明显的多样性,全程参与、智慧赋能的科学性为基本原则;以实现土地利用集约化、空间要素生态化、人居环境人本化、未来乡村数字化、资源开发产业化为目标,统筹推进三生空间优化、美丽乡村建设、耕地保护、生态修复、产业发展和乡村治理,探索未来乡村发展的新模式。

参考文献

[1] 高奇,师学义,王子凌,等. 生态文明形势下的土地整治初探[J]. 江苏农业科学,2013,41(7):391-394.

[2] 王军,钟莉娜. 中国土地整治文献分析与研究进展[J]. 中国土地科学,2016,30(4):88-97.

[3] 贾文涛. 从土地整治向国土综合整治的转型发展[J]. 中国土地,2018(5):16-18.

[4] 曾向阳,陈勇,苗作华,等. 土地整治规划设计[M]. 北京:冶金工业出版社,2019.

[5] 赵记军,徐培智,解开治,等. 土壤改良剂研究现状及其在南方旱坡地的应用前景[J]. 广东农业科学,2007,34(10):38-41.

[6] 冀拯宇,周吉祥,张贺,等. 不同土壤改良剂对盐碱土壤化学性质和有机碳库的影响[J]. 农业环境科学学报,2019,38(8):1759-1767.

[7] 兰挚谦,郑文德,林薇,等. 不同土壤改良剂对番茄生长和土壤肥力的影响[J]. 河南农业科学,2019,48(5):91-98.

[8] 师志刚,刘群昌,白美健,等. 基于物联网的水肥一体化智能灌溉系统设计及效益分析[J]. 水资源与水工程学报,2017,28(3):221-227.

[9] 刘军涛. 基于深度学习与物联网的水肥一体化云系统研究[D]. 邯郸:河北工程大学,2018.

[10] 张宾宾,李家春,蔡秀,等. 基于云计算的水肥一体化控制体系研究[J]. 农机化研究,2020,42(4):192-197.

[11] 吴寿华. 不同灌溉及施肥方式对设施葡萄园土壤养分及果实品质的影响[J]. 农业科技通讯,2022(5):139-141.

[12] 周钦彩,朱明,胡正文. 不同土壤类型水稻测土配方施肥对肥料利用率的影响分析[J]. 南方农业,2018,12(36):44-45+47.

[13] 张振,高鸣,苗海民. 农户测土配方施肥技术采纳差异性及其机理[J]. 西北农林科技大学学报(社会科学版),2020,20(2):120-128.

[14] 宋以玲,于建,陈士更,等. 化肥减量配施生物有机肥对油菜生长及土壤微生物和酶活性影

响[J]. 水土保持学报,2018,32(1):352-360.
[15] 许佳彬,王洋,李翠霞.农户有机肥施用意愿与行为悖离原因何在——基于对黑龙江省的调查[J]. 农业现代化研究,2021,42(3):474-485.
[16] 国土资源部.关于印发《第三次全国土地调查总体方案》的通知[EB/OL].(2018-01-11)[2024-12-20]. https://g.mnr.gov.cn/201801/t20180111_1736630.html.
[17] 杨劲松,姚荣江,王相平,等.中国盐渍土研究:历程、现状与展望[J].土壤学报,2022,59(1):10-27.
[18] 乔志红.浅析盐碱地改良利用情况及对策措施[J].新农民,2024(20):52-54.
[19] 赵英,王丽,赵惠丽,等.滨海盐碱地改良研究现状及展望[J].中国农学通报,2022,38(3):67-74.
[20] 高志军.盐碱地综合治理工程模式及其应用[J].南方农业,2021,15(5):7-9.
[21] 赵维彬,王松,刘玲玲,等.生物炭改良盐碱地效果及其对植物生长的影响研究进展[J].土壤通报,2024,55(2):551-561.
[22] 丁守鹏,张国新,姚玉涛,等.腐植酸肥料对滨海盐碱地土壤性状及番茄生长和品质的影响[J].河北农业科学,2021,25(6):65-70.
[23] 张巍,冯玉杰.松嫩平原盐碱土理化性质与生态恢复[J].土壤学报,2009,46(1):169-172.
[24] 刘国平,李卫亮,许明海,等.新疆喀什地区盐碱地棉花干播湿出水肥高效运筹管理技术[J].中国棉花,2024,51(4):49-51.
[25] 李颖,陶军,钞锦龙,等.滨海盐碱地"台田—浅池"改良措施的研究进展[J].干旱地区农业研究,2014,32(5):154-160+167.
[26] 刘艳,何雅琳.综合利用盐碱地走出改良新路子[N].中国食品报,2024-08-09(002).
[27] 杨辉.创新盐碱地综合利用模式发展盐碱地特色农业[J].现代农村科技,2024(6):123-124.
[28] 董乃勇,刁琪,王艳伟,等.滴灌水盐调控滨海盐碱地夏季造林土壤盐分与植物生长变化的研究[J].现代园艺,2024,47(12):21-25.
[29] 谢慧变."以种适地"与"以地适种"双向发力[N].新疆日报(汉),2024-08-31(001).
[30] 冯治凤,刘斌.节水控盐条件下不同膜下滴灌施肥量对景电灌区玉米生长及产量的影响[J].农业与技术,2024,44(5):14-16.
[31] 张雪晨,李越,陈志君,等.膜下滴灌土壤水盐与玉米产量对节水控盐灌溉模式响应的模拟[J].农业工程学报,2022,38(S1):47-58.
[32] 孙波,朱安宁,姚荣江,等.潮土、红壤和盐碱地障碍消减技术与产能提升模式研究进展[J].土壤学报,2023,60(5):1231-1247.
[33] 隋世江,张海楼.松嫩平原苏打盐碱地种稻关键技术问题[J].辽宁农业科学,2017(5):75-78.
[34] ELMEKNASSI M, ELGHALI A, CARVALHO D P W H, et al. A review of organic and inorganic amendments to treat saline-sodic soils: emphasis on waste valorization for a

circular economy approach[J]. The Science of the Total Environment, 2024, 921: 171087.

[35] 张强, 赵文娟, 陈卫峰, 等. 盐碱地修复与保育研究进展[J]. 天津农业科学, 2018, 24(4): 65-70.

[36] 做好盐碱地特色农业大文章[N]. 经济日报, 2023-12-04(011).

[37] 郭秀芳, 屈璐璐, 贾振宇, 等. 羊草耐盐碱性研究进展[J]. 草原与草业, 2022, 34(1): 11-13+32.

[38] 李梦瑶. 秸秆还田对土壤养分的提升和作物产量的影响[J]. 种子科技, 2024, 42(1): 137-139.

[39] 关焱, 宇万太, 李建东. 长期施肥对土壤养分库的影响[J]. 生态学杂志, 2004, 23(6): 131-137.

[40] LI S P, ZHAO L, WANG C, et al. Synergistic improvement of carbon sequestration and crop yield by organic material addition in saline soil: a global meta-analysis[J]. The Science of the Total Environment, 2023, 891: 164530.

[41] 王艺璇, 王珂, 曲鲁平, 等. 中国松嫩平原盐碱土固碳潜力过程及机理研究[J]. 中国农业资源与区划, 2024, 45(1): 129-138.

[42] JIANG Z W, ZHANG P F, WU Y F, et al. Long-term surface composts application enhances saline-alkali soil carbon sequestration and increases bacterial community stability and complexity[J]. Environmental Research, 2024, 240(Part 1): 117425.

[43] 史文竹, 孙禧, 邵旭升, 等. 外源钙添加对有机物料改良滨海盐碱土固碳潜力的影响[J]. 林业科学, 2024, 60(2): 32-41.

[44] 汪洋, 童菊儿. 全域土地综合整治与生态修复理论与实践[M]. 北京: 中国建筑工业出版社, 2022.

第四章 矿山生态修复技术

第一节 矿山生态问题概述

一、矿山开采对生态环境的影响

在探讨矿山开采活动对生态环境的影响时，可从土地资源、水资源、生物多样性、地貌、地质灾害、大气污染6个方面分析其复杂性。

（一）土地资源的深度侵蚀与丧失

矿山开采活动对土地资源的破坏具有全面性与复杂性。在开采进程中，大片土地被直接用于采矿设施的构建、废渣的堆积以及运输网络的铺设，占用原本可用于农业耕作、林业发展及居民居住的土地空间。

采矿活动直接引发了土壤结构与质量的双重退化，露天采矿尤为显著，其过程中剥离的表层土壤与废石未经妥善处理，随意堆砌，侵占了宝贵的土地资源，打乱了原有的土壤层次结构，削弱了土壤肥力，致使大片土地丧失其作为耕地的基本价值。地下开采活动则通过挖掘土地，导致地表沉降与塌陷，这种物理性的改变进一步加剧了土地资源的流失与破坏，形成了难以逆转的生态创伤。

（二）水资源系统的全面受损

在矿山开采的各个环节中，尤其是矿石的破碎、筛选与冲洗阶段，水资源消耗巨大，而这些水往往在使用后未经充分处理即被排放，导致地表水和地下水受到严重污染。

此外，矿山作业还显著改变了区域的水文地质结构，严重影响了地下水的自然储存与流动机制，导致地下水水位的持续下降，井泉干涸，甚至在某些地区引发了水源枯竭的危机。这些变化不仅直接威胁周边居民的饮用水安全，限制了他们的基本生活需求，还严重制约了农业灌溉的正常进行，对区域农业生产造成了不可估量的损失。

水资源的污染与枯竭进一步加剧了生态系统的退化，对生态环境的平衡与稳定造成了不可逆的损害。

（三）生物多样性的急剧下降

在矿山开采过程中，大规模的植被砍伐与破坏直接导致了生物栖息地的急剧缩减与碎片化，这一变化深刻影响了野生动植物的生存空间与繁衍条件。栖息地的丧失不仅限制了物种的活动范围，还阻断了生物种群间的基因交流，对生物多样性构成了直接且严重的威胁。

生物多样性的减少削弱了生态系统的自我调节能力，降低了其对外界干扰的抵抗力和恢复力。同时，矿山作业产生的废弃物，含有大量重金属、化学物质等有害物质，通过径流、渗透等方式进入土壤与水体，引发了严重的土壤污染与水体污染，进一步恶化了生物的生存环境，加速了生物多样性的衰退。

许多物种因无法适应矿山开采带来的极端环境变化，正面临灭绝的危机或已处于濒危状态。这些物种的消失不仅代表着生物多样性的巨大损失，也预示着生态系统服务功能（如水源涵养、气候调节、土壤保持等）的减弱，对人类社会的可持续发展构成了潜在的巨大威胁。

（四）地貌景观的不可逆转改变

露天开采作为一种直接暴露于地表的采矿方式，通过大规模剥离地表覆盖物和深入挖掘矿体，从根本上改变了原有的地形地貌特征。这一过程不仅导致了自然景观的严重破碎化，还引发了水土流失、土壤侵蚀等一系列环境问题。相比之下，地下开采虽然在一定程度上减少了对地表景观的直接冲击，但其因挖掘地下空间而诱发的地面沉降、塌陷等地质现象，同样对地表景观造成了深远的影响，破坏了地貌的连续性和完整性，甚至威胁到人类居住区的安全。

从生态系统的角度看，地貌景观的变化不仅仅是视觉上的损失，更重要的是它们对生态系统的服务功能与稳定性构成了根本性威胁。地貌的剧烈变化往往伴随着土壤结构的破坏、水文循环的紊乱以及植被覆盖的丧失，这些变化直接削弱了生态系统的自我调节能力，影响了生物多样性和生态平衡。生物栖息地的丧失和破碎化导致了许多物种的迁徙或灭绝，进一步加剧了生态系统的退化。

（五）地质灾害的潜在威胁

矿山开采活动加剧了地质灾害的风险。开采过程中，地质结构受到扰动和破坏，容易引发崩塌、滑坡、泥石流等一系列自然灾害。同时，尾矿库等配套设施的建设和运营同样潜藏安全隐患，尾矿库通常用于存放矿山开采产生的废弃物，一旦发生溃坝等事故，大量有害物质将迅速泄漏，对下游的河流、湖泊和农田造成严重污染，同时直接威胁周边居民的生命财产安全。

（六）大气环境的持续污染

矿山开采过程中不可避免地会产生大量的粉尘和有毒有害气体，这些污染物是大气污染的主要源头之一。矿区内部，高浓度的粉尘和有害气体严重恶化了空气质量，对矿区工人的生命健康形成极大的威胁。这些污染物并不局限于矿区范围，随着风力的推动，其会迅速扩散到周边地区甚至更远的区域，污染问题跨越了地理界限。

粉尘污染直接危害人类的呼吸系统，长期暴露在高浓度的粉尘环境中，容易引发包括哮喘、慢性阻塞性肺疾病等多种呼吸系统疾病。同时，有毒有害气体长期排放，会对自然环境造成深远的负面影响，破坏生态系统的平衡，加剧温室效应，威胁全球气候的稳定性。

综上所述，矿山开采对生态环境的破坏是多重胁迫因素的综合作用，包括高强度的开挖活动、广泛性的土地压占、地质结构的坍塌风险、水土流失的急剧恶化、大气环境的持续污染，以及尾矿砂库对环境的潜在威胁。这些因素相互作用，对矿山区域的生态系统结构稳定与功能完整造成了不可逆转的损害，这一过程显著偏离了自然平衡状态，使矿山区域逐渐演变成一个高度复杂且典型的退化生态系统，面临着严峻的生态恢复与重建挑战。

二、修复的必要性与紧迫性

（一）发展现状

"十三五"期间，在中央财政支持下，我国全面启动了长江经济带、黄河流域、京津冀、汾渭平原等重要流域和区域的历史遗留废弃矿山治理修复工作，各地积极推进矿山生态修复，全国范围内共修复治理矿山面积 400 多万亩。但在清理矿山生态修复"欠账"的同时，每年还有 1 万 km^2 的新增损毁土地。

"十四五"期间，我国继续加大矿山生态修复力度。31 个省（区、市）已修复治理的历史遗留矿山图斑的面积达到 6.74 万 hm^2，包括已通过验收图斑面积和竣工未验收图斑面积。资金投入方面，修复工作共投入资金 293.64 亿元，其中各级财政资金投入 253.74 亿元，占比为 86.41%；社会资金投入 39.90 亿元，占比为 13.59%。其中，江西省在社会资金投入方面表现突出，投入金额高达 5.53 亿元，相比之下，西部地区（包括内蒙古自治区、广西壮族自治区、贵州省、西藏自治区、新疆维吾尔自治区）的投入规模较小，共计 4.48 亿元。从资金来源看，各级财政资金仍然是矿山生态修复的主要支撑。

（二）政策背景

我国矿山生态修复经历了一个不断完善的过程。从最开始的只重复垦到后来复垦与地质环境保护同时抓，不断完善矿山的生态修复制度。《全国重要生态系统保护和修复重大工程总体规划（2021—2035 年）》中提出以"三区四带"（青藏高原生态屏障区、黄河重点生态区、长江重点生态区、东北森林带、北方防沙带、南方丘陵山地带、海岸带）为核心的总体布局。

2016 年 9 月 30 日，为贯彻落实党中央有关生态文明建设战略决策部署，财政部、原国土资源部、原环境保护部印发《关于推进山水林田湖生态保护修复工作的通知》，提出组织实施山水林田湖生态保护修复重大工程。文件下发以来，3 部委组织在全国 24 个省（区、市）开展了 3 批次山水林田湖草生态保护修复工程试点，主要修复对象为历史遗留矿山，将土地损毁和地质环境问题一并整治。

2018 年 12 月 31 日，生态环境部、国家发展改革委联合印发《长江保护修复攻坚战行动计划》，要求以改善长江生态环境质量为核心，以长江干流、主要支流及重点湖库为突破口，统筹山水林田湖草系统治理，确保长江生态功能逐步恢复。

2019 年 4 月，自然资源部办公厅印发《关于开展长江经济带废弃露天矿山生态修复工作的通知》。该通知分上、中、下游，针对不同地域特点划定重点任务。至此，矿山生态修复工程的概念开始广泛使用，系统、综合的修复治理理念进一步加强。

2019 年 12 月，自然资源部发布《关于探索利用市场化方式推进矿山生态修复的意见》，为解决矿山生态修复历史欠账多、现实矛盾多、投入不足等突出问题，我国将按照"构建政府为主导、企业为主体、社会组织和公众共同参与的环境治理体系"的要求，坚持"谁破坏、谁治理""谁修复、谁受益"原则，通过政策激励，吸引各方投入，推行市场化运作、科学化治理的模式，加快推进矿山生态修复。

2020 年 2 月，由应急管理部、国家发展改革委、工业和信息化部、财政部、自然资源部、生态环境部、水利部、中国气象局等 8 部门联合印发《防范化解尾矿库安全风险工作方案》，提出严禁在距离长江和黄河干流岸线 3 km、重要支流岸线 1 km 范围内新（改、扩）建尾矿库。

2021 年 11 月，国务院办公厅出台《关于鼓励和支持社会资本参与生态保护修复的意见》，明确鼓励社会资本投入生态修复的参与机制、支持政策和保障机制。获取自然资源资产使用权或特许经营权，并以此为基础发展关联产业，是推动生态修复与产业开发深度融合、协调项目开发与经营管理、构建经济社会发展与生态环境治理和谐共生的关键策略。

2024年11月，中华人民共和国第十四届全国人民代表大会常务委员会第十二次会议正式修订通过了《中华人民共和国矿产资源法》，该法将于2025年7月1日起全面施行。此次修订特别增设了关于矿区生态修复的专章，标志着我国正式确立了矿区生态修复制度。草案三审稿规定，县级以上地方人民政府应当加强对矿区生态修复工作的统筹和监督；矿区生态修复方案应当包括尾矿库生态修复的专门措施；矿区能够边开采、边修复的，应当边开采、边修复。

针对绿色矿山国家也制定了相关政策予以支持。2017年，国土资源部（今自然资源部）、财政部、环境保护部（今生态环境部）、国家质检总局（今国家市场监督管理总局）、银保监会（今国家金融监督管理总局）、证监会联合印发《关于加快建设绿色矿山的实施意见》要求，加大政策支持力度，加快绿色矿山建设进程，力争到2020年，形成符合生态文明建设要求的矿业发展新模式。

2018年10月1日，自然资源部发布了9项行业标准的公告，包括《非金属矿行业绿色矿山建设规范》（DZ/T 0312—2018）、《化工行业绿色矿山建设规范》（DZ/T 0313—2018）、《黄金行业绿色矿山建设规范》（DZ/T 0314—2018）、《煤炭行业绿色矿山建设规范》（DZ/T 0315—2018）、《砂石行业绿色矿山建设规范》（DZ/T 0316—2018）、《陆上石油天然气开采业绿色矿山建设规范》（DZ/T 0317—2018）、《水泥灰岩绿色矿山建设规范》（DZ/T 0318—2018）、《冶金行业绿色矿山建设规范》（DZ/T 0319—2018）、《有色金属行业绿色矿山建设规范》（DZ/T 0320—2018）。这些标准是我国首次针对多行业系统制定的绿色矿山建设规范，标志着我国的绿色矿山建设进入了"有法可依"的新阶段，将对我国矿业行业的绿色发展起到有力的支撑和保障作用。

（三）问题现状

1. 矿山生态修复法规制度体系尚不完善

全国首个矿山生态修复的省级地方性法规是《江西省矿山生态修复与利用条例》。此外，原国土资源部于2009年出台的《矿山地质环境保护规定》，从地质灾害、含水层破坏、地形地貌景观破坏及治理恢复角度做出相应规定。原国土资源部于2016年发布的《矿山地质环境保护与土地复垦方案编制指南》，要求将土地复垦方案与矿山地质环境保护方案合并编报，这体现了系统修复、综合治理的思路。自然资源部于2019年发布的《关于探索利用市场化方式推进矿山生态修复的意见》，则完善了矿山生态修复约束激励并举机制。但现有的法规制度仍局限在以往单一层次的业务逻辑架构中，尚无法支撑或指导构建完善的矿山生态修复制度体系。

当前，矿山生态修复领域适用的法律主要有《中华人民共和国矿产资源法》《中华人民共和国土地管理法》《中华人民共和国环境保护法》，适用的法规有《土地复垦条例》及《土地复垦条例实施办法》（2019 年修正），一系列相关的法律法规及政策为矿山生态修复工作提供了一定的指导和依据，但仍存在明显的空白点和衔接不畅的问题，法规制度体系尚处于不够完善的状态，这些法规往往侧重于某一具体方面或环节，难以全面覆盖矿山生态修复的全过程、各环节，导致在实际操作中缺乏系统性和连贯性。同时，随着矿山生态问题的日益复杂化和修复技术的不断创新，矿山生态修复的内涵与外延不断扩大，现有的法规制度体系缺乏针对复杂生态问题和新兴修复技术的具体指导与规范，难以有效应对和解决新出现的问题。这在一定程度上限制了矿山生态修复工作的有效推进和成效提升，也影响了矿山生态环境的持续改善和可持续发展。

2. 矿山生态修复监管机制仍不健全

《矿山地质环境保护规定》明确要求县级以上自然资源主管部门应当建立本行政区域内的矿山地质环境监测工作体系，健全监测网络，实施动态监测，并指导、监督采矿权人开展矿山地质环境监测。同样，《土地复垦条例实施办法》也规定，县级以上自然资源主管部门应建立土地复垦信息管理系统，利用国土资源综合监管平台，动态监测土地复垦情况。然而，现实中往往出现的现象是监管机制尚未充分发挥其应有的作用。

当前，矿山生态修复工作仍处于多部门分散监管的状态。具体而言，自然资源部门负责矿区土地复垦和地质环境保护方案的评审备案以及土地复垦验收等工作；生态环境部门则专注于水土污染等环境问题的监管；而林业部门承担矿区植被恢复后期的监管职责。这种分散监管的模式影响了矿山生态修复工作的整体效果和效率，修复成果往往不尽如人意。加强部门间的协调合作，建立专门的矿山生态修复监管机构，已成为亟待解决的问题。

3. 矿山生态修复资金投入十分有限

针对历史遗留且责任主体不明的矿山，其生态修复资金主要依赖于政府财政拨款。然而，由于政府资金有限，部分矿山生态修复项目不得不简化实施，导致修复后的土地利用效率和其他资源利用率低下，形成了财政与土地资源的双重低效配置。2019 年，自然资源部发布了《关于探索利用市场化方式推进矿山生态修复的意见》，旨在通过激励措施，如促进矿山土地的综合修复与再利用、激活矿山闲置土地等，吸引社会资本参与。但鉴于各矿山自然条件与区域经济环境的差异性，这些激励措施在引导社会资本流入方面的成效尚显不足。

对于仍在运营中的矿山，现行的矿山地质环境恢复治理基金制度已替代了原有的保证金制度。根据 2019 年修正的《土地复垦条例实施办法》，土地复垦费用被整合进矿山地质环境治理基金中，实行企业自主管理。然而，一旦企业未能履行其修复义务或因经营失败而破产，该基金即被冻结，无法有效用于矿山生态修复，进而累积形成生态债务。

4. 矿山生态修复新技术推广应用较为欠缺

当前，矿山生态修复工作涵盖领域宽泛，监管任务艰巨且技术应用普及度不高，普遍存在重视末端治理而忽视全过程管理的现象，对矿山生态修复的效果与质量构成负面影响。监管层面，缺乏先进技术手段的有效支撑，导致监管效率低下，难以实现对矿山生态修复活动的全面、精准监控。

传统矿山生态修复技术主要聚焦于工程性措施，如边坡加固、地形重塑、地面平整等物理性修复手段，这些技术往往伴随着高能耗和较强的环境扰动性，且多以单一生态要素的恢复为目标，缺乏各生态要素间的有效协同与整合，难以实现生态系统功能的全面恢复。随着我国生态文明建设步伐的加快，生物性和化学性修复技术，如尾矿的资源化利用、微生物菌肥在土壤改良中的应用、尾矿堆场的生态覆土与农田化改造等，虽已取得一定研究进展，但其在实践中的推广与应用仍面临诸多限制，尚未形成广泛的规模效应。

（四）必要性与紧迫性

我国作为矿产资源丰富的国家，拥有悠久的矿产开发历史。然而，随着经济结构的不断转型，依赖矿产资源的传统发展模式逐渐淡出历史舞台，矿区经济发展陷入困境，矿山开采导致的生态环境问题一直存在且愈发严峻，矿山生态修复任务刻不容缓。

当前，我国众多矿山已对其周边生态系统和水源地造成了不同程度的损害，若不及时采取有效修复措施，将可能对区域生态安全构成重大威胁。同时，国家对环境保护的要求日益严格，迫切需要对各类污染源进行彻底治理。因此，加速推进矿山生态修复工作，不仅是保障生态环境质量的必然要求，也是实现节能环保目标的关键所在。

矿山生态修复成为解决矿产资源开发与生态保护之间矛盾的关键策略，伴随社会经济的进步，废弃矿山地下空间经恢复后可转化为高效利用的土地资源，展现出巨大的开发潜能。无论是从维护生态平衡的角度，还是从促进资源综合循环利用的立场出发，对废弃矿山进行更新再利用均显得尤为重要和迫切。

第二节 修复技术与方法

矿山生态修复是一项高度综合性的工程，融合了工程、法律、管理以及政策等多个维度的要求，具有复杂性、艰巨性和长期性的特点。在修复过程中，需综合考虑不同污染因素，从矿区除尘、地形处理、植被种植和水土保持等多个方面进行全面综合的恢复工作。按治理阶段的不同，可划分为基础工程技术、植被绿化技术和综合生态恢复技术。目前，我国矿山生态修复技术主要包括植被修复与生态重建、尾矿库治理与水土保持、土壤重构与污染控制技术。

一、植被修复与生态重建

（一）植被修复

对于矿山废弃地这类重金属污染较重的区域，植被修复发挥着关键作用。目前，主要通过植物吸收、植物挥发和植物固定3种措施进行重金属污染土壤的植物修复。在废弃矿山表面土壤中栽植适宜的植物，可以有效阻止水土流失，提高土壤物理化学性能，并改善生态环境。

选择适宜的植被进行修复是生物修复措施的关键技术之一，这一选择过程需基于对土壤物化、生化性质的深入分析，包括土壤pH值、含水量、通气性和氮素含量等因素，以确保所选树种和草种能够适应并改善土壤条件。应遵循以下原则：首先，植被应生长迅速、适应性强，且具有良好的抗逆性；其次，应优先考虑具有固氮能力的植被，以提升土壤肥力；再次，尽量选择当地的优良乡土树种和先锋植被种子，同时也可考虑引进外来速生植被；最后，植被修复不仅要考虑经济价值，更要注重其多种功能效益，如抗旱、耐湿、抗污染、抗风沙和耐瘠等。

草本植物和木本植物在植被修复中均可应用。草本植物能够优化土壤中的重金属含量，改善土壤生态状况，但一般生物量较小，适应性不强。而木本植物则具有较高的生物产量、较强的抗逆力和发达的根系，对土壤的固氮和重金属富集作用明显。因此，在矿山植被修复中，木本植物的应用越来越受到重视。

在碳中和背景下，植被恢复不仅是矿区土地复垦与生态修复的最终目标，也是发挥修复生态系统碳汇功能的重要一环。因此，需要研发兼顾生态效益和增汇效果的植被恢复技术，统筹生态修复、污染治理和固碳增汇。在筛选植被时，应兼顾环境适宜性和增加碳汇效果，避免盲目追求碳汇功能而导致修复不可持续。

(二) 生态重建

在全球经济一体化的背景下，矿山生态修复的目标也在不断更新和完善。新的目标体系包括生态修复、生态提质和生态增值3个方面，它们共同对矿山生态修复后的景观再造设计提出了更高、更全面的要求。不仅要致力于修复和改善生态环境、提升生态品质，还要积极孵化文化、旅游等绿色产业形态，将产业选择和生态环境紧密融合，努力探寻新的经济增长点。

自20世纪90年代以来，废弃矿山的改造问题逐渐受到学术界的关注，研究者们主要从生态设计学和景观规划设计学的角度进行深入研究。2004年底，我国首次提出了"国家矿山公园"的概念，将生态旅游和自然游憩功能纳入矿山公园的重要范畴。随着《关于探索利用市场化方式推进矿山生态修复的意见》等政策的出台，矿山土地的综合修复利用和旅游发展得到了国家层面的鼓励和支持，为生态旅游赋能矿山发展提供了明确的产业引导方向和坚实的保障性支撑。社会投资主体逐渐参与矿山生态修复工作，通过注入资金并结合文旅项目的开发，获取土地使用权和项目经营收益。

在矿山公园的生态景观设计中，紧密结合矿区的地形和自然条件，因地制宜地进行植物覆盖种植工作，使新景观与原有矿区的自然风光完美融合，共同构成了独具特色的矿山公园景观。

通过全面保护矿区的生态环境、历史文化遗产和人文景观，成功构建了保护与开发之间的良性互动机制。同时，妥善处理了矿山公园的旅游开发与生态环境之间的关系，确保了自然景观和历史文化的持久吸引力。

二、尾矿库治理与水土保持

(一) 尾矿库治理

对尾矿进行合理的综合利用，能带来显著的环境及经济效益：①从废弃物中进一步回收有价元素，不仅降低了成本，还可以减少环境污染；②作为二次资源制取新形态物质，不仅能变害为利，更能降低有毒、有害物质对人类造成的伤害；③用废石与尾矿作为井下采空区的充填材料不仅能节省费用，还能避免土地占压，又可减少水土流失源。

1. 尾矿库治理特点

尾矿库在使用过程中，会逐渐堆积起高达数十米乃至百米之巨的后期坝体，这些坝体主要由粗颗粒尾矿砂构筑而成，其物理和化学性质与排土场的废石存在明显的区别。不同矿山类型和选矿方法所产生的尾矿，其理化性质也各不相同，部分尾矿仍具有潜在的再利用价值，有待进一步回收处理。鉴于尾矿库多选址于山地或凹谷地带，这一地理位置使得取土运土工作尤为艰难，从而给尾矿库的复垦工作带来了极大的挑战。此外，尾矿库在形成大面积干涸湖床后，由于风蚀作用显著，容易引发"尾矿沙尘暴"，这不仅会严重污染当地环境，还会加剧水土流失。

基于尾矿库的这些特点，在复垦初期，往往以环保和景观改善为主要目标；而到了后期，则会根据尾矿库的最终复垦目标，转变为实业性复垦或半永久性复垦。若复垦后的土地用于农业生产，则需对覆盖尾矿库的土壤（包括植物根系可能延伸到的尾砂区域）进行严格的污染物检测，并进行农产品安全评估，以确保根据评估结果来确定合理的农业利用方式。

尾矿库的边坡稳定与水土流失控制是矿山环境和安全领域的重大问题。为了有效控制尾矿库可能带来的污染，通常采用原地治理的方法，包括挖高填低、放坡整平、排水处理、支挡防护以及覆土种植乔木（恢复植被的覆土厚度需达到至少10 cm）等措施。同时，还会撒播草籽，将尾矿库修复为林草地，以此消除潜在的地质灾害隐患，增加绿化覆盖面积，从而全面提升生态环境质量。

2. 尾矿库生态修复的限制因素

尾矿库固体废弃物不具备天然表土的特性，不利于植物生长，在一定程度上限制了尾矿库的生态修复，有以下4个因素。

（1）金属和其他污染物含量高

通常情况下，矿山固体废物中含有大量的铜、铅、锌、镉等重金属元素。当这些金属元素微量存在时，可作为土壤中的营养物质促进植物生长。但当这些元素超量共同存在时，由于毒性的协同作用，对植物生长危害很大。在一般情况下，可溶性的铝、铜、铅、锌等对植物显示出毒性的浓度为 $1\sim10$ mg/kg，锰和铁为 $20\sim50$ mg/kg。

（2）酸碱性强且变化大

多数植物适宜生长在中性土壤中，当固体废物中的pH值超过$7\sim8.5$时，呈强碱性，可使多数植物枯萎。当pH值小于4时，固体废物呈强酸性，对植物生长有强烈的抑制作用。这不仅是因为酸本身的危害，而且在酸性环境中，重金属离子更易变化而发生毒害作用。

（3）植物营养物质含量低

植物正常生长需要多种元素，其中氮、磷、钾等不能低于正常含量，否则植物就不能正常生长。矿山固体废物中一般都缺少土壤构造和有机物，不能保存这些养分，但堆放时间越长，固体废物表面层中有机物的含量就越高，对植物生长也就越有利。

（4）固体废物表面不稳定

由于矿山固体废物固结性能不好，很容易受到风、水和空气的侵蚀，尤其尾矿受侵蚀以后，其表面会出现蚀沟、裂缝，导致覆盖在尾矿和废石上的表土层破裂。由于重力作用，可能使表土层出现蠕动，使表土层稳定性降低，而这种表土层的不稳定性及位移，均会严重影响植物的正常生长。

3. 尾矿库修复

我国多数尾矿库选址于山区地带，这些地区原本土地资源就相对匮乏。历经长期的矿产开采，土源获取的难度日益加剧，尤其是在南方矿区，众多矿山已陷入土源枯竭的境地，不得不采取高昂成本购买耕地土壤作为替代。然而，这种做法非但未能构建可持续的土源供应体系，反而对我国宝贵的耕地资源构成了严重威胁，并给矿山企业增添了巨大的经济压力。鉴于此，亟须深入研究并开发创新的治理技术，旨在实现边坡的长期稳定，同时有效遏制尾矿对大气环境和水体的污染，以保障生态环境安全与矿山经济的健康发展。

（1）无覆土复垦

我国土地资源，特别是耕地资源，呈现出日益紧缺的趋势，尤其是在南方地区，众多矿山面临土源匮乏的严峻挑战，不得不采取购买耕地土壤的方式来弥补土源不足。这一现实困境，不仅揭示了无土复垦技术在矿山生态恢复中的迫切需求，也向科研领域提出了一个亟待解决的新型课题。

近年来，我国科研团队开展了一系列具有针对性的试验研究。通过跨学科合作，整合物理、工程力学、生物与环境工程学等多领域专业知识，致力于改善尾矿的种植基质，探索在不覆盖土层或仅添加少量土壤，甚至构建人工复合基质层等条件下，实现植被的有效重建与正常生长。

在稀土尾矿场的生态重建方面，我国已逐渐形成了不覆土重建的成熟模式。以福建长汀县稀土矿为例，该矿在尾矿场生态重建过程中，摒弃了传统的覆土方式，转而采用石灰中和酸性尾砂的方法，精心挑选了多年生糖蜜草、宽叶雀稗、象草等禾本科草本植物，以及板栗、马尾松等乔木树种。通过草木结合、高矮搭配、多种植物混种的群落配置，依据尾矿场局部地形的差异进行科学合理的布局。在尾矿场的坡地上，主要配置牧草混种，同时间种乔木和灌木，实行乔、灌、草相结合的植被恢复模式，以促进草地植被的迅速形成，有效控制水土流失，逐步培肥土壤，改善生态环境，为进一步发展林地植被奠定坚实基础。

（2）覆土复垦

在有土源的矿区，针对已平整的尾矿场地，可通过覆盖适宜厚度的土层来实施林农业复垦措施。对于尾砂中含有超量重金属离子的尾矿场地，在进行生态复垦作业时，除需采取必要的土壤改良手段外，还应视具体情况覆盖适当厚度的表土，通常建议覆盖层厚度不低于 0.5 m，以确保土壤质量满足林农业生产的基本要求。在南方等土源相对匮乏的地区，为有效利用有限的土地资源，建议采取表土剥离与单独存放的策略。在尾矿排放及疏干处理前，先将原地表富含养分的表层土壤进行剥离，并妥善保存。待尾矿场地完成必要的排水、固结及改良处理后，再将先前剥离的表土均匀覆盖于尾矿表面，以恢复土壤结构，提高土壤肥力，为后续的林农业种植提供良好基础。这一做法不仅有助于减少土壤污染风险，还能有效提升复垦地的生态恢复效果和农业生产潜力。

（二）水土保持

1. 全面规划，综合治理

矿区根据其功能布局可细分为居住区、采矿作业区、废弃矿石堆场区及运输通道区。针对各区域的具体特性，采取相应的管控策略。

居住区地势相对开阔，作为居民日常生活与休闲娱乐的核心区域，其生态治理的重点在于扩大植被覆盖面积。应通过科学规划，精选适应当地气候条件的植物种类进行规模化种植，以此提升区域植被覆盖率，优化生态环境。

采矿作业区地形复杂多变，坡度陡峭，给生态治理带来较大挑战。针对此区域，应采取构建围护设施与拦沙坝等工程手段，有效拦截并控制泥沙流动，防止因泥沙淤积过度而诱发水土流失及滑坡等地质灾害，确保采矿活动对周边环境的负面影响最小化。

废弃矿石堆场区通常紧邻矿山排水沟两侧，其治理策略侧重于构建稳固的拦挡坝体系，实施矿石定期转运，以减少矿石堆积对周边环境的压力。同时，应对拦挡坝周边区域进行环境净化处理，如铺设防尘网、增设洒水降尘设施等，以有效降低尘土污染。

运输通道区作为连接各功能区的纽带，其生态保护工作同样不容忽视。应重点加强护坡与护岸工程建设，提升道路边坡的稳定性与安全性。同时，在运输线路两侧实施绿化工程，选择适宜的植被进行种植，形成绿色屏障，既美化环境又有助于减少运输过程中产生的噪声与扬尘污染。

矿区各功能区的生态保护与控制策略应基于其特有属性进行科学规划与设计，确保各项措施既独立有效又相互协调，共同实现矿区的综合生态保护目标。

2. 因地制宜，因害设防

针对矿区水土流失的成因及其发展特性，需精准识别防控重点，并据此采取科学合理的防治措施。对于矿山生产过程中产生的大量废弃石料，必须依据相关规定进行分类存储，严禁随意堆放，以防占用耕地资源及破坏植被生态。合理构建挡土墙等水土保持设施至关重要，这些设施能在水土流失发生时及时拦截废弃石料，通过淤积作用减轻对植被的损害。

根据坡体的地质构造与分布特征实施分段截流工程，同时在坡面两侧进行植被恢复，提升植被覆盖率，以减少地表径流对坡面的过度冲刷。此外，还需加强排涝工作，确保地下排水管道畅通无阻，增强地面排水能力，避免因水流过大而导致泥沙淤积，从而保障人身安全及矿区安全。

3. 边坡稳定性治理

矿山地形地势情况复杂，针对不同类型的边坡，应选择不同的技术方法来营造种植空间，实现矿山生态复绿。目前，国内主要采用的边坡复绿技术方法包括覆土绿化、生态草毯绿化、鱼鳞坑覆土绿化、挂网喷播绿化、挡墙蓄坡绿化5种，见表4-1。

表 4-1 矿山废弃边坡类型

类型	地形特点	坡度范围	技术应用
a	稳定的土质边坡、软岩质边坡、卵砾石边坡	0～30°	覆土绿化
b	稳定的土质边坡、卵砾石或软岩质边坡	<35°	生态草毯绿化
c	岩质或土质边坡	30°～55°	鱼鳞坑覆土绿化
d		30°～70°	挂网喷播绿化
e	岩质边坡	50°～80°	挡墙蓄坡绿化

（1）覆土绿化。对于矿区内面积宽广、地势平坦且未受污染的区域，在整平处理后，可以直接进行土壤调配与覆盖，而回填土壤的厚度则需依据具体的土地利用规划来科学设定。

（2）生态草毯绿化。对于稳定的土质、卵砾石或软岩质边坡（坡度小于35°），可采用生态草毯绿化方式进行复绿。生态草毯是一种集植物纤维［主要由农业废弃物（秸秆）及天然椰棕材料构成］、结构定型网、富含营养元素的纸质基质、经过精心挑选的植物种子、高效水分保持剂以及肥沃土壤等多元组分于一体的高级水土保持工程材料。其制造工艺精湛，不仅确保了安装的便捷性与成本效益，而且显著提升了坡面对于雨水侵蚀的抵御能力，有效防止水土流失，同时展现出卓越的防风固土效能，是生态修复与绿化建设中的优选方案。

（3）鱼鳞坑蓄土绿化。对于30°～55°的岩质或土质边坡，可采用鱼鳞坑蓄土进行绿化。种植穴的设计呈现为鱼鳞状布局，这些穴坑通常依据坡面的自然凹陷而构筑，其外部边缘采用混凝土或石块以逐层向上砌筑的方式进行加固与界定。穴坑内部填充外来优质土壤（即客土），用以栽培适宜的植物种类，以达到生态恢复与绿化的目的。

（4）挂网喷播绿化。对于坡度陡峭、裸露岩石遍布、土壤贫瘠或酸化等极不利于植被生长的地段，可运用挂网喷播技术进行生态修复。该技术基于坡体结构稳定的前提，借助高压喷射设备，以空气为动力媒介，将精心配制的混合料均匀喷覆于目标区域，从而在坡面上构建一层致密的植被覆盖层。此混合料配比科学，主要包含改良营养土、高性能黏合剂、缓释肥料以及木质纤维等组分，旨在促进植物种子的萌发与生长，实现恶劣环境下的生态复绿目标。

（5）挡墙蓄坡绿化。针对坡度在 50°～80°之间、高度与陡峭程度均超出一般植被生长条件的岩质边坡，其自然条件下难以支持植物生长，可利用挡土墙与山体坡面之间形成的空间区域，于其间填充适宜种植的土壤（即改良种植土），并在此基础上进行植物的精心栽培与绿化作业。此方法旨在通过人工干预，为原本不适宜植被生长的陡峭岩质边坡创造适宜的生长环境，进而实现生态复绿与景观美化的双重目标。

三、土壤重构与污染控制

（一）土壤重构

在自然状态下，露天矿山历经自然演替过程恢复至原有生态平衡需耗时几十乃至上百年之久。相比之下，采用人工干预手段能显著加速露天矿山的生态修复进程，故而深入探究矿山生态修复技术显得尤为重要。土壤作为植物生长的基础，其物理化学特性及养分富足度对于露天矿山生态修复至关重要。当前，国内外在土壤改良与重构领域普遍采纳了物理性修复、化学性修复及生物性修复等多种技术手段。

1. **物理修复技术**

物理修复技术涵盖表土回填与客土覆盖两大核心策略。表土回填技术，作为一种高效的土壤修复方法，要求在露天矿山开采作业对地表生态造成不可逆影响之前，预先系统性地采集并妥善储存表层土壤（厚度约 30 cm）及其下的亚层土壤（深度范围 30～60 cm），在此过程中，需严密监控以避免土体结构受损及养分流失。待矿山开采活动完成后，经过科学改良的土壤将被精准回填至原址，以加速生态恢复进程。

当前，欧洲多国在露天矿山开采领域广泛实践了表土回填技术，并取得了显著的环境效益。众多学术研究成果一致证实，相较于未实施表土回填的区域，采取回填措施的矿区在生物多样性恢复速度与生态修复成效方面均展现出明显优势。

然而，表土回填技术亦面临一定的局限。该技术包含表土的预先采集、妥善储存以及后续的精准覆盖等多个复杂环节，不仅成本高昂，且管理难度极大。鉴于我国多数矿山位于山区，表层土壤资源匮乏，取土作业困难重重，部分矿区甚至面临无适宜土壤可取的局面。因此，表土回填技术的适用范围受限，仅适用于具备相应条件的矿区。对于不具备表土回填条件的矿区，则需积极探寻并应用其他更为适宜的土壤修复方案。

当矿山土层浅薄或土壤缺失时,客土覆盖技术成为一种可行的替代方案。该技术通过引入其他地区的土壤覆盖地表,并对引进土壤的理化性质进行科学改良,特别是添加有机肥、土壤动物及植物种子等,为矿区生态修复奠定坚实基础。在此过程中,可合理利用城市生活垃圾或工程建设产生的废弃土壤作为客土来源,以减少对其他区域土地资源的破坏。对于采矿活动形成的矿坑,可将粉煤灰作为覆盖材料,实现废物的资源化利用。粉煤灰上再覆盖约 30 cm 厚的土壤层,有利于植物生长,生态修复效果显著。然而,客土覆盖与表土回填技术同样面临土源选择、覆土厚度与方式确定等难题,因此其使用范围亦受到一定限制,更适用于生态破坏严重但面积相对较小的矿区。

2. 化学修复技术

化学修复技术是一种通过向土壤中引入特定化学成分,促使其与重金属离子发生化学反应,旨在降低土壤重金属浓度、减轻土壤毒性、调节酸碱平衡及提升土壤肥力等目的的修复策略。当前,化学修复技术主要包括以下 3 种方法。

(1) 施用有机肥以提升土壤养分含量。在露天矿山生态修复的初始阶段,补充营养物质能显著提升植被覆盖率,从而增强修复效果,尤其适用于表土受损严重的矿区。据学者实验数据,每平方米施加约 8 kg 石灰与 10 kg 有机肥,不仅能有效调节土壤 pH 值、电导率及重金属含量,还能显著加速植物种子的萌发进程,并增加生物量。有研究表明,添加石灰石不仅能改善尾矿的 pH 值、降低电导率,还能有效预防尾矿酸化现象。

(2) 施加含钙化合物以缓解金属毒性。研究表明,重金属离子在含钙离子 (Ca^{2+}) 溶液中其毒性趋于中和,如 Ca^{2+} 能显著降低铬酸盐的毒性。另有研究指出,Ca^{2+} 能减少植物对重金属的吸收。此外,土壤中添加石灰能与部分重金属反应生成氢氧化物,不仅能改善土壤的 pH 值,还能通过重金属与钙离子的共沉淀作用降低重金属含量。因此,对于 Ca^{2+} 含量较低的露天矿山,可通过添加碳酸钙($CaCO_3$)或硫酸钙($CaSO_4$)来缓和重金属毒性;对于碱性矿区,则可采用石膏、硫黄等进行改良。

(3) 精准调节土壤 pH 值。大多数矿山废弃地存在酸碱化倾向。对于碱性土壤,宜采用硫酸亚铁及硫酸氢盐等物质改善,利用二水硫酸钙($CaSO_4 \cdot 2H_2O$)将土壤中的钠离子替换成钙离子,增强水的渗透能力。对于酸性土壤,分次适量投入碳酸氢盐与石灰,重金属氢氧化物的溶解度仅次于硫化物,加入的石灰使重金属形成氢氧化物,提升 pH 值,同时,可减少重金属离子在土壤中的移动及在植物体内的富集。

3. 生物改良技术

目前,常用的生物改良技术主要包括植物改良、微生物改良和土壤动物改良。

植物改良技术,即利用特定植物来清除、转化或降低露天矿山土壤中的重金属含量，并逐步改善土壤理化性质，同时恢复矿区原有生态环境及改善局部气候的方法。迄今为止，已发现超过 700 种对重金属具有改善作用的植物。例如，有学者通过试验发现，在 Cd 离子浓度为 0.35 mg/kg 的土壤中，香根草能吸收高达 220 g/hm^2 的 Cd 离子，展现出极强的重金属吸收能力。此外，固氮植物与绿肥植物也被认为能有效改善露天矿山土壤的理化性质。豆科植物与根瘤菌的共生关系能将空气中的氮气转化为土壤中的有效氮，从而提高土壤养分含量。研究表明，豆科植物与绿肥植物能在污染较重的土壤中生长，其固氮作用能显著提升土壤氮含量，尤其是具有根瘤或茎瘤的一年生豆科植物，展现出较强的耐重金属与耐贫瘠能力，可作为先锋植物用于生态修复。植物改良技术作为一种新兴的露天矿山生态修复技术，具有低投入、可持续的绿色修复特点。

微生物改良技术通过微生物的新陈代谢活动降低土壤中毒性物质的浓度，加速露天矿区土壤的改良进程，同时改善土壤性质，促进人工基材向农田土壤转化，缩短植被恢复时间。国外相关研究发现，美国在接种 VA 菌根菌后，植物的生长发育状况得到显著改善；俄罗斯则成功将磷钾菌肥与复合肥技术应用于植被恢复中。尽管微生物改良技术有效，但其修复周期较长，尤其不适用于极端贫瘠的地区。

土壤动物改良技术在改善土壤结构、提高养分含量及分解植物残体等方面发挥着关键作用，同时扮演着消费者与分解者的角色。英国通过对"蚯蚓与土壤形成"的研究发现，蚯蚓不仅能改善土壤结构，其排泄物还能有效促进植物生长发育。此外，蚯蚓还能改良土壤的理化性质，并吸收降低土壤中的重金属含量，实现可持续利用的效果。然而，土壤动物改良技术需在植物改良取得一定成效后实施方能获得成功，且修复周期也相对较长。

常用的土壤重构方法在露天矿山生态恢复中展现出广阔的应用前景，但各类技术均存在其适用条件与限制，需根据矿区实际情况科学选择并优化组合，以实现生态与经济效益的最大化。

（二）污染控制

1. 大气污染控制

大气污染控制在采矿活动中至关重要，具体措施包括但不限于以下几点。

植被处理与燃烧管控。在采矿过程中进行地面植被清理时，必须严格执行禁止燃烧植被的规定，以防止有害气体排放和空气污染。

道路粉尘控制。运输剥离土的道路，应采取洒水或其他有效措施以减少粉尘产生，确保空气质量不受影响。

设备与作业粉尘管理。勘探、采矿及选矿作业中所使用的设备，必须配备粉尘收集系统或降尘设施，以减少粉尘排放。

矿物堆场与临时料场管理。矿物堆场和临时料场应采取有效的防止风蚀和扬尘措施，如覆盖、围挡等，以减少粉尘对周边环境的影响。

天然气井测试与排放管理。天然气井的选点测试放喷作业应远离居民区和建筑物，以降低对居民生活的影响；排放的气体必须点燃焚烧，以防止有害气体直接排至大气中。

伴生气与有毒有害气体处理。在煤炭、石油、天然气开发过程中产生的伴生气或其他有毒有害气体，应进行综合利用或无害化处置。若确需排放，必须严格遵守《煤气层（煤矿瓦斯）排放标准》（GB 21522—2024）等国家标准或地方排放标准，确保排放物达到环保要求。

2. 水污染治理控制

采矿活动中，充分且高效地利用矿井水、选矿废水和尾矿库废水，避免或减少废水外排，是保障矿区水环境质量和促进水资源循环利用的关键措施。为确保废水排放达标并提升水资源利用效率，应遵循以下专业且系统的管理策略。

（1）废水排放与水质标准

矿山采选的各类废水排放需严格遵循《污水综合排放标准》（GB 8978—1996）等标准要求，确保废水中的污染物浓度控制在允许范围内。

矿区水环境质量应达到《地表水环境质量标准》（GB 3838—2002）、《地下水质量标准》（GB/T 14848—2017）等标准，保障矿区及周边区域的水环境健康。

若污废水经处理后拟用于农业灌溉或渔业养殖，则需符合《农田灌溉水质标准》（GB 5084—2021）、《渔业水质标准》（GB 11607—89）等农业用水水质标准。

对于已实施清洁生产认证的企业，其废水污染物排放与废水利用率还需满足《清洁生产标准　铁矿采选业》（HJ/T 294—2006）、《清洁生产标准　镍选矿行业》（HJ/T 358—2007）、《清洁生产标准　煤炭采选业》（HJ 446—2008）等清洁生产标准的相关要求，推动矿山生产的绿色转型。

（2）废水处理与循环利用

悬浮物分离。采用重力分离法，利用废水中悬浮物在重力作用下的自然沉降特性，实现悬浮物与水的有效分离，如选矿厂的尾砂坝即为此类应用的典型。

采用过滤法，通过带有过滤孔的介质（如格栅、筛网、石英砂、尼龙布等）对废水进行过滤，进一步去除悬浮物，提升水质。

含酸废水治理。中和法为治理矿山酸性水的主要手段，包括酸碱水中和与投药中和两种方式。酸碱水中和适用于同时存在酸、碱废水的场合，实现以废治废。投药中和则通过向酸性废水中投加碱性药剂（如石灰、电石渣等），使废水 pH 值达到中性或接近中性，适用于处理不同性质、不同浓度的酸性废水。酸性废水的处理，除采用中和法外，还可探索沉淀法、微生物法、膜分离法等先进处理技术，提高废水处理效率和资源回收率。

含氰废水处理。提取金属时产生的含氰废水，可采用综合回收、尾矿池净化及碱性氯化等方法进行处理。综合回收法旨在从废水中回收氰化钠，实现资源循环利用；尾矿池净化法则利用尾矿的自然净化能力，降低废水中的氰化物浓度；碱性氯化法则通过向废水中投放漂白粉或液氯，将氰化物转化为无害物质。

放射性废水管理。对于放射性废水，目前尚无完全根治的方法，主要采用储存和稀释策略，以降低放射性物质的浓度和危害性。高水平废液需储存在地下深处，确保与外界环境有效隔绝，防止放射性物质泄漏。

(3) 废水循环利用与资源化管理

矿井水和露天采矿场内的季节性、临时性积水，应经过沉淀、过滤等预处理措施，去除污染物后，优先用于矿山生产用水、灌溉或其他非饮用水用途，实现水资源的最大化利用。

第三节 成功案例与经验分享

一、国内典型矿山生态修复项目

近年来，我国对于矿山废弃地下空间的利用模式，以工业采矿遗迹以及生态修复为主题的博物馆、主题公园居多。

（一）寻乌废弃矿山综合治理与生态修复项目

1. 项目概况

江西省寻乌县素有"稀土王国"之称，20 世纪 70 年代末以来，寻乌稀土开发生产为国家建设和创汇做出重大贡献，但由于当时生产工艺落后和不重视生态环保等原因，遗留下废弃稀土矿山约 $14~\text{km}^2$，矿区内植被破坏、水土流失、河道淤积、耕地淹没、水体污染、土壤酸化等生态环境问题十分突出。近年来，寻乌县投入 9 亿多元对文峰乡的废弃矿山进行生态修复，通过对山上山下、地上地下、流域上下同时治理，项目建设已成为南方废弃稀土矿山治理修复的典型示范，为山水林田湖草综合治理与生态修复试点打造了全国示范样板（图 4-1）。

2. 修复技术

在寻乌县废弃稀土矿山的生态修复过程中，项目团队面临复杂的地质和生态环

图 4-1　项目全景

境挑战，通过引入多种针对性强的技术和工艺，大大提高了修复效率和效果。

（1）截流引流技术

① 截水墙

原理：截水墙是一种垂直防渗设施，通过埋设在地下一定深度，阻断地下水向矿区外部的渗流，从而控制污染水体的扩散。

应用：在矿区地下水位较高或地下水污染严重的区域，项目团队采用截水墙技术，有效拦截了地下污染水体，为后续治理提供了基础。

② 水泥搅拌桩

原理：水泥搅拌桩是一种通过水泥浆与土体混合，形成具有一定强度和抗渗性的固化土体，用于提高地基承载力和抗渗性。

应用：在矿区边坡和地下水位较高的区域，项目团队利用水泥搅拌桩技术，加固了边坡，同时形成了有效的防渗屏障，防止地下水的进一步污染。

③ 高压旋喷桩

原理：高压旋喷桩是通过高压水流将水泥浆等固化剂注入土体内部，形成具有一定强度和抗渗性的固化土体。

应用：在矿区地下水位复杂、地质条件恶劣的区域，项目团队采用高压旋喷桩技术，对地下污染水体进行了有效的截流和引流，避免了污染水体的扩散和渗透。

（2）减污治理措施

① 生态水塘

原理：生态水塘是一种利用自然生态系统进行水质净化的设施，通过水生植物、微生物等生物作用，去除水体中的污染物。

应用：项目团队在矿区周边建设了多个生态水塘，将截流引流的地下污染水体引入其中，通过自然净化作用，提高了水质，减少了污染物的排放。

② 人工湿地

原理：人工湿地是一种模拟自然湿地生态系统的人工处理系统，通过植物、微生物和基质的共同作用，去除水体中的污染物。

应用：在矿区下游，项目团队建设了多个梯级人工湿地，对经过生态水塘初步净化的水体进行进一步处理。这些人工湿地不仅提高了水质，还增加了矿区的生物多样性，为矿区生态环境的恢复提供了有力支持。

同时，项目提出"生态＋"的建设理念，努力把"环境痛点"转变为"生态亮点"、"产业焦点"和"美丽景点"，上游重视绿水青山为主导的生态空间，中游建设以人为本的生活空间，下游拓展完善工业园区布局，提升园区绿色发展和循环利用水平，夯实工业发展基础。

3. 项目特色

项目采用了山上山下、地上地下、流域上下同时治理的综合方法，对废弃稀土矿山进行了全面的生态修复。这种方法不仅消除了地质灾害隐患，控制了水土流失，还通过改良土壤、恢复植被等措施，有效改善了矿区的生态环境。

该项目不仅为南方废弃稀土矿山治理修复提供了典型示范，还为山水林田湖草综合治理与生态修复试点打造了全国示范样板。文峰乡石排连片稀土工矿废弃地开发出 7 000 亩工业用地，吸引恒源科技等 50 多家企业入驻，新增就业岗位近万个，年直接收益 5 亿多元。已治理的废弃矿区建成高标准农田 1 800 亩，种植了 5 600 亩油茶、百香果、猕猴桃、竹柏等经济作物，经济效益显著。

（二）东部草原区大型煤电基地生态修复与综合整治项目

1. 项目概况

东部草原区煤电基地坐落于内蒙古东部，嵌于国家"两屏三带"生态格局的北部关键区域。该区域坐拥丰富的煤炭资源，年产能超 4 亿 t，电力装机容量约 2 000 万 kW，占东北煤电供应的三分之一。近年来，随着资源开采过度、畜牧业快速发展及城市化进程加速，东部草原区面临着草地面积缩减、质量下滑、植被受损、水土流失加剧及地下水位降低等严峻挑战，严重削弱了其作为东部能源保障与生态安全屏障的功能。

国家在"十三五"重点研发计划中率先启动了"典型脆弱生态修复与保护研究"专项，并特别设立了"东部草原区大型煤电基地生态修复与综合整治技术及示范"项目，执行期为 2016 年至 2020 年。项目聚焦矿区土地整治、植被恢复、土壤重构及景观生态恢复等核心生态修复技术，致力于构建一套以保障国家能源安全与区域生

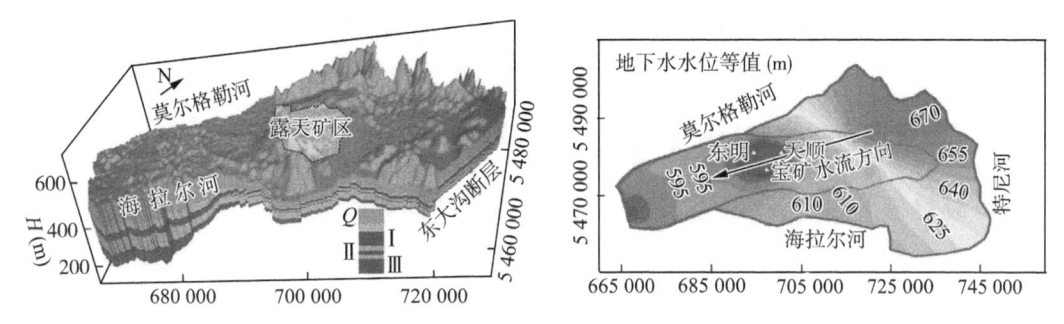

态安全为目标的煤电基地开发综合技术体系及生态调控模式（图4-2）。

图4-2 呼伦贝尔宝日希勒露天矿区地下水流场仿真示意图

2．修复技术

（1）生态减损型采排复一体化技术

该技术体系注重在煤炭开采过程中减少生态损伤，实现采、排、复一体化。通过优化开采方式、减少废石排放、实施边坡整形等措施，降低开采活动对生态环境的破坏。同时，该技术还注重土壤重构和植被恢复，采用本土植被种类进行绿化，提高植被覆盖度和生物多样性。

（2）地面和地下相结合的露天矿立体储水技术体系

针对煤电基地开采过程中产生的矿坑水问题，该项目构建了地面和地下相结合的露天矿立体储水技术体系。通过建设地下水库和地面水库，实现矿坑水的"冬储夏用"，有效解决了水资源浪费和环境污染问题。该技术体系还注重水资源的循环利用和生态保护，通过水质净化、生态补水等措施，提高水资源的利用效率和生态环境质量。

（3）土壤提质增容有机生物改良技术

针对煤电基地开采过程中造成的土壤污染和退化问题，该项目采用了土壤提质增容有机生物改良技术。通过添加有机物质、微生物菌剂等措施，改善土壤理化性质，提高土壤肥力和生态功能。该技术还注重土壤生态的恢复和保护，通过种植本土植被、构建生态网络等措施，提高土壤的生态稳定性和生物多样性。

（4）多尺度协同提升关键技术

该项目还注重多尺度协同提升关键技术的研究与应用，包括牧矿景观交错带生境保护与修复技术、景观生态功能提升技术、生态稳定性提升技术和生态安全调控及保障技术等。这些技术旨在从多个层面和角度提升煤电基地的生态环境质量，实现生态、经济、社会的协调发展。

3．项目特色

该项目成果广泛应用于大型煤炭基地的露天与井工开采生态修复、水资源保护利用，特别是在东部草原区干旱半干旱、酷寒环境下的生态修复与综合整治。项目首倡煤炭基地开发系统减损与生态修复模式，构建了关键技术体系，为我国大型煤炭基地生态安全提供了实践方案，并成功建立了东部酷寒半干旱草原区生态修复技术集成示范区。

（三）邹西产煤塌陷区土壤修复工程案例分析

1. 项目概况

邹西产煤塌陷区位于山东省济宁市邹城市，山东省有着煤炭行业排名第一的山东能源集团，以"孔孟之乡、运河之都、文化济宁"著称的济宁市煤炭资源丰富，年产原煤约5 000万t，居全省产量前列，是国家重点支持鲁西煤炭基地的主要组成部分。济宁市煤炭区主要分布在任城、兖州、邹城，包括兖州煤田、济宁煤田。截止到2023年，济宁市由于采煤塌陷地损毁的耕地面积超过4.7万hm^2，占全省塌陷地总面积50%以上。在此背景下，开展邹城采煤塌陷区的环境治理，对地区经济社会可持续发展具有深远的意义。

邹城市邹西产煤塌陷区综合治理PPP项目在2018年12月29日顺利通过国家级湿地公园验收，2020年11月6日被国家自然资源部纳入《生态产品价值实现典型案例》，为山东省唯一纳入该案例的项目。本工程是以采煤塌陷区治理、地质灾害搬迁、生态产业发展为核心的"绿心"工程，将采煤塌陷区修复为提供生态产品，促进经济发展的自然生态系统，加速黑色经济向绿色经济转型，走出了一条颇具特色的生态治理及生态产品价值实现之路（图4-3）。

图4-3 项目修复后情况

2. 修复技术

(1) 塌陷地形灾害治理措施

开采塌陷造成的地表附加坡度主要采用平整土地与土壤翻耕方法修复。采用机械或人工挖方取土，按照不同的耕作条件，进行填挖平衡。在土地平整方面，施工人员会采用挖掘和填充的方式，对采煤塌陷区进行仔细平整。通过移除多余的土壤和石块，填平低洼地带，使土地表面达到适宜农作物生长或植被恢复的状态。

土壤翻耕则是为了提高土壤的通气性和保水性。在翻耕过程中，土壤会被深耕，以松动土层，打破土壤中的板结和根系，使土壤更加疏松。这样，植物的根系能够更好地扎入土壤，吸收养分和水分。同时，翻耕还能促进土壤中有益微生物的繁殖，为植物的生长提供良好的土壤环境。

宜林、宜草地的采矿塌陷区不进行大规模平整，可沿等高线将地整成水平台阶、水平沟或鱼鳞坑。水平台阶为带状分布，破土面与坡面构成一定角度，阶面的断面水平，或者稍向内倾斜，界面宽 0.5～1.5 m；阶长依地形而定；阶间距 1.5～2.0 m，有埂或无埂。水平沟为短带状，破土面低于坡面，形成断面为梯田的沟，沟宽 1.5～1.0 m，沟长 4～6 m，沟间距 2～2.5 m；有埂处，埂顶宽 0.2 m。鱼鳞坑从坡顶到坡脚每隔一定距离成排地挖月牙形坑，每排坑均沿等高线挖。上下两个坑应交叉而又互相搭接，成"品"字形排列。等高线上鱼鳞坑间距为 1.5～3.5 m（约坑径的2倍），上下两排坑距为 1.5 m，月牙坑半径为 0.4～0.5 m，坑深为 0.4～0.6 m，挖坑取出的土，培在外延筑成半圆埂，以增加蓄水量。埂中间高、两边低，使水从两边流入下一个鱼鳞坑。表土填入挖成的坑内，坑内种树。

宜耕地的采矿塌陷区要通过工程措施使采煤塌陷区耕地尽量成片，地形高差处理满足以下要求：平坦区的旱作耕地平整复垦后，满足灌水均匀的要求，局部起伏高差控制在≤±5 cm，地面坡角≤5°；修整为梯田的耕地，梯田沿等高线方向延展，等高线方向的田面倾角≤3°，垂直等高线方向田面应为水平略内倾，倾角≤1°；梯田田坎高度应＜3 m，坎坡脚 70°～80°。塌陷旱作耕地复垦土地平整与土壤翻耕之前应将 20～30 cm 的熟土剥离存放，并加以覆盖，待土地平整后，再均匀覆盖在耕地表面。

(2) 土壤覆盖与改良技术

在采煤塌陷区的生态修复与治理中，土壤覆盖与改良是两个至关重要的环节。它们通过恢复土壤的结构和功能，为植被的生长提供良好的基质条件，进而实现生态的逐步恢复和土地的可持续利用。

土壤覆盖是采煤塌陷区生态修复的首要步骤。由于采煤活动对土壤造成了严重的破坏，土壤层被破坏、压实，土壤肥力大幅下降，保水能力减弱。因此，在采煤塌陷区进行土壤覆盖，可以有效地提高土壤的肥力和保水性，为植被的生长提供良好的条件。在土壤覆盖的过程中，应根据塌陷区的实际情况，选择适宜的土壤类型和覆盖方式。一般来说，选择肥沃、疏松、透气的土壤，并采用覆盖厚度适中的方式进行覆盖，以达到最佳的效果。在采煤塌陷区，由于土壤受到严重的破坏和污染，土壤中的有机质、养分和微生物数量大幅减少，土壤肥力低下。因此，需要对土壤进行改良，可以有效地提高土壤的肥力和保水性，为植被的生长提供更好的条件。土壤覆盖与改良是相辅相成的两个环节，它们共同构成了采煤塌陷区生态修复的重要基础。通过合理的土壤覆盖和改良，可以有效地恢复土壤的结构和功能，提高土壤的肥力和保水性，为植被的生长提供良好的条件。同时，这两个措施还可以减少水土流失、防止土壤侵蚀、提高土地的利用率和生态价值，为采煤塌陷区的生态恢复和可持续发展奠定坚实的基础。

该项目覆土厚度为 1.0~2.0 m。底部先用块径 20~40 mm 的煤矸石、土、粉煤灰、石膏、有机肥、保水剂铺 0.1 m 厚；然后用≤20 mm 的煤矸石、土、粉煤灰、木醋液、有机肥、保水剂铺 0.3 m，再用土、粉煤灰、磷石膏、农家肥、豆科植物秸秆铺设 0.3 m，增加土层保水能力和孔隙度，降低土壤 pH 值；最后覆一层厚 0.3 m 的料熟化程度高、腐殖质和有机质成分高的客土或者原来的土壤，改善土壤肥力。

煤矸石等采煤附属物的治理方式中，加热降解法处置成本较高，非必要不建议使用；采用覆土自然降解方法，覆土厚度需隔绝煤矸石降解过程发热对植物的影响。该项目根据植物根系生长深度选取不同覆土厚度，乔木部分覆土厚度不小于 2 m，地被灌木不小于 1 m。项目北侧有一处巨型矸石堆（山），也是采用这种治理方式，治理效果明显。

（3）植物修复技术

采煤塌陷区土壤条件复杂，包括土壤结构破坏、养分流失、重金属污染等问题。因此，在选择植物种类时，需充分考虑植物的适应性、抗逆性和生长周期等因素。草本植物（如苜蓿、狗尾草等），具有较强的生长能力和根系发达的特点，能有效吸收土壤中的重金属和营养物质，同时改善土壤结构；灌木（如沙棘、胡枝子等），具有耐贫瘠、耐旱、耐盐碱等特性，能够在恶劣的土壤条件下生长，为草本植物提供良好的生长环境。在植物种类搭配上，通过合理搭配草本植物和灌木，可以实现植物的共生和互利，提高土壤的生物活性和修复效果。

邹城采煤塌陷区树种选择要兼顾绿化、美化、挡风、防治水土流失等多项功能。因此，邹城采煤塌陷区树种优先选用乡土树种，乡土树种对当地土壤、气候的适应性强，可提高造林成活率，而且苗木来源多，并可体现地方特色。邹城采煤塌陷区生态环境脆弱，存在不利于植物生长的因素，如土壤板结、贫瘠，气候干旱等，故应选择抗逆性强的树种。荒地造林、防风固土是其主要功能，为了满足防风固土的需要，宜选择根系粗壮，下扎较深的树木品种。同时，根据邹城采煤塌陷区土层较厚但降水较少、灌溉困难、土壤贫瘠的实际，应选择耐旱、耐贫瘠的乔、灌木，选择乔、灌、草混交的种植模式，提高林地的生态功能。

空间配置要科学合理，项目设计为带状混交灌木，带宽 3~5 m，带与带间距 30~50 m，灌木带带间种植乔木，乔木采取等行不等距的行列式栽植。部分地段也可视情况采取乔木、灌木成片栽植的方式，每片规模大约在 30~40 亩。成片林地种植密度可分为密林种植和疏林种植两种，密林种植郁闭度 0.7~1.0，疏林种植郁闭度 0.4~0.7。本项目采取疏林种植，种植郁闭度选择在 0.5~0.6 之间。乔木与灌木要采取片状混交或带状混交和行列式栽植方式，避免杂乱配置。为便于管理和外观整齐，同类树种规格上要统一。

3. 项目特色

该项目是针对采煤活动结束后地表塌陷造成的地质搬迁灾害以及对采煤活动造成的土壤污染进行生态治理，主要的治理方式可分解为地质地貌治理、土壤指标治理、污染物集中处置。在土壤指标达到基本种植条件后，以植物为催化剂，通过植物生长循环，加速土壤的治理速度。

二、国外典型矿山生态修复项目

（一）美国帕默顿锌矿植被修复工程

1. 项目概况

美国帕默顿锌矿植被修复工程是一项针对重金属污染地区的生态恢复项目。该地区曾因锌矿开采而遭受严重污染，土壤中的重金属浓度极高，对环境和人类健康构成严重威胁。1991 年，相关部门开始进行植被重建，到 2006 年中期，近 526 hm² 的蓝山植被毁坏区、89 hm² 的矿渣堆和 16 hm² 的斯托尼峰植被毁坏区完成了植被重建。

2. 修复技术

（1）蓝山毁坏区植被恢复——施用生物固体改良剂＋喷播植物种子。1991—1995 年期间，施用石灰、碳酸钾、污泥和粉煤灰等生物固体改良剂结合抗性强的植物种子喷播，完成 344 hm² 的土地再植。之后，由于公众对污泥应用的一些负面认知，污泥被蘑菇和植物堆肥取代，完成其他区域植被修复。

（2）矿渣堆植被恢复——施用生态壤土改良剂＋喷播植物种子。将统称为生态壤土的市政污水污泥、电厂的粉煤灰或焚烧底灰、农用石灰石粉以及能迅速繁殖的草类、固土能力强的多年生草本植物种子（如百脉根等）混合在一起，喷播于矿渣堆。其中，污泥和粉灰的体积比为 2∶1，生态壤土以大约 150 t/hm² 的比率施用。

（3）斯托尼峰毁坏区植被恢复——施用改良剂＋喷播植物种子。为减少侵蚀和泥沙输移，工程使用蘑菇堆肥、石灰和肥料的混合物结合植物种子喷播，对 16 hm² 的土地进行植被重建。

3. 项目特色

将不同类型的土壤改良剂与植物种子混合喷播，可以实现平地、山地等多种地形的播种，植被建立情况良好。该项目的另一大借鉴意义在于，对土壤改良剂的成分和用量提供了详细数据，为今后开展矿山废弃地的植被修复工作提供了参考。

（二）日本国营明石海峡公园矿山生态修复

1. 项目概况

日本国营明石海峡公园坐落于兵库县，涵盖神户与淡路的多处公园及其配套设施。20 世纪 50—90 年代中期，该地为关西空港及大阪、神户沿海人工岛建设提供了大量砂石，导致约 140 km² 山体裸露，挖掘深逾百米。

自 20 世纪 80 年代起，兵库县着手规划该废弃矿区的生态恢复，原计划于 1998 年完成。然而，1995 年 1 月阪神·淡路大地震（震中位于淡路岛，邻近公园）致项目中断。震后，兵库县将公园恢复纳入地区复兴计划，旨在重振淡路及周边区域。从 1996 年工程启动到 2000 年左右，在整个淡路地区成功种植约 7 万棵苗木（图 4-4）。

图 4-4　明石海峡公园 1973—2003 年间景观变化

2. 修复技术

采矿区的生态恢复工作主要包括基质优化、植被复原及灌溉网络的建设。项目基地为由坚硬火成岩构成的35°平均坡度的斜面，考虑到极端环境条件，绿化委员会自1994年起启动了24万株苗木的种植项目，种植的植物均选用适应当地环境的本土幼苗。

关键的土壤培育步骤涉及在岩石上固定蜂窝状金属网格，随后填充新土并铺设草帘以保持土壤湿度。灌溉系统则通过每隔1 m铺设聚乙烯管道来实现。

针对降水量不足的问题，项目实施了地表水收集与再生水循环利用的策略。利用铺设在道路下方的管道收集雨水，并将其纳入再生水循环系统中，从而创造出广阔的景观水域。这一系统还与灌溉及废水处理流程形成了一体化的循环体系。

3. 项目特色

明石海峡公园堪称景观再生的典范，它在生态恢复的基础上精心设计与修复，将原本废弃的矿山用地转变为一个既促进人际交流又便于人与自然对话的空间。整个园区不仅成功恢复了生态环境，还兼具艺术观赏价值和休闲娱乐功能，完美诠释了"自然与人的和谐共生，以及人与人之间的友好交流"的主题。

三、经验总结与启示

矿山生态修复是一项技术密集型任务，其核心在于促进自然环境自我恢复与自然演替，重建生物链平衡，恢复自然风貌。这需要综合运用植物选育、基质配制、工程施工等多种技术手段，并横跨生态学、岩体工程力学、土壤肥料学、农学、生物学、园林学及工程机械学等多个学科领域，形成跨学科协同修复的新模式。

通过研究国内外典型矿山生态修复项目案例发现，将矿山生态修复与城市规划紧密结合，是提升修复工程综合效益、实现城市可持续发展的有效途径。这不仅能显著改善矿山区域的生态环境，提升居民生活质量，还能为城市带来显著的生态效益与社会效益。

未来矿山生态修复工作应更加注重与城市发展的深度融合，从城市规划的角度出发，科学规划，精心实施，力求实现矿山生态修复与城市发展的双赢。

第四节　结论与发展建议

随着采矿事业的不断发展，矿山生态环境的破坏与修复问题日益凸显，已成为社会各界广泛关注的焦点。采矿作业完成后，生态环境的修复往往需历经漫长周期，凸显出科学、系统且持续的矿山生态修复工作对于促进生态恢复、维护生态平衡及保障区域可持续发展的至关重要性。

采矿企业在开展生产活动时，必须将矿山生态环境的保护与修复置于首位，这不仅是实现人与自然和谐共生、环境可持续发展的关键路径，也是企业必须履行的社会责任。企业应积极探索并实践环境友好型采矿方式，力求最大限度减少对生态环境的负面影响。同时，加强矿山生态环境的修复力度，通过科学手段努力恢复受损生态，保护自然资源，促进生态平衡。

在具体实践中，将矿山生态修复与其他生态修复治理项目（如河道治理、土壤修复、水环境提升等）以及城市综合开发进行统筹考虑，以投资人的视角审视城乡发展，通过整体规划设计，推动生态环境改善与经济可持续发展并重。一方面，致力于打造绿水青山，提升生态环境质量；另一方面，发展产城经济，促进经济转型升级。通过这一系列的举措，实现生态环境与经济发展的良性互动，共同绘就人与自然和谐共生的美好图景。

未来，企业应深入研究相关行业政策，紧跟各级财政补贴细则，优先参与中央生态环境资金项目的申请，同时灵活运用多种融资工具，如绿色债券、生态系统/环境服务付费、生物多样性补偿（生态银行）、生态转移支付、可交易配额、回购协议等，将公益性和经营性项目综合打包。深度整合并充分联动矿山生态修复业务上下游产业链的相关资源，在深耕建设绿色矿山领域的基础上，不断拓展矿山生态修复业务板块，积极推动并全力助力矿山生态环境的保护与修复工作。

参考文献

[1] HOLMES P M, RICHARDSOND M. Protocols for restoration based on recruitment dynamics, community structure, and ecosystem function: perspective from South African fynbos[J]. Restoration Ecology, 1999, 7(3): 215-230.

[2] 王志宏, 李爱国. 矿山废弃地生态恢复基质改良研究[J]. 中国矿业, 2005, 14(3): 24-25+29.

[3] YE Z H, WONG J W C, WONG M H. Vegetation response to lime and manure compost amendments on acid lead/zinc mine tailings: a greenhouse study[J]. Restoration Ecology, 2000, 8(3): 289-295.

[4] 王婧静. 金属矿山废弃地生态修复与可持续发展研究[J]. 安徽农业科学, 2010, 38(15): 8082-8084+8087.

[5] SHEORAN V, SHEORAN A S, POONIA P. Phytomining: a review[J]. Minerals Engineering, 2009, 22(12): 1007-1019.

[6] 魏远,顾红波,薛亮,等.矿山废弃地土地复垦与生态恢复研究进展[J].中国水土保持科学,2012,10(2):107-114.

[7] CHEN H M, ZHENG C R, TU C, et al. Chaudhry. Chemical methods and phytoremediation of soil contaminated with heavy metals[J]. Chemosphere, 2000, 41(1-2):229-234.

[8] MENDEZ M O, MAIER R M. Phytostabilization of mine tailings in arid and semiarid environments—an emerging remediation technology[J]. Environmental Health Perspectives, 2008, 116(3):278-283.

第五章　建筑固废与生活垃圾处理处置技术

第一节　相关政策情况

我国是世界上固体废物产生量最大的国家之一，面临着固体废物污染环境防治的严峻挑战。为此，国家出台了一系列政策法规，推动固废处理行业的发展。1995年10月30日颁布《中华人民共和国固体废物污染环境防治法》历经2004年、2020年2次修订，2013年、2015年、2016年3次修正，截至目前共九章节一百二十六条。法规的颁布对我国固废处理提出了更高的环保要求，推动了行业的规范化、标准化发展。

《2030年前碳达峰行动方案》提出，提高矿产资源综合开发利用水平和综合利用率，以煤矸石、粉煤灰、尾矿、共伴生矿、冶炼渣、工业副产石膏、建筑垃圾、农作物秸秆等大宗固废为重点，支持大掺量、规模化、高值化利用；到2025年，大宗固废年利用量达到40亿t左右，生活垃圾资源化利用比例提升至60%左右。

《"十四五"时期"无废城市"建设工作方案》提出，"十四五"期间推动100个左右地级及以上城市开展"无废城市"建设。

《关于加快推动工业资源综合利用的实施方案》提出，到2025年，大宗工业固废的综合利用水平显著提升，大宗工业固废综合利用率达到57%；在京津冀及周边地区，建设一批全固废胶凝材料示范项目和大型尾矿、废石生产砂石骨料基地等。

《"十四五"城镇生活垃圾分类和处理设施发展规划》提出，有序推进厨余垃圾处理设施建设，开展库容已满填埋设施封场治理等措施；到2025年底，全国城市生活垃圾资源化利用率要达到60%左右。

《中华人民共和国国民经济和社会发展第十四个五年规划和2035年远景目标纲要》提出，要全面提高资源利用效率，推进废物循环利用和污染物集中处置，加强大宗固废综合利用和废旧物品回收设施规划建设。

一、生活污水收集处理及资源化利用设施建设水平提升行动

加快建设城中村、老旧城区、城乡接合部、县城和易地扶贫搬迁安置区生活污

水收集管网，填补污水收集管网空白区。开展老旧破损污水管网、雨污合流制管网诊断修复更新，循序推进管网改造，提升污水收集效能。因地制宜稳步推进雨污分流改造，统筹推进污水处理、黑臭水体整治和内涝治理。加快补齐城市和县城污水处理能力缺口，稳步推进建制镇污水处理设施建设。结合现有污水处理设施提标升级扩能改造，加强再生利用设施建设，推进污水资源化利用。推进污水处理减污降碳协同增效，建设污水处理绿色低碳标杆厂。统筹推进污泥处理设施建设，加快压减污泥填埋规模，提升污泥无害化处理和资源化利用水平。强化设施运行维护，推广实施"厂—网—河（湖）"一体化、专业化运行维护。

二、生活垃圾分类处理设施建设水平提升行动

加快完善生活垃圾分类设施体系，合理布局建设收集点、收集站、中转压缩站等设施，健全收集运输网络。加快补齐县级地区生活垃圾焚烧处理能力短板，鼓励按照村收集、镇转运、县处理或就近处理等模式，推动设施覆盖范围向建制镇和乡村延伸。积极有序推进既有焚烧设施提标改造，强化设施二次环境污染防治能力建设，逐步提高设施运行水平。因地制宜探索建设一批工艺成熟、运行稳定、排放达标的小型生活垃圾焚烧处理设施。稳妥推进厨余垃圾处理设施建设。规范开展库容已满生活垃圾填埋设施封场治理。改造提升现有填埋设施，防止地下水污染，加强填埋气回收。

三、固体废弃物处理处置利用设施建设水平提升行动

积极推动固体废弃物处置及综合利用设施建设，全面提升设施处置及综合利用能力。优化布局建设建筑垃圾中转调配、消纳处置和资源化利用设施，积极推进建筑垃圾分类及资源化利用，加快形成与城市发展需求相匹配的建筑垃圾处理设施体系。统筹规划建设再生资源加工利用基地，加强再生资源回收、分拣、处置设施建设，加快构建区域性再生资源回收利用体系，提高可回收物再生利用和资源化水平。支持开展"无废城市"建设的地区率先探索，形成可复制、可推广的实施模式。

四、危险废物和医疗废物等集中处置设施建设水平提升行动

强化特殊类别危险废物处置能力建设，加快建设国家和 6 个区域性危险废物风险防控中心、20 个区域性特殊危险废物集中处置中心。积极推动省域内危险废物处置能力建设，加快实现处置能力与产废情况的总体匹配。强化危险废物源头管控和收

集转运等过程监管，提升危险废物环境监管和风险防范能力。健全医疗废物收集转运处置体系，深化医疗废物处置特许经营模式改革，确保各类医疗废物应收尽收和应处尽处。

五、园区环境基础设施建设水平提升行动

积极推进园区环境基础设施集中合理布局，加大园区污染物收集处理处置设施建设力度。推广静脉产业园建设模式，鼓励建设污水、垃圾、固体废弃物、危险废物、医疗废物处理处置及资源化利用"多位一体"的综合处置基地。推进再生资源加工利用基地（园区）建设，加强基地（园区）产业循环链接，促进各类处理设施工艺设备共用、资源能源共享、环境污染共治、责任风险共担，实现资源合理利用、污染物有效处置、环境风险可防可控。

六、监测监管设施建设水平提升行动

全面推行排污许可"一证式"管理，建立基于排污许可证的排污单位监管执法体系和自行监测监管机制。严格落实生活垃圾焚烧厂"装、树、联"要求，强化污染物自动监控和自动监测数据工况标记，加强对焚烧飞灰处置、填埋设施渗滤液处理的全过程监管。完善国家危险废物环境管理信息系统，实现危险废物产生情况在线申报、管理计划在线备案、转移联单在线运行、利用处置情况在线报告和全过程在线监控。健全污水处理监测体系，强化污水处理达标排放监管。鼓励各地根据实际情况对污泥产生、运输、处理进行全流程信息化管理，做好污泥去向追溯。

第二节 固废的产生与危害

一、固废的来源与分类

（一）固废的来源

1. 生产过程

农产品的生产由种植业和畜牧业这两个基本行业组成，尽管它们均属仿自然生

态的生产过程，却仍然是固体废物的产生源。种植业产生以作物秸秆为代表的植物性残余物；畜牧业产生以畜、禽、鱼等的排泄物（粪便）为主的废物。

矿产品的开采则属于工业的一部分，其采集对象包括金属矿石、化石能源和建筑用岩土等。无论何种采集对象，在开采过程中均会产生废物，其中又以金属尾矿、煤矸石等为主。

原料的进一步加工亦属于工业生产过程，各种加工生产过程均为固体废物产生源。农产品加工过程中产生的典型固体废物有谷物外壳，动物毛、骨、内脏等；工业原料加工过程中的典型固体废物有金属冶炼渣、石油炼制渣等；在利用原料加工、制造、消费和生产装置时，同样产生固体废物，如生产产品时原料的残余物、废弃的生产装置等。

2. 消费过程

消费过程是绝大部分生产过程产品的利用终端，同样也是固体废物的产生源。

食品在食用前后均会产生餐厨、果皮类废物；易耗型的消费品，如衣服、鞋帽、照明灯具、洗涤用品等，在其有效使用期结束后，将成为固体废物；即使是家用电器、交通工具等耐用消费品，在超过使用期后亦成为固体废物。

现代商业物流的需要，使消费品包装日益普遍，废包装物几乎是各类消费品使用过程中必然产生的固体废物；而各种信息的物质媒介，如纸制报纸、杂志、书籍，记录声/像的磁盘、光碟等，废弃后同样是消费过程固体废物的重要来源。

（二）固废的分类

固体废物的分类方法不是唯一的。决定分类结果的依据是分类的准则，采用什么样的分类准则进行固体废物分类则取决于分类的目的。固体废物分类的目的主要包括两个方面：①引导固体废物处理与利用技术的选择；②为管理分工和管理方法提供依据。

根据这样的分类目的，目前已形成的固体废物分类准则主要有3种：按来源分类、按组成物料的性质分类、按危险性（毒害性）分类。

1. 按来源分类

固废分类较常用的是根据固体废物产生过程的类型进行划分。

按固体废物产生过程的类型分类，通常采用的认定方法为按行业认定。因此，在管理实践中通常演化为对固体废物的产生行业进行分类。这种方法是管理法规中最常用的固体废物分类准则。我国的固体废物管理法规对非危险废物即采用此准则，将固体废物分为工业固体废物、农业固体废物、生活垃圾、建筑垃圾。

2. 按组成物料的性质分类

固体废物按组成物料的性质分类，可遵循的分类准则包括外观、组成，以及物理、化学和生物性质等。

实际上，该分类准则多按物理组成分类。我国市容环境卫生行业将生活垃圾按物理组成分为厨余类、纸类、橡塑类、纺织类、木竹类、灰土类、砖瓦陶瓷类、玻璃类、金属类、其他（各种废弃的电池、油漆、杀虫剂等）和混合类（粒径小于 10 mm、分类困难的混合物）。

此外，还可以按可处理与利用性质分类。按照我国市容环境卫生行业对生活垃圾分类投放、收集、运输和处理时所采用的方法，可将生活垃圾划分为可回收物、有害垃圾、厨余垃圾和其他垃圾 4 大类。其中，各大类又可细分为多个小类，如可回收物包含纸类、塑料、金属、玻璃、织物，有害垃圾包含灯管、家用化学品、电池，厨余垃圾包含家庭厨余垃圾、餐厨垃圾、其他厨余垃圾。除了上述 4 大类外，家具、家用电器等大件垃圾和装修垃圾也要求单独分类。

3. 按危险性（毒害性）分类

按危险性（毒害性）分类，理论上是按组成物料的性质分类的一种，其依据是固体废物是否具有对存放环境的危险性和对人体的毒害性。其实施通常包含两种分类形式：第一种是按固体废物所具有的主要危险物性质分类，因此从原理上类似于固体废物按组成物料的性质分类方法；第二种是按危险废物的产生过程（途径）和产生类别分类。前者适用于各种来源的危险废物，后者主要适用于工业源的危险废物，其分类的结果即《国家危险废物名录（2025 年版）》。

在上述两种危险废物分类形式中，第一种分类主要用于一般性地分析危险废物的危险性特征；而第二种分类所形成的《国家危险废物名录（2025 年版）》是一种法规文件，在管理实践中可根据名录直接认定危险废物，并根据相应法规要求强制实施相关的管理措施。

二、危害性与处理需求

（一）固废危害性

1. 致病生物含量

固体废物致病生物含量一般采用测试指示生物数量的方法定义。固体废物致病生物的指示生物主要有大肠菌群（粪大肠菌群）、沙门氏菌、蛔虫卵和苍蝇卵等。

固体废物致病生物含量与其类别关联度很大。粪便（人和畜禽）和污水处理厂污泥是致病生物含量最大的类别，而绝大部分的工业固体废物几乎不含致病生物（发酵工业废渣细菌总数较大，但指示生物含量很低），生活垃圾总体上也是致病生物含量较低的废物。但是，有些地区有将如厕用纸投入垃圾的习惯，对生活垃圾中指示生物的数量有较大的影响。

2. 生物毒性

固体废物的生物毒性可分为急性毒性、慢性毒性等。其中,急性毒性是指供试生物一次或短期内多次/连续接触样品产生的急性中毒效应,慢性毒性是指供试生物长期反复接触样品产生的毒性反应或损害,"三致"(致畸、致突变、致癌)毒性即属于慢性毒性范畴,主要指对细胞遗传特性的损害。

(1) 急性毒性

急性毒性是危险废物的鉴别指标之一,常以致死效应为主要指标。

急性毒性检测最常用的水生动物为水蚤,毒性影响以水蚤运动阻碍率(在一定时间内的累计运动距离与对照组的比值)表示,以运动阻碍率与接触剂量的相关曲线报告测试结果。

急性毒性检测最常用的微生物为发光细菌,毒性影响以发光强度衰减率(接触微生物发光强度与对照组之比)表示,衰减率与接触剂量的相关曲线即可显示测试样品的毒性水平。

固体废物样品对植物的毒性可采用种子发芽率(样品接触种子发芽比率与未接触种子发芽比率之比)、幼芽生长率(样品接触幼芽生长长度与未接触幼芽生长长度之比)和发芽指数(当日的发芽数加权之和/发芽日数)来表示。样品与供试植物种子和幼芽的接触方式,通常采用固体废物提取液(提取方式类似前述的浸出程序)浸泡或润湿的方式,浸泡或润湿液一般为提取原液及其一系列不同比例的稀释液,以形成接触剂量梯度,通过得到的剂量与发芽率或幼芽生长率的关系来报告测试结果。

(2) "三致"毒性

"三致"毒性通过固体废物样品(通常为其提取液)与供试生物或其关键组织接触进行测试,指示指标为供试生物或其关键组织的变异率(与未接触的对照组比较)。

较早发展的一种"三致"毒性测试方法是污染物致突变性(Ames)试验。方法特征是选用特定的微生物物种作为供试生物。为了提高测试的敏感性,试验采用的提取液需经较复杂的分离与浓缩程序预处理,操作十分复杂。

近年来,随着分子生物学技术的普及,"三致"毒性测试已逐步应用 DNA 损伤检测和免疫分析技术等,预处理可以相应简化,测试的便利性已大为改善。

3. 环境危害

(1) 侵占土地

固废的产生速度相当快,许多城市利用大片的城郊边缘农田或土地进行堆放,堆积量越大,占用的土地就越多。这可能会导致农田及土地被侵占,影响后续生产及建设。

(2) 污染土壤和水体

土壤是许多细菌、真菌等微生物聚居的场所，这些微生物在土壤功能的体现中起着重要的作用，它们与土壤本身构成了一个平衡的生态系统，而未经处理的有害固体废物，经过风化、雨淋、地表径流等作用，其有毒液体将渗入土壤，进而杀死土壤中的微生物，破坏土壤中的生态平衡，污染严重的地方甚至寸草不生。有害固体废物随天然降水或地表径流进入河流、湖泊，造成水体污染。这些有害物质还可能渗入水网或污染地下水源，影响人体健康。

(3) 污染大气

固体废弃物中的干物质或轻物质随风飘扬，会对大气造成污染。焚烧法是处理固体废弃物目前较为流行的方式，但是焚烧将产生大量的有害气体和粉尘；一些有机固体废弃物长期堆放，在适宜的温度和湿度下会被微生物分解，同时释放出有害气体。

(4) 影响环境卫生

固体废物的不当处理会影响城市容貌和环境卫生，对人的健康构成潜在威胁。

(二) 固废处理需求

1. 源头控制

源头控制指的是通过固体废物产生前的干预措施，减少固体废物产生量或（和）降低其环境危害水平。源头控制的措施包括技术性的和非技术性的两个方面。

源头控制的技术性措施有生产工艺替代、清洁生产、电子化媒体和商务结算等。生产工艺替代是通过原材料替代，原材料冶炼、合成、分离等工艺方法的改进，以及加工制造工艺的设计优化，减少副产物的产生或产品单耗，达到废物减量和减毒的目的。例如，用超临界 CO_2 替代有机溶剂作为化学反应和分离的介质，可以大幅度削减化学溶剂类危险废物的产生。清洁生产是在现有基本生产工艺不变的条件下，通过生产操作规程的优化，提高原料的转化利用率，减少废物的产生。例如，美国国家环境保护局报道，通过优化仓储管理，一些精细化工企业因原料过期而产生的废物量减少了70%以上。通过电子化媒体和商务结算，可以使各种信息的传播和商务文件的交换摆脱纸质媒介，从而大大减少了纸类废物（这类废物占发达国家生活垃圾量的30%~50%）的产生量。

源头控制的非技术性措施包括各种教育和法规手段，主要通过影响人们的消费行为，实现废物的减量。例如，通过教育提高公众环保意识、少购买和少使用一次性消费品、商场不提供免费购物袋等方法，引导消费者使用可重复利用的购物携带工具等。

2. 资源化利用

固体废物资源化利用指的是废物产生后通过各种转化和加工手段，使其具备某种使用价值，同时消除其在特定使用环境中的污染危害，并通过市场或非市场途径实现再利用的过程。固体废物资源化利用的措施以技术性的为主，非技术性的为辅。固体废物资源化利用按其技术方法特征，可分为多个层次。

资源化层次1可称为"产品回用"。这种方法的特征是以废弃产品或部件为对象，仅通过清洁、修补、质量甄别等手段，对废物进行简单处理后，即可将其再次用于新的生产或消费。由于处理手段相对单一，固体废物通过产品回用实现资源化的适用范围较为有限。最有代表性的例子是玻璃饮料瓶的再灌装使用，牛奶、啤酒、可乐瓶的直接回用均已有近百年的历史；橡胶轮胎的翻新也是具有普遍性的同类型实例。但是，进一步扩展这一资源化方式的适用范围，如电子类设备模块（插件）化设计、废旧设备单元插件在新的产品中循环使用、装配式建筑等方法，仍处于发展阶段。

资源化层次2可称为"材料再生"。这种方法的特征是通过物理和化学的分离、混合和（或）提纯等过程，使废物的构成材料经过纯化和（或）复合等手段，恢复原有的性状或功能，再次被用作生产原料。固体废物通过材料再生实现资源化利用，对于固体废物处理和自然资源的可持续利用均具有重要意义。废纸回收造纸的普遍应用，使我国生活垃圾的纸类组分远低于同等经济水平的国家，也保护了我国稀缺的森林资源；废旧金属回收再冶炼，更是金属这种不可再生资源至今仍可满足人类生产和生活需要的关键。可通过材料再生实现资源化的固体废物较为普遍，几乎所有的金属、玻璃、无机酸、混凝土和纸类等大宗无机和天然纤维材料，以及聚烯、聚酯和尼龙等不同种类的人工聚合物，均可通过处理实现材料再生。但是，再生制品和一次材料相比的质量差异，与废物材料种类有很大的相关性。金属、玻璃、无机酸和纸类的再生制品与一次材料几乎没有质量差异；而混凝土和大部分人工聚合物的再生制品与一次材料相比有明显的质量衰减，只能应用于特定的场合。

资源化层次3可称为"物料转化"。这种方法的特征是通过物理、化学和生物的分离、分解和聚合等过程，将废物的构成物料转化为具有使用价值的材料或可储存的能源。可通过物料转化方法实现资源化的固体废物种类广泛，覆盖的资源化技术途径众多。例如，煤燃烧后残余的粉煤灰和炉渣已成为我国建筑用砖的主要原料，有统计核算显示，我国销售的水泥制品，60%左右来自以钢铁渣为主的冶炼工业废渣和燃煤废渣，建筑材料行业已成为我国大宗工业废渣的主要消纳方向，也为保护我国的表土资源提供了重要的替代途径。物料转化资源化方法也适用于农业废物和生活垃圾及工业可燃废物等，农业废物和生活垃圾中的生物可降解废物可通过生物降解转化为腐殖肥料（堆肥），如果通过厌氧途径降解还可以回收利用气体燃料（沼气）；可燃的工农业废物和生活垃圾也可通过无氧或缺氧的热化学分解途径，回收不同物态的燃料或有机合成原料等。

资源化层次 4 可称为"热能转化"。这种方法适用于可燃或以可燃组分为主的固体废物的资源化利用，特征是通过燃烧过程将废物可燃组分的化学能转化为热能，再通过热能转化（如热电联供等）过程进行能量利用。普遍应用的生活垃圾焚烧发电（烟气余热锅炉产生蒸汽，蒸汽推动汽轮机发电），以及北欧国家将林业废物加工为粉体燃料后用于燃气轮机发电，均属于此类资源化实践。

固体废物资源化利用按技术方法特征进行层次化分级，其依据是资源化的效益差异，即资源化过程的投入与资源化产物的产出之比不同。一般来说，从层次 1 至层次 4，固体废物资源化的效益逐步递减。

3. 无害化处理

无害化泛指控制固体废物的污染影响。其主要的实现方法与固体废物的污染途径相对应，可根据无害化实现的原理，分为以下 4 种方法：①分解或替代污染源物质，从源头消除污染；②转化污染源物质，降低其可迁移性、毒性，削减污染源强；③集中处置，阻断污染物迁移途径，控制污染影响；④衍生污染控制，控制污染源物质分解、转化和净化及废物集中处置过程的衍生污染物，保证对固体废物污染影响的全面控制。

广义的无害化处理包含了源头控制、资源化利用及最终处置，或三者间的交互作用。例如，采用超临界 CO_2 替代有机溶剂，有效减少了有机溶剂类废物的污染源强；生活垃圾利用高温好氧生物降解法（堆肥）处理，既可以得到腐殖肥料（堆肥），也使可降解有机物分解稳定，消除了其产生溶解性有机物和臭气污染的源头；对有机化工废渣进行焚烧处理（燃烧分解），可以破坏其中可能含有的有机污染物分子，消除其对生态环境的危害，而燃烧产生的高温烟气则提供了热能的回收源；冶炼工业废渣制建材时，可以通过建材基体的聚合反应，降低废渣中重金属等污染物的可迁移性，有助于废渣的无害化，但其资源化也将使相当数量的重金属随建材产品进入无防护的暴露环境，存在一定的环境风险。

狭义的无害化处理，专指针对固体废物中某类污染物的分解或转化以降低其可迁移性、毒性的过程。其中较为典型的是含重金属废物的固化与稳定化（以重金属可浸出量的减少为衡量指标）处理。例如，水泥固化（利用水泥凝聚体包裹含重金属的废物）、有机磷酸聚合物稳定化等。

4. 最终处置

最终处置是特定的固体废物无害化处理方法，称为"最终处置"的主要意义在于这类措施不产生二次固体产物，因此是"最终"的处理方式。

在物质守恒的前提下，不产生二次固体产物意味着必须为固体废物提供一定的处置空间；而固体废物的衍生污染潜力，又必然要求对这个空间采取可靠的污染迁移阻断措施。因此，最终处置的技术要点是对污染物及污染物所影响空间的迁移、隔离。

固体废物的处置空间可分为海洋和陆地两大类。海洋处置空间又可分为浅海床（小于 50 m）和深海（大于 1 000 m）两类；陆地处置空间又可分为地表和深地层（一般深度大于 100 m）两类，而地表处置又可按空间利用方式分为填埋和分散两种。空间的污染物迁移隔离则与空间的类别特征和处置废物的污染特征相对应。

浅海床处置适用于低污染水平的废物，一般采用低渗性或低反应性（选择性地分解或结合、截留可能迁移的污染物）的覆盖措施隔离污染物；深海处置是在 1 000 m 以上的深海、与人类生态圈基本没有物质交换为前提的处理方法，其以海水作为自然的隔离屏障。由于海洋的工程条件限制了严格的污染隔离措施，根据《联合国海洋法公约》，21 世纪以来已禁止利用海洋空间处置固体废物，仅许可利用浅海床处置清洁或轻微污染的疏浚废物，并应采用可靠的水下覆盖措施控制可能的污染迁移。

陆地地表处置中，填埋是应用最为普遍的固体废物处置方法，已分别形成了适用于生活垃圾等一般废物的卫生填埋、惰性废物的控制填埋，以及危险废物的安全填埋等高度规范化的处置技术。分散仅适用于原状或经处理后与表土生态相容的废物（如城市污水处理厂污泥的土地利用及农业秸秆的旋耕强化还田等），也可以视作一种资源化的处置方法；其污染控制措施则主要在于处置前的废物污染性质评价和稳定化处理。深地层处置主要适用于需要利用大深度岩土层进行污染隔离的废物，如放射性废物。由于深地层的施工条件限制了工程隔离措施的运用，因此，深地层处置的污染隔离主要依赖于自然地质条件或废物处置前的稳定化处理，前者如废弃盐矿井（残留的盐壳层），后者如液态废物采用金属和混凝土双层封装后处置等。

5. 固体废物环境危害与其污染控制途径的相互关系

总体而言，固体废物环境污染的控制途径是针对前述的固体废物环境危害而发展的，即通过处理过程消除固体废物的无序堆放，从而避免堆放可能形成的污染，处理过程则包含对其衍生污染的有效控制。固体废物的浓缩性特征，使其难以完全转化，具有对其处置的需要；但浓缩性特征也使其处理过程的转化产物多样化，从而为资源化利用提供了物质条件。

第三节 处理处置技术

一、分选技术

固体废物分选技术是根据固体废物中不同组分的物性差异，主要利用物理方法将它们分离的处理技术。

固体废物分选一般具有以下几类主要作用。

1. 分选出可以再利用的废物组分

如金属矿开采和冶金废物中残留金属含量较高，通过分选可以富集废物中的金属，在达到冶金原料要求后可进行回收利用。城市生活垃圾中可再利用的物质，如金属、纸张、塑料、玻璃、竹木、织物等也可以通过分选分离为单一组分，通过传统的物资回收方法再利用。

2. 对固体废物进行预处理，改善其可处理性

如固体废物在生物处理过程易受非生物源物质的干扰，采用生物技术处理生活垃圾等混杂废物时，可以通过分选除去其中的非生物源物质，使后续生物发酵过程顺利进行。在焚烧处理生活垃圾过程中，聚氯乙烯等含卤素有机物是烟气中二噁英类污染物的主要源物质，在焚烧前将聚氯乙烯塑料分选出来，是降低焚烧过程持久性污染物释放的有效途径。

3. 与破碎联合应用，提高其处理效率

破碎是矿山和冶金废物资源化利用（金属回收、建材制造）的基本技术环节。筛分与破碎联合应用，可以控制进出破碎机的原料颗粒尺度；同时，具有节省破碎能耗、保护破碎机部件和保证破碎效果等多重益处。

固体废物分选在原理上与工农业生产中所采用的分选机械没有根本区别，主要有风力分选、惯性分选、磁选及手工分选等类别。但是，由于固体废物物料的特殊性和组分复杂性，原用于工农业生产中的分选设备不能直接应用于废物处理，通常都需在原有常规分选设备的基础上加以改造或重新设计。手工分选依然是一种经济有效的分选方式。直至今日，最新设计的生活垃圾处理生产线仍然保留了手工分选段。原生生活垃圾的组分特别复杂，在劳动力资源相对丰富的情况下，采用以机械为主，辅以人工的分选方式是合理且有效的。

二、破碎技术

固体废物破碎的基本原理是利用破碎机产生作用于废物物块上的强烈外力，迫使其破碎、断裂而变成体积较小的物块。

根据对破碎物料的施力特点，可将破碎方式分为挤压、剪切、碾磨、折断或弯曲、冲击等。

（一）挤压破碎

挤压破碎是日常生活中较常见的，主要有以下两种方式。

(1) 辊轧破碎。二轮反向转动，且通常两支辊轧的旋转角速度不相等（$\omega_1 \neq \omega_2$），故物料不仅受挤压，还受到磋磨作用，提高了破碎效率。

(2) 颚式破碎。在曲轴的驱动下，颚板相对于固定板既做张合运动，又做上下磋磨运动，故能将颚口的物料"咬"碎。

上述挤压破碎方式是专用辊轧破碎机和颚式破碎机的主要破碎形式，在其他类型破碎机的破碎过程中也可能出现。

（二）剪切破碎

剪切破碎是利用机械的剪切力，使物料破裂面的分子层间产生滑移，而将固体废物破碎成适宜尺寸的过程。剪切破碎发生在互成一定角度，并能逆向相对运动和闭合的刀刃之间。

(1) 劈裂。在破碎机中，这种破碎往往是由旋转的刀盘或锤头与固定在机架上的切刀之间形成的。

(2) 剪断。即在破碎机中，带锐缘的刀具切断物料的过程，如木材就经常使用双轴回转刀盘破碎机剪断。

(3) 碾磨破碎。当两块碾磨板做平行的相对运动时，处于两板间的块状物料就可能受到碾压和磋磨，物料的表层就可能被剥离、磨削掉，从而减小物料的粒度。在此过程中，一些较软的塑性垃圾，如纤维织物、草绳、塑料袋等就可能被扯断。

(4) 折断或弯曲破碎。向固体废物施加异向作用力破坏其结构。按作用应力的施加速率和作用机件形状，可产生折断、撕碎或弯曲等破碎结果。

(5) 冲击破碎。当一个物料撞击另一个物料时，前者的动能可迅速地转变为后者的形变位能。如果撞击速度快，形变来不及扩展到被撞击物的全部，就会在撞击处产生相当大的局部应力，使被撞击物碎裂。若撞击力足够大时，通过增加反复冲击次数，即可减少发生破坏所需的应力。因此，用高频冲击法来破碎废物具有很好的效果。

对于粗大固体废物，不能直接使用破碎机时，需要先切割到可以装入破碎机进料口的程度。例如，处理金属制、玻璃制或钢化塑料制的小汽车、船只、坦克等大型废物时，一般均需要先使用切割法进行拆卸。切割法有应用流体冲击和应用高温软化两种方式。应用流体冲击，也称射流切割法，是将水蒸气或水从小口径喷嘴高速射向被切割物料的方法，适用于切割可燃性物料；应用高温软化主要是气割法，即火焰切割法，是利用可燃气燃烧产生的高温进行切割，主要用于切割钢铁材料制品。选择破碎方法时，需视固体废物的机械强度，特别是硬度而定。对于脆硬性废物，宜采用剪切、冲击、挤压破碎方法；对于柔硬性废物，如废钢铁、汽车、皮革器材和废塑料等，在常温下用传统的破碎机难以破碎，压力只能使其产生较大的塑性变形而不断裂，所以宜采用剪切、冲击破碎方法，或利用其低温变脆的性质有效破碎。纸类润湿后强度降低，对于含有废纸比例大的城市垃圾，可以采用半湿式和湿式破碎。鉴于固体废物组成的复杂性，一般的破碎机都兼有多种破碎功能。

三、固体废物生物处理

生物从外界环境中不断地摄取营养物质，经过一系列的生物化学反应，转变成细胞的组成部分；同时，产生废物并排泄到体外，即微生物的新陈代谢，包括同化作用和异化作用。因此，利用微生物代谢的生物技术处理生物质固体废物，可以达到降解有机（污染）物、获得代谢产物及新的生物体的目的。根据不同目的，生物处理技术可分为营养物基质化利用、产物利用和降解利用。营养物基质化利用（图5-1），指生物以生物质废物作为营养物基质，主要目的是收获新生物体或酶，如培养功能微生物、制取酶制剂等。产物利用，指生物处理的主要目的是获得生物体新陈代谢过程中产生的各种代谢产物，如制取生物乙醇。降解利用的主要目的是使有机物得以降解，如异生性物质（xenobiotics）的降解，包括微塑料、抗生素、表面活性剂、酞酸酯、多环芳烃（PAHs）、多氯联苯（PCBs）、卤代苯酚类化合物、杀虫剂等的生物降解。但实际上，很多生物处理技术同时涵盖了这些目的。例如，好氧降解与稳定化（包括好氧堆肥、生物干化等），既可以获得腐熟的堆肥产物，同时有机物也被大量降解实现稳定化；厌氧转化与稳定化（厌氧消化产沼、发酵制醇），在降解有机物的同时产生了沼气、有机酸、氢气等有价值的产物；微型动物养殖（蚯蚓堆肥、黑水虻养殖、红头蝇蛆养殖等），既可利用蚯蚓等微型后生动物降解有机物获得腐熟堆肥，也能收获可作药用、食用和饲料的动物蛋白。

```
废物 ——→ 水解 ——→ 营养液 ——→ 生物体
                              ——→ 酶
                              ——→ 其他生物蛋白质
```

图 5-1　营养物基质化利用

四、固体废物热化学处理

固体废物的热化学处理是在高温条件下，通过氧化或还原的方法将固体废物中的有机物深度分解、转化的过程。常用的热化学处理方法主要包括焚烧法、热解法、湿式氧化法等。

焚烧法是一种基于可燃物燃烧反应的处理方法。燃烧是可燃物与氧化剂之间发生的一种伴随着发光发热现象的剧烈氧化反应。在化学上，氧化是物质失去电子的过程，还原是获得电子的过程。金属与酸反应生成盐虽然也是一种氧化反应，但反应时没有发光发热现象，所以不能称为燃烧。在固体废物处理领域，焚烧法处理的对象主要是各类固体废物中的有机物。

热解法对应的英文是 pyrolysis，在工业上也被称为干馏。它是一种将有机物在无氧或缺氧条件下加热，使之分解为下列可能产物的化学过程：①以氢气、一氧化碳、甲烷等低分子碳氢化合物为主的可燃性气体；②在常温下以乙酸、丙酮、甲醇等液态化合物为主的燃料油；③纯碳与玻璃、金属、土砂等混合形成的炭黑。

湿式氧化法的概念是 1954 年由美国的齐默尔曼（Zimmermann）提出的，其主要特征是，通过在液态基质中加入空气或氧气，使有机物在一定温度和压力下氧化分解。该法主要用于污泥、粪便、高浓度有机废液等的处理。

与其他处理方法相比，热化学处理技术具有以下优点：①减容效果好，如焚烧处理可以使城市生活垃圾的体积减小 80%~90%。②消毒彻底，高温处理过程可以使废物中的有害成分得到完全分解，并能彻底杀灭病原菌，尤其是对于可燃性致癌物、病毒性污染物、剧毒性有机物等几乎是唯一有效的处理方法。③减轻或消除后续处置过程对环境的影响，例如，可以大大降低填埋场浸出液的污染物浓度和释放气体中的可燃及恶臭成分。④回收资源和能量，通过热化学处理可以从废物中回收高附加值产品或能量，如热解生产燃料油、焚烧发电等。

热化学处理技术存在的问题主要包括：①投资和运行费用高。②操作运行复杂，尤其是当废物成分变化较大时，对设备和运行条件要求严格，往往导致稳定性差的后果。③二次污染与公众反应。大部分热化学处理过程都会产生各种大气污染物，如 SO_x、NO_x、HCl、飞灰和二噁英等，通常会引起附近居民的关注、担心甚至反对。

上述问题随着技术的提高、设备的改进和管理的严格逐渐得到解决。但是，无论是在设计或是在使用这些技术时，都应对上述问题给予足够的重视，才能保证该技术在固体废物管理中的有效应用。

以固体废物为对象的热化学处理系统通常包括处理单元、能量回收单元、物质回收单元、尾气净化单元及废水、废渣处理单元等，常规的热化学处理系统构成示意图见图 5-2。图中给出的是一种代表性的结构组合，具体工艺的组合需要根据处理要求和处理对象的性质来决定。例如，在一些情况下，可能需要增加废物的分选或浓缩；而在另外一些情况下，则可能不需要设置物质回收单元。在图示的系统中，废物和燃料一起被送入热处理单元，根据环境条件的需要通入反应气体（氧气、空气或惰性载气等），反应产生的热量在能量回收单元得到回收，排出的尾气经物质回收单元和尾气净化单元后，排放到大气中。在热处理单元和尾气净化单元产生的废渣和污水，可能在排放之前需要经过处理，达到规定标准后排放或进一步处置。

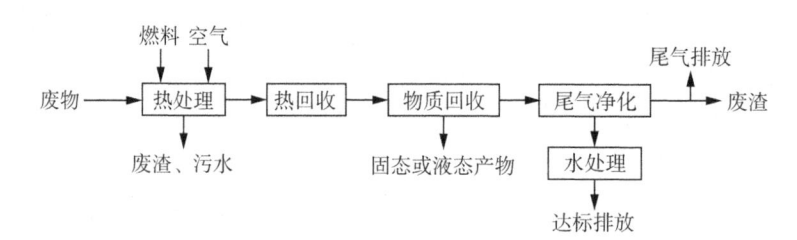

图 5-2 常规的热化学处理系统构成示意图

五、固体废物固化与稳定化处理

固化与稳定化技术在危险废物管理中占有很重要的地位。在区域性危险废物集中处理系统中，一般将固化和稳定化作为废物最终处置（安全填埋）的预处理技术。固化和稳定化的定义描述如下。

固化，指在危险废物中添加固化剂，使其转变为不可流动或紧密固体的过程。固化的产物是结构完整的整块密实固体，这种固体可以特定尺寸进行运输，无须辅助容器。

稳定化，指将有毒有害污染物转变为低溶解性、低迁移性及低毒性物质的过程。稳定化一般又可分为化学稳定化和物理稳定化。化学稳定化通过化学反应使有毒物质形成不溶性化合物，使之固定在稳定的晶格内；物理稳定化将污泥或半固体物质与另一种疏松物料（如粉煤灰）混合生成一种粗颗粒，此种粗颗粒是具有土壤状坚实度的固体，可以用运输机械送至处置场。在实际操作中，这两种过程通常可以同时发生。

危险废物固化与稳定化处理的目的，是使其中的污染组分呈现化学惰性或被包裹起来，降低废物的毒性和污染物向生态圈的迁移率，以便于运输、利用和处置。在一般情况下，稳定化过程通过选用某种适当的添加剂与废物混合来实现。因此，它是一种将污染物全部或部分固定于作为支持介质、黏结剂或其他形式的添加剂上的方法。固化过程是一种利用添加剂改变废物工程特性（如渗透性、可压缩性和强度等）的过程。固化可以看作是一种特定的稳定化过程，可以理解为稳定化的一个部分，但从概念上它们又有所区别。无论是稳定化还是固化，其目的都是降低废物的毒性和废物中污染物的可迁移性，同时改善被处理对象的工程性质。

固化与稳定化技术已被广泛应用于危险废物的管理中，具体应用主要有以下几方面。

（1）对具有毒性或强反应性的危险废物进行处理，使其满足填埋处置的要求。例如，在处置液态或污泥态的危险废物时，由于液态物质的迁移特性，在填埋处置前必须经过固化与稳定化的过程。使用吸收剂吸收液体不能达到稳定化的目的，因为当填埋场处于足够大的外加负荷时，被吸收的液体很容易重新释放。所以，这些液态废物必须使用物理或化学方法进行固化与稳定化，以保证其即使在很大的压力或者降雨淋溶的环境下也不会重新形成污染。

（2）处理其他处理过程产生的残渣。例如，对垃圾焚烧产生飞灰的无害化处理，其目的是对飞灰进行最终处置。焚烧过程可以有效地破坏有机毒性物质，而且具有很好的减容效果，但与此同时，也必然会富集某些化学成分甚至放射性物质。又如，在铅锌的冶炼过程中，会产生浓度很高的砷废渣，这些废渣的简易堆存，必然会造成地表水和地下水的严重污染，必须对废渣进行稳定化处理。

（3）在大量土壤被有害物质污染的情况下，对土壤进行无害化处理。当大量土壤被有机或无机废物污染时，可以借助稳定化技术进行污染物生物可利用性（迁移性）控制，使土壤得以修复。与其他方法（如封闭与隔离）相比，稳定化具有相对的永久性作用，且能保留土壤的植物培植功能，尤其适用于大量土地遭受较低程度污染的情况。使用诸如填埋、焚烧等方法所必需的开挖、运输、装卸等操作，会引起污染土壤的飞扬并增加污染物的挥发而导致二次污染，且均需要投入高昂的费用。而稳定化技术主要通过减小污染物传输表面积或降低其溶解度的方法防止污染物的扩散，或者利用化学方法将污染物转化为低毒或无毒的形态。

六、资源化利用概述与回收技术介绍

（一）资源化利用概述

低碳经济的核心是对资源的循环使用、对能源的高效利用，以最小的环境代价和资源消耗来实现经济效益的最大化。在实现碳达峰、碳中和的进程中，发展循环经济十分重要。其中，固体废物和危险废物的处置利用又是重中之重。城市固体废物指的是在城市社会生活消费过程中产生的生活垃圾和建筑废物等固体废物。固废资源利用行业兼具"环保＋循环经济减排"属性。固废资源利用既可处置危废又可深度资源化提炼废铜、废铅等多种再生金属以及金、银等稀有金属，与尾矿（共/伴生矿）处置等路线异曲同工，工艺路线兼具"环保＋循环经济减排"属性，将成为碳中和背景下环保行业的"新主线"。其可以通过源头减量、能源替代、回收利用、工艺改造和碳的普及与利用等方式实现减碳。

源头减量和能源替代方面，如使用绿色能源代替传统能源，降低废弃资源碳排放，或者使固体废物替代燃料成为生产能量的来源；在回收利用和工艺改造领域，废弃资源加工行业和危险废物、固体废物处置行业本身就能实现节能减碳，包括产品原料的利用以及治理过程中资源回收和能效提升，实现绿色产业链的衔接。此外，在碳的普及和利用方面，可以将固体废物作为原料生产甲烷、氢气、氨、氮肥等，把碳固化到产品中去，代替焚烧。

（二）回收技术介绍

1. 危险废物处置与利用

对危险废物进行资源化利用，既能因减少原材料的消耗而降低成本，又能降低危险废物的排出量，减少对环境的污染，具有明显的环境、经济和社会效益。随着《中华人民共和国循环经济促进法》（下文简称《循环经济促进法》）于2009年的正式施行（2018年修正），我国已将危险废物的源头减量和资源化利用作为危险废物管理的优先内容。

《循环经济促进法》规定了发展区域循环经济、工业固体废物与危险废物综合利用和资源化的具体要求。对于生产、流通和消费过程，《循环经济促进法》规定了建立健全再生资源回收体系和对废电器电子产品等进行回收利用的具体要求。《循环经济促进法》还建立了危险废物循环利用的激励机制，主要包括：建立循环经济发展专项资金；对循环经济重大科技攻关项目实行财政支持；对促进循环经济发展的产业活动给予税收优惠；对有关循环经济的项目实行投资倾斜；实行有利于循环经济发展的价格政策、收费制度和有利于循环经济发展的政府采购政策。

危险废物资源化利用过程中可能会产生二次污染，对人体和环境造成危害。但是只要加以正确的引导，就可以达到避免/降低污染风险、保护稀有自然资源、减少国家对原材料和能源依赖的目的。因此，虽然促进危险废物的资源化利用是危险废物管理的重要目标，但在其利用过程中要严格遵守危险废物的管理规定。

危险废物资源化利用必须遵循以下原则：资源化利用的技术必须是可行的；资源化利用的效果要比较好，有较强的生命力；资源化利用所处理的危险废物应尽可能在排放源附近处理利用，以节省危险废物在储存、运输等方面的投资；资源化利用产品应当符合国家、地方制定的或行业通行的产品质量标准，具有与之竞争的能力。

危险废物资源化利用时需考虑 4 方面的因素：危险废物的化学组成对再利用生产过程的影响；回收再利用废物的经济价值，是否值得改变工艺过程来满足废物回收再利用的要求；可供回收再利用废物的产量及连续性；能耗问题。

资源化利用过程是否能在废物产生现场进行，取决于企业的经济状况和管理水平。生产现场进行直接的资源化利用，可以减少废物的排放，不涉及对废物的运输等方面的问题，因此其优于非生产现场的回收再利用。但是，资源化利用过程特别是回收再利用，需考虑新的再利用设备的经济支出，需要对生产操作人员进行新的培训和支付额外的系统运行费用。

如果废物的产生量不足以用于可获利的现场资源化利用，非现场的利用过程也是个较为理想的选择。通常可以进行非生产现场回收再利用的物质有废油、废溶液、电解污泥、电解液、金属废料和含铅蓄电池等。废物的纯度与市场对回收废物的需求，决定了废物非现场利用的处理费用。

2. 电子废物处理与综合利用

电子废物由多种具有一定价值的材料组成，将各种材料采用环保技术有效地进行分离是电子废物回收利用的关键。考虑到价值、产生量和危险性，以下重点介绍废印刷电路板、废 CRT 玻璃、塑料、冰箱聚氨酯和废液晶显示器的资源化技术。

(1) 废印刷电路板资源化技术

废印刷电路板的资源化，就是将印刷电路板中有用的组分分离提纯出来。如果是带有元器件的印刷电路板，通常需要先将元器件去除，并考虑锡焊对分离物品质的影响。根据分离原理的不同，废印刷电路板资源化技术可分为化学处理、热处理技术等。化学处理通常采用酸洗法和溶蚀法；热处理有焚烧法、热解法等。在实际操作中，为了得到不同的富集体，有些方法可反复交叉使用，具体工艺中通常包含多种方法，但可能以某种方法为主。

（2）废CRT玻璃的清洗技术

废CRT玻壳锥屏分离后，可分为含铅锥玻璃和不含铅锥玻璃。玻璃的清洗需要视资源化的要求而定。用于直接生产显像管的玻璃组件在进入显像管生产厂后，有一套成熟的清洗流程，具体见图5-3。对废CRT玻璃的清洗，主要是针对玻璃表面的涂层，可以采用空气浴、高压水枪、金属刷等物理清洗方式去除涂层，或采用强酸或有机酸等化学清洗方式。

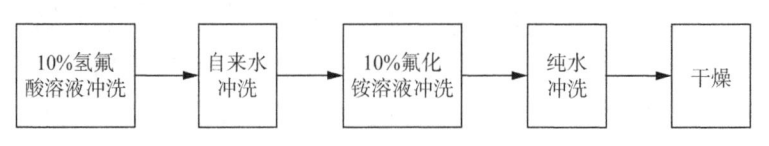

10%氢氟酸溶液冲洗 → 自来水冲洗 → 10%氟化铵溶液冲洗 → 纯水冲洗 → 干燥

图5-3 显像管玻璃的清洗工艺流程

（3）发泡聚苯乙烯（EPS）塑料的资源化技术

回收废EPS塑料最简单的方法是粉碎处理。废EPS塑料经过适当粉碎后，可作为土壤改良剂（粒径为4~8 mm）或堆肥助剂（粒径为6~12 mm），也可用作土地排水系统（粒径为8~25 mm）和排水管覆盖层（粒径为25~50 mm）材料。EPS塑料碎片还可以用于各种建筑场合，它可以减轻质量、降低热传导率及改善隔音效果。

废EPS塑料也可以通过机械方法进行回收。首先，通过手工分离除去杂质；然后，将聚合物粉碎成绒状物，再经过洗涤、离心去除水分和对流加热干燥过程处理；最后采用挤出机压缩并将绒状物加热到205℃，通过带花边的出口模挤出并造粒。机械回收的EPS塑料可用于生产建筑物的绝缘板、鸡蛋包装用板箱、衣架等。

此外，也可以通过溶剂溶解的方法回收废EPS塑料。将废EPS塑料溶解在柠檬烯中，EPS会释放出气体，并转化成密度比原始发泡材料高很多倍的凝胶状材料。d-柠檬烯溶剂能够安全地溶解废EPS塑料，并且几乎不会影响聚合物的使用性能。回收的聚苯乙烯聚合物，可用于生产包装泡沫塑料、疏松填料、聚苯乙烯木材替代品和聚合物吸附剂。

露天燃烧废EPS塑料会产生大量浓烟，但是废EPS塑料在现代化的焚烧炉中可以完全燃烧，几乎不产生灰烬或烟灰。废EPS塑料的热值高达46 000 kJ/kg，比燃料油（44 000 kJ/kg）还高。因此，可以将废EPS塑料粉碎后，作为锅炉的燃料。

（4）聚氯乙烯（PVC）塑料的资源化技术

PVC塑料是电子废物中较为常见的塑料，虽然其使用量不大，但处理难度大，是电子废物处理与利用的关键对象之一。废PVC塑料回收利用技术包括机械回收和化学回收。

废PVC塑料的机械回收是指通过切碎、筛选、磨碎将废PVC塑料加工为新产品的技术，可分为高质量回收（废 PVC 塑料回收后用于原始的用途）和低质量回收（用于制作较低级的产品）。来自废电缆、电子废物和包装废物的 PVC 塑料主要采用低质量回收技术。

废 PVC 塑料的化学回收是指在较低温度（200～360℃）下使 PVC 发生分解，先脱除 HCl，再在更高温度（360～500℃）下发生断链，生成脂肪族、烯烃、芳香烃等化合物。化学回收正是利用 PVC 的这种热不稳定性，把 PVC 高分子裂解成小分子，用来合成新的高分子或用作基础化工原料。在废 PVC 塑料的化学回收技术中，有专门处理 PVC 废物的技术，也有处理含 PVC 混合塑料废物的技术。专门用于废 PVC 塑料的化学回收工艺有气化和热解工艺。在含 PVC 混合塑料的废物处理技术中，不需要对混合塑料中的 PVC 进行专门分离，但通常对 PVC 的含量有上限要求。常见的含 PVC 混合塑料的废物处理技术分为气化、裂解和转化等工艺。

(5) 冰箱聚氨酯的资源化技术

聚氨酯硬质泡沫塑料，特别是用于电冰箱、冷冻机的聚氨酯硬质泡沫塑料中含有大量的 CFC-11。聚氨酯制造商用 CFC-11 作为起泡剂，CFC-11 会慢慢地从聚氨酯中排放出来，半衰期可达 100～300 a，会导致臭氧层的破坏。为了预防 CFC-11 的排出，聚氨酯硬质泡沫塑料常常被研磨成粉，然而残留的 CFC-11 仍非常牢固地黏结在泡沫上。许多研究者致力于寻找回收和处理聚氨酯硬质泡沫塑料废物的有效方式，其中物理和化学回收方法具有应用前景，它们可以利用聚氨酯硬质泡沫塑料的材料价值，并且不会产生二次污染。

(6) 废液晶显示器的资源化技术

液晶面板主要包括基板玻璃部分和背光源部分两个主要组件，也是薄膜晶体管液晶显示器（TFT-LCD）最主要的功能部分。废 TFT-LCD 的资源化回收利用是液晶面板处理工艺研发的关键。由于液晶面板是由无碱玻璃、塑料、金属、荧光灯管、液晶等材料紧凑组装而成的，铟锡氧化膜（ITO）更是以化学沉积等方式紧密结合在无碱玻璃上，可资源化物质和需处理的有毒有害物质混杂，造成了对液晶面板中荧光灯管和液晶无害化处理的技术难度，以及对无碱玻璃、金属、铟等高价值物质资源化回收成本的上升。根据对液晶的处理方式不同，现有液晶面板处理技术大致分为热处理法和化学清洗法两类。

3. 农业废物处理与利用

(1) 畜禽粪便处理与利用技术

近十几年来，随着畜禽养殖业规模化程度的不断提高，畜禽粪便产生量巨大，仅靠农田施用消化已不现实。与此同时，畜禽粪便又是一种宝贵的资源，含有大量的有机质和氮、磷、钾等植物必需的营养元素，如能有效利用，不仅能消除污染，而且能为现代有机农业提供大量优质的有机肥料，改变长期单一施用化肥所造成的土壤板结和肥力下降等问题。目前，常用的畜禽粪便处理与利用技术主要有肥料化、饲料化、能源化等。

① 肥料化

A. 直接还田。直接还田是对畜禽粪便不做任何处理直接施用到农田的一种传统的、低成本的处理方式。直接排放到农田中的畜禽粪便，充分保留了其中的养分，可增加土壤肥力，促进作物生长发育。但该方法需要有与养殖规模相匹配的土地来消耗其所排放的粪污，同时未做处理的粪便直接用作肥料易导致病虫害的传播，以及对植物产生毒害作用，因此一般不建议使用。

B. 全量储存法。全量储存法是将养殖场产生的粪便、尿液和冲洗水集中收集，全部排入氧化塘等贮存设施，粪污贮存一定时间后，在施肥季节进行农田利用。贮存设施分为敞开式和覆膜式两类。这两种方法方便简单，能耗低、投资及运行成本低，可达到卫生学指标，养分利用率高。不过因贮存量大及贮存时间长，对贮存设施的体积与占地面积要求大；宜就近还田，运输距离宜小于 10 km；臭气污染严重，可采取覆盖法、集中收集处理法等减少臭气产生。全量粪污储存技术在国外已比较成熟，标准与法律制度完善；国内目前研究应用较少，缺乏相应的设施设备，相关标准与法律制度也有待健全完善。

C. 堆肥。堆肥是一种集处理和资源循环再生利用于一体的生物方法。即在微生物的作用下，通过高温发酵使有机物矿化、腐殖化和无害化进而形成肥料的过程。在这个过程中，可溶性有机物首先通过微生物的细胞壁和细胞膜被微生物吸收，而固体和胶体有机物则附着在微生物体外，由微生物分解胞外酶将其分解为可溶性物质，再渗入细胞。与此同时，微生物通过自身代谢活动，将一部分有机物用于自身增殖，其余有机物则被氧化成简单无机物，并释放能量。

堆肥系统的分类大同小异，常见的堆肥系统有条垛系统、强制通风静态垛系统和反应器系统等。

堆肥过程分为 5 个阶段：前处理、主发酵、后发酵、后处理和贮藏。前处理主要是调整水分和 C/N，或者添加菌种和酶，以及添加破碎的秸秆、稻草等。主发酵，是靠原料和土壤中存在的微生物先分解易降解物质，产生二氧化碳和水，同时产生热量。后发酵，是将主发酵工序尚未分解的易降解有机物和较难降解的有机物进一步降解，使之变成腐殖酸、氨基酸等比较稳定的有机物，得到完全腐熟的堆肥产物。为保证处理效果，堆肥过程中应注意有机质含量、水分、温度、C/N、C/P、pH 值等参数的控制。畜禽粪便通过好氧堆肥处理腐熟后的产品性质稳定，对农作物无害，可作为土壤改良剂、作物栽培基质或有机肥料使用。未腐熟的堆肥产物则由于其中的有机质没有达到足够的稳定化，会对植物生长产生一些不利影响。为此，应根据相关指标对堆肥的腐熟度进行检测。

② 饲料化

A. 新鲜粪便直接作饲料。这种方法主要适用于鸡粪。鸡的肠道短，消化过程也短，吸收不完全，饲料中70%左右的营养物质随粪便排出。按干物质计算，鸡粪中粗蛋白含量为20%～30%，其中氨基酸含量不低于玉米等谷物饲料，此外还含有丰富的微量元素和一些未知因子。因此，可利用鸡粪代替部分精料来养牛、喂猪。但添加鸡粪的最佳比例尚未确定；另外，鸡粪成分比较复杂，所含病原微生物、寄生虫等易造成畜禽间交叉感染，引发传染病，这也限制了其推广使用。

B. 青贮法。青贮法是将粪便与适量玉米、麸皮、米糠等混合后，装缸或装袋进行厌氧发酵的饲料制作方法。青贮法粗蛋白损失少，而且部分非蛋白氮可转化为蛋白质，形成的饲料具有酸香味，适口性好；同时，还可以杀死粪便中的病原微生物、寄生虫等。此法在血吸虫病流行区尤其适用。用青贮法处理畜禽粪便时，由于粪便中糖类的含量低，不宜单独青贮，应添加富含可溶性糖类的原料，将青贮物料水分控制在40%～70%，同时保持青贮容器为厌氧环境。

C. 干燥法。干燥法是常用的处理方法，目前，有自然干燥、高温快速干燥、烘干法等。干燥法处理粪便的效率最高，而且设备简单、投资小。自然干燥是指畜禽粪便在自然条件下利用太阳能干燥后，经粉碎、过筛，除去杂物，置于干燥地方，即可作为饲料和肥料利用。该工艺投资少、成本低，操作简单；但占地面积大，易污染环境；还易受天气和季节影响，难以实现连续规模化生产；且干燥时易产生臭味，氨挥发严重，干燥时间较长，肥效较低，易产生混入病原微生物与杂草种子的危害；此外，还存在二次发酵问题，质量难以保证。

高温快速干燥是目前我国处理畜禽粪便使用较为广泛的方法之一。它利用煤、重油或电产生的能量进行干燥。该法需干燥机，我国使用的大多为回转式滚筒干燥机。经过滚筒干燥，在数十秒内经500～550℃或更高温度环境的作用下，鸡粪含水量由75%左右降低到18%以下。其优点是不受天气影响，能大批量生产，干燥快速，可同时除臭、灭菌、除杂草等。

烘干膨化干燥利用喷射瞬时降压和热效应两方面的作用，对畜禽粪便有除臭和彻底杀菌、灭虫卵的效果，达到卫生防疫和商品肥料、饲料的要求。但是，此法一次性投资成本较高，烘干膨化时耗能较多，特别是夏季，要保持鸡粪新鲜较困难，大批量处理时仍有臭气产生，需处理臭气，处理产物成本较高。因此，该项技术的应用不广。

机械脱水采用压榨机械或离心机械进行畜禽粪便的脱水，由于成本较高，仅能脱水而不能除臭，效益偏低。目前仍处在试验阶段，尚未投入规模化使用。

生物干化通过微生物好氧活动产生的生物热和强制通风对流加速水分蒸发散失，实现畜禽粪便的含水率快速降低。该技术投资少、成本低，处理过程无废水产生，但会产生大量高湿废气，需采取针对性除臭措施；其处理效率较高，处理产物稳定无臭味。目前该技术正处于工程化应用推广阶段。

  D. 分解法。分解法利用优良品种的黑水虻、蝇蛆、蚯蚓和蜗牛（如北京家蝇、太平二号蚯蚓和非洲大蜗牛）等低等动物分解畜禽粪便，达到既能提供动物蛋白质，又能处理畜禽粪便的目的，这种方法具有经济和生态双重效益。黑水虻、蝇蛆和蚯蚓均是很好的动物性蛋白质饲料，品质也较高，用来处理畜禽粪便可以取得一举两得的效果。而且，虻粪、蝇粪、蚓粪还是优质有机肥，可用于草坪、蔬菜、花卉、果树等作物；蚯蚓可用于生产激酶医药制剂，黑水虻、蝇蛆和蚯蚓还可用作特种养殖的高蛋白动物饲料及垂钓饵料。此法投资小、处理量大、效益好。但是，由于前期畜禽粪便的灭菌、脱水处理和后期收获黑水虻幼虫、蝇蛆，饲喂蚯蚓和蜗牛的技术难度较大，加上所需温度条件较苛刻，难以全年生产，应用范围有限。然而，若采用笼养技术，用太阳能热水器调节温度，在饲养场地的周围喷撒除臭微生态制剂，采收时利用强光照射使蝇蛆分离，然后剩余的让鸡采食，有望较好地解决上述这些问题。近年来，分解法逐渐向着集约化、规模化发展。然而因人工成本高、机械化水平低等问题，制约了其发展。虫粪的快速分离是一个难点，研究人员利用黑水虻幼虫、蝇蛆等的避光性、向下性和趋干性等习性，结合机械物理性能研发了一些机械自动分离设备（如双向螺旋虫沙收集装置等）实现虫与粪的自动筛分分离。同时，为减少用地、提高机械化程度，自动加料设备、立体化养殖等也是未来研究开发的重要方向。

  ③ 能源化

  A. 厌氧发酵。厌氧发酵法利用自然微生物或接种微生物，在缺氧条件下，将有机物转化为二氧化碳和甲烷。其优点是处理的最终产物基本无臭，产生的甲烷可作能源利用；缺点是处理池体积大，只适用于就地处理与利用。我国各地均有沼气池处理畜禽粪便的应用，但一次性投资过高，沼气池长期处理效果受温度影响，冬季产气量小，夏季产气量大。为此，人们对厌氧发酵处理工艺进行了大量研究，开发了一系列新型厌氧处理反应器，如上流式厌氧污泥床（UASB）、上流式污泥过滤床（UBF）等，处理效率、出水效果都有所改善。

  B. 热化学转化。热化学转化法是指以畜禽粪便等生物质为原料，通过控制氧气含量，经过一定的热力学过程，获得生物质炭、生物油、可燃气等高品质能源产品的技术。热化学转化法主要有直接燃烧法和热解法等。燃烧是最简单的热化学转化方式。直接燃烧法适用于牛、马等大型动物粪便，燃烧后可将产生的热能进行回收利用，但应对燃烧中产生的废气进行控制处理，避免二次污染。热解法主要分为以生成固体产物为主的低温慢速热解、以生产生物油为主的中温快速热解，以及主要产物为可燃气的高温闪速热解。对畜禽粪便进行热解处理，可以缓解化学能源短缺的问题，在实际推广中具有十分重要的现实意义。不过，畜禽粪便的热化学转化技术仍处于实验室研究阶段，其工业应用还需进一步的探索试验。

（2）秸秆处理与资源化利用技术

① 秸秆还田技术

秸秆还田是指将农作物的秸秆施入土壤、增加土壤肥力的措施。从宏观上来说，"秸秆还田"是"以草养田""以草压草"，是达到用地养地相结合、培肥地力的有效途径。从微观上来说，"秸秆还田"能提高土壤有机质含量；改善土壤理化状况，增加通透性；保存和固定土壤氮素，避免养分流失，实现氮、磷、钾和各种微量元素的循环；促进土壤微生物活动，加速土地养分循环。

用秸秆覆盖土壤，还可以保温、保湿，有利于农作物的安全生长。因此，秸秆还田与土壤肥力、环境保护、农田生态环境平衡等密切关联，已成为可持续农业和生态农业的重要内容，具有十分重要的意义。

秸秆作为有机肥还田利用方法有秸秆直接还田和秸秆间接还田（高温堆肥）。

② 秸秆饲料化利用技术

秸秆作为一种非竞争性资源，在我国用作饲料的占比不足10%。如果能充分、有效地利用秸秆资源，将缓解当今人类面临的"粮食、能源、环境"三大危机，是实现农业可持续发展的重要途径之一。随着人们生活水平的不断提高，传统的膳食观念正发生深刻变化，绿色食品、低脂肪、高营养的草食动物越来越受到人们的青睐。因此，进一步开发利用秸秆资源，无论从经济效益还是社会效益方面，都有巨大的潜力。

未经处理的秸秆由于木质素与糖类结合在一起，使得瘤胃中的微生物和酶难以分解；此外，由于秸秆中的蛋白质含量低，并缺乏其他必要的营养物质，导致秸秆饲料不能被动物高效地吸收利用。因而，提高秸秆饲料价值的实质，就是在以秸秆为日粮基础成分的情况下，尽可能改善秸秆饲料化的限制条件，为动物的消化吸收创造适宜的条件，并通过添加其他特殊物质来提高秸秆饲料的营养价值。纵观秸秆饲料工业的发展，已经走过了3个阶段——青贮、氨化及微生物发酵处理。

秸秆饲料的加工调制方法，一般可分为物理处理、化学处理和生物处理3种。

③ 秸秆能源化利用技术

自古以来，秸秆一直是我国农村的主要生活燃料之一，其能量密度一般为13 376～15 466 kJ/kg。而且，其在农村能源特别是农村生活用能中占有重要地位。

秸秆能源技术大体可分为厌氧消化技术、秸秆气化技术、秸秆炼油技术、秸秆发电技术、秸秆固化成型技术和秸秆炭化技术等。

④ 秸秆基料化利用技术

农作物秸秆主要由纤维素和木质素等大分子有机物组成，富含碳、氮、磷、钾等营养物质，可用于食用菌、花卉苗木和草坪等的栽培。目前，它主要用作食用菌基质材料。秸秆食用菌生产技术栽培的食用菌主要包括草腐菌（主要有双孢蘑菇、草菇、毛头鬼伞、皱环球盖菇等）和木腐菌（主要有香菇、平菇、毛柄金钱菌、茶树菇等）两大类。秸秆食用菌生产技术的流程主要为菇房建设，原料储备和配方，培养基的预处理、预发酵、后发酵，接种，发菌期管理，出菇期管理，收获与贮运等。生产过程中用到的设备主要包括粉碎机、发酵隧道、拌料机、装袋机、灭菌器、接种箱、菇房（大棚）。秸秆栽培过食用菌后的菇渣，其氮、磷等养分含量在菌体的生物降解作用下显著提高，可作为饲料和优质肥料。

（3）农膜资源化利用技术

① 废旧农膜能源化利用技术

废旧农膜的能源化利用技术主要有两种。一种是通过高温催化裂解，把废旧农膜转化为低相对分子质量的聚合单体。处理废旧农膜的同时，还可以获得柴油、汽油、燃料气、石蜡等新能源。在连续生产的情况下，该项技术设备日处理废旧农膜能力强，出油率可达 40%～60%，汽柴油转化率高，且符合车用燃油的标准和环境排放标准。另一种废旧农膜能源化利用技术是利用其燃烧产生的热能。废旧农膜的热值较高，为 10 278～10 833 kcal/kg，其回收的热能可用于发电或者产生蒸汽。塑料焚烧会产生二次污染（如产生氯化氢和二噁英等），需做好尾气处理，防止二次污染。废旧农膜能源化利用技术虽然能回收新能源或热能，但设备投资较大，回收成本较高。

② 废旧农膜材料化利用技术

目前，大部分废旧农膜还是被作为原材料资源加以回收和利用。在我国，废旧农膜回收后主要用于造粒。废旧农膜中含有大量的泥沙、垃圾等杂质，是影响再生塑料制品质量的重要因素，为了提高回收产品的纯度，可通过增加破碎和清洗的次数去除泥沙等杂质，保证产品质量。与湿法造粒工艺相比，干法造粒工艺是采用分离的方式来取代清洗、脱水两个步骤，将农膜中所含杂质除去。这种经过高温加工得到的农膜颗粒，只改变了农膜的外观形状，其化学性质并没有改变，依然具有良好的综合材料性能，经过吹膜、拉丝、拉管、注塑、挤出型材等一系列操作，可生产制作塑料制品。除此之外，废旧农膜回收加工后还可以用作混凝土原料和制作土木材料等。

第四节　技术应用与效果评估

一、主流技术应用概述

国内固废处理技术目前已经形成了多样化的格局，主要包括填埋、焚烧发电、堆肥和循环利用等。近年来，垃圾焚烧发电成为城市生活垃圾处理的主要方式之一，焚烧处理占比不断提高，并有望成为最主流的方式。对于工业固体废物和危险废物，资源化利用、物理化学与生物处理、热处理、固化处理等技术也被广泛应用。此外，农业固体废物的综合利用，如畜禽粪污、秸秆和农膜的回收利用，也在稳步提高。

二、技术发展趋势分析

随着国家对生态文明建设和节能环保事业关注度的不断提升，固废处理技术正朝着多元化、资源化、智能化的方向发展。未来，资源化利用技术、生物处理技术等将逐步替代传统的处理方法，提高固废处理效率和质量。同时，智能化、自动化技术在固废处理设备中的应用也日益广泛，提高了设备的运行稳定性和管理效率。此外，固废处理产业链将加速整合，形成更加完善的产业链和更加高效的生产体系。

三、资源化利用技术效果评估

资源化利用技术是将固体废物转化为有价值资源的重要手段。当前，资源化利用技术大多用于工业固体废物和危险废物的处理。例如，粉煤灰、煤矸石、冶炼渣等工业固体废物可以通过综合利用转化为建筑材料、土壤改良剂等；而危险废物则可以通过物理化学处理技术和生物处理技术实现资源的回收和再利用。未来，随着技术的进步和政策的推动，资源化利用技术将得到更广泛的应用。

四、智能化管理技术效果评估

智能化管理技术在固废处理领域的应用正在不断增加。通过智能化技术，可以实现固废处理的实时监控、数据分析和智能决策，提高处理效率和运行稳定性。例如，智能分选技术可以通过图像识别和机器学习技术，实现对固体废物的精准分类；智能焚烧技术则可以通过自动调节焚烧参数，提高焚烧效率和热利用率。此外，智能化技术还可以应用于固废处理设备的维护和管理，提高设备的可靠性和使用寿命。

五、减量化处理技术效果评估

减量化处理技术是降低固体废物产生量的重要手段。通过采用清洁生产技术、循环经济理念等措施，可以从源头上减少固体废物的产生。例如，在工业生产中，通过采用先进的生产工艺和设备，可以减少工业固体废物的产生；在城市生活中，通过推广垃圾分类和资源化利用，可以减少生活垃圾的产生。此外，对于已经产生的固体废物，通过采用破碎、压缩等技术手段，可以实现减量化处理，降低后续处理的难度和成本。

六、无害化处理技术效果评估

无害化处理技术是将固体废物转化为无害物质或低毒物质的重要手段。当前，无害化处理技术主要包括填埋、焚烧和生物处理等方法。其中，填埋技术是一种较为成熟的无害化处理方法，适用于处理不同类型的固体废物；焚烧技术则可以通过高温焚烧将固体废物转化为灰渣和烟气，实现无害化处理；生物处理技术则可以利用微生物的代谢作用将固体废物分解为无害物质。未来，随着技术的进步和政策的推动，无害化处理技术将得到更广泛的应用和推广。

七、工业固废综合利用

推动大宗工业固废在建筑材料生产、基础设施建设、地下采空区充填等领域的规模化应用；提取固废中的有价元素，如生产纤维材料、白炭黑、微晶玻璃、超细填料、节能建材等。

第五节 成功案例与经验分享

一、国内外典型固废处理项目

(一) 浙江杭钢旧址公园土壤修复工程

浙江杭钢旧址公园是首个国家级工业遗址文化公园，为了保护和利用工业遗存，对其土壤进行修复。原杭钢场地是近年在浙江乃至全国最大的风险管控项目，中国水电基础局有限公司承担了整个原杭钢场地的垂直柔性阻隔层和水平阻隔层的风险管控内容的施工，利用科研攻关成果，采用高防渗性、高耐久性和高沉降适应性的 HDPE 膜-自凝灰浆复合防渗墙施工方案，有效解决了污染土体防渗隔离的技术难题。

(二) 浙江台州马鞍山村土壤修复项目

该工程原址为农药厂外围土地，需采用垂直防渗永久帷幕对污染土体进行阻隔处理。项目采用高防渗性、高耐久性和高沉降适应性的 HDPE 膜-自凝灰浆复合防渗墙施工方案作为垂直防渗帷幕，有效解决了马鞍山土壤修复项目污染土体防渗隔离技术的难题（图 5-4）。

图 5-4 马鞍山土壤修复项目现场

（三）浙江天子岭垃圾填埋场生态治理工程

工程位于浙江省杭州市拱墅区天子岭填埋场，该填埋场是全国首座符合原建设部卫生填埋标准的大型山谷型垃圾填埋场（图 5-5）。整个天子岭垃圾填埋场总计处理生活垃圾近 3 000 万 t，2020 年 12 月 16 日填埋场已彻底"退役"。为把天子岭园区打造成"全国高标准大型综合填埋场生态治理示范工程"，实现人与自然和谐共生，天子岭垃圾填埋场采取了多项治理和改进措施。其生态治理工程主要内容是建设填埋场垂直阻隔和地表水及地下水截流导排系统。上游段采用双轮铣水泥土搅拌防渗墙（CSM 工法）施工，下游段采用 HDPE 膜-自凝灰浆复合防渗墙和帷幕灌浆（含硅溶胶化学灌浆）施工。

图 5-5　浙江天子岭垃圾填埋场

（四）海南颜春岭生活垃圾填埋场环境治理和生态修复项目

填埋场位于海南省澄迈县老城开发区颜春岭，于 2020 年 12 月底关停，累计服务近 20 年。针对该填埋场超容超量带来的堆体稳定性不足、臭气扩散、渗沥液水位较高等问题，于 2022 年启动颜春岭生活垃圾填埋场环境治理和生态修复工程（图 5-6）。主要建设内容包括超容垃圾开挖转运、剩余垃圾规范化封场、垂直防渗阻隔体系工程等。中国水电基础局有限公司负责垂直阻隔工程施工，防渗轴线总长 1 830 m，采用 HDPE 膜-自凝灰浆复合防渗墙与帷幕灌浆施工技术方案。

图 5-6　海南颜春岭生活垃圾填埋场

（五）新加坡 Tuas Nexus 项目概况

这个名为 Tuas Nexus 的大型综合项目由公用事业局和国家环境局联手打造，为全球首个集结污水与垃圾处理的大型综合设施，整片厂区将建有大士供水回收厂、综合新生水厂、深隧道阴沟系统第二阶段工程，以及结合四类垃圾处理系统的集成废物管理设施。由于供水回收厂和集成废物管理两大设施设在同一地点，除了可有效减少土地使用，还能充分结合用后水与垃圾处理科技，协助厂区达到百分百能源自供效应，同时也能把过程中制造的多余电力输送至全国电网，足够为约 30 万个四房式组屋单位供电。

二、经验总结与启示

（一）固废处理业务经验总结

（1）科学规划布局

在推进固废处理实现绿色发展的过程中，应科学规划所属市场空间布局，按照全覆盖的工作思路，结合各市、区、县总体规划，综合考虑多种因素，适度超前按工业固体废物、农业固体废物、城市生活垃圾等归类进行沟通对接。在有助于整体规划部署的同时，实现固废处理全产业链的协同发展。

(2) 聚集优势资源

利用各方优势，聚集优势资源，大力开拓固废处理新兴领域，培育高质量发展新赛道。

(3) 创造技术优势

加快固废处理技术的研发和集成，聚焦重点领域，形成从单一处理技术到多技术耦合，发展从源头控制、过程阻断、净化修复、安全利用到多污染物全过程协同治理、资源循环利用、经济高效的固废处理技术。

（二）固废处理业务启示

我国工业、生活、农业、建筑等领域每年产生固体废物高达110多亿t。其中，城市固废处理主要包括对有机固废、建筑垃圾、污淤泥、工业固废等的处理。据中国环境保护产业协会统计与预测，2023年及未来5—10年，我国固废处理处置与资源化业务年均市场空间达到万亿规模，但主要为已建固废处置设施运营（含生活垃圾焚烧、危废处置、医疗废弃物处置、综合利用等），新增市场投资占比较低。

相比新增固体废物，我国固废历史累积存量（主要是生活垃圾填埋场、临时堆放等）更大。根据住房城乡建设部公布的《2023年城市建设统计年鉴》，全国现有无害化处理厂1 423座、卫生填埋厂366座、焚烧厂696座，生活垃圾年处理量高达25 402.33万t。2021年，国家发展改革委、住房城乡建设部发布《"十四五"城镇生活垃圾分类和处理设施发展规划》，指出存量填埋设施已成为生态环境新风险点，环境问题日益显现，许多地方开始启动存量垃圾治理。实际工作中，大部分填埋场实际填埋量大于设计规模，致使许多填埋场使用年限低于设计年限，越来越多的填埋场面临封场或提前封场，如何通过封场治理、生态修复后实现"再生"和可持续发展已经成为"十四五"时期工作重点之一。

目前，国内固废处理处置业务，现状呈现出政策法规支持力度加大、主流处理技术多样化、技术发展趋向智能化和资源化，资源化利用技术不断创新、智能化管理技术得到广泛应用，减量化处理技术不断发展以及无害化处理技术不断完善的特点。随着经济的快速发展和城市化进程的加速，固废处理市场规模不断扩大，固废处理行业将成为国内第一大环保板块，并展现出强劲的增长潜力和广阔的发展空间。

第六章 工业固废处理处置技术

第一节 工业固废分类与特点

一、工业固废分类

工业固废为工业固体废物的简称，是指在工业生产活动中产生的固体废物。工业固体废物分为一般工业固体废物和危险固体废物两类。

（一）一般工业固体废物

根据生态环境部 2021 年 12 月 31 日发布的《一般工业固体废物管理台账制定指南（试行）》规定，一般工业固体废物共分为 18 个类别。一般工业固体废物分类见表 6-1。

表 6-1 一般工业固体废物分类表

废物代码	废物种类	废物描述
SW01	冶炼废渣	黑色金属冶炼、有色金属冶炼、贵金属冶炼等产生的固体废物（不含赤泥），包括炼铁产生的高炉渣、炼钢产生的钢渣、电解锰产生的锰渣等
SW02	粉煤灰	从燃煤过程产生烟气中收捕下来的细微固体颗粒物，不包括从燃煤设施炉膛排出的灰渣，主要来自火力发电和其他使用燃煤设施的行业
SW03	炉渣	燃烧设备从炉膛排出的灰渣（不含冶炼废渣），不包括燃料燃烧过程中产生的烟尘
SW04	煤矸石	煤炭开采、洗选产生的矸石以及煤泥等固体废物
SW05	尾矿	金属、非金属矿山开采出的矿石，经选矿厂选出有价值的精矿后产生的固体废物，包括铁矿、铜矿、铅矿、铅锌矿、金矿（涉氰或浮选）、钨钼矿、硫铁矿、萤石矿、石墨矿等矿石选矿后产生的尾矿
SW06	脱硫石膏	废气脱硫的湿式石灰石/石膏法工艺中，吸收剂与烟气中 SO_2 等反应后生成的副产物
SW07	污泥	各类污水处理产生的固体沉淀物

续表

废物代码	废物种类	废物描述
SW09	赤泥	从铝土矿中提炼氧化铝后排出的污染性废渣,一般含氧化铁量大,外观与赤色泥土相似
SW10	磷石膏	在磷酸生产中用硫酸分解磷矿时产生的二水硫酸钙、酸不溶物、未分解磷矿及其他杂质的混合物。主要来自磷肥制造业
SW11	工业副产石膏	工业生产活动中产生的以硫酸钙为主要成分的石膏类废物,包括氟石膏、硼石膏、钛石膏、芒硝石膏、盐石膏、柠檬酸石膏等,不含脱硫石膏、磷石膏
SW12	钻井岩屑	石油、天然气开采活动以及其他采矿业产生的钻井岩屑等矿业固体废物,不包括煤矸石、尾矿
SW13	食品残渣	农副食品加工、食品制造等产生的有机类固体废物,包括各类农作物、牲畜、水产品加工残余物等
SW14	纺织皮革业废物	纺织、皮革、服装等行业产生的固体废物,包括丝、麻、棉边角废料等
SW15	造纸印刷业废物	造纸业、印刷业产生的固体废物,包括造纸白泥等
SW16	化工废物	石油煤炭加工、化工行业、医药制造业产生的固体废物,包括气化炉渣、电石渣等
SW17	可再生类废物	工业生产加工活动中产生的废钢铁、废有色金属、废纸、废塑料、废玻璃、废橡胶、废木材等
SW59	其他工业固体废物	除上述种类以外的其他工业固体废物

说明:
①本表的目的是为固体废物环境管理提供便利,不是固体废物或危险废物鉴别的依据。
②列入本表的一般工业固体废物,是指按照国家规定的标准和程序判定不属于危险废物的工业固体废物。

(二)危险固体废物

危险废物是指列入国家危险废物名录或者根据国家规定的危险废物鉴别标准和鉴别方法认定的具有危险特性的固体废物。《国家危险废物名录(2025年版)》中,将具有下列情形之一的固体废物列入名录:(1)具有毒性、腐蚀性、易燃性、反应性或者感染性一种或者几种危险特性的;(2)不排除具有危险特性,可能对生态环境或者人体健康造成有害影响,需要按照危险废物进行管理的。

危险废物分类主要可以按特性和性质及危险废物名录进行分类。我国根据危险特性将危险废物分为5类,分别是腐蚀性(C)、毒性(T)、易燃性(I)、反应性(R)和感染性(In)。根据危险废物的性质将其分为无机危险废弃物、有机危险废弃物、油类危险废弃物和其他危险废弃物4大类。危险废物的主要类型包括废酸、废碱、无机氧化物、含重金属废物和无机氰化物等。

我国在《控制危险废物越境转移及其处置巴塞尔公约》所规定的危废种类基础上,依据我国的实际情况分别从危废的特定来源、生产工艺、特定物质、主要有害成分和危险特性等方面制定了《国家危险废物名录（2025年版）》。该名录将危废分为50个大类，并用危废的英文名称Hazardous Waste首字母大写加数字进行编号，从HW01到HW50，其中HW41到HW44空缺，并根据"产生行业代码—顺序代码—类别代码"对每一种危废重新编码归类。根据《国家危险废物名录（2025年版）》，我国危险废物主要可分为工业危险废物、医疗危险废物以及非特定行业的其他危险废物。其中，工业危险废物占比高达70.4%，工业危险废物主要可以分为无机危废（包括废酸废碱、重金属危废及化学反应废渣等）和有机废物（包括废油、燃料、高沸物、蒸馏残渣等）。

随着工业的发展，工业生产过程排放的危险废物日益增多。据估计，全世界每年的危险废物产生量为3.3亿t，中国工业危废的产生量约占工业固体废物产生量的3%~5%，主要来源涉及工业、医疗、日常生活及农业等多个领域。工业源危废产生量最大，主要来自石油和天然气开采业、精炼石油产品制造业、基础化学原料制造等；社会源危废来源广，分布范围广泛，但数量少，如废铅蓄电池、废机油、废温度计等；农业生产过程产生的危废主要是与农药相关的危废，如农药生产、配置过程中产生的废弃品等。

二、不同行业工业固废特性

工业固废涉及行业较广，种类繁多、产量巨大、性质多样性且存在潜在危害。本节列举产量较大及全国关注度较高的部分行业工业固废。

（一）冶金行业工业固废

冶金工业行业主要包括黑色冶金工业、有色冶金工业。黑色冶金工业主要生产铁、铬、锰及其合金等，有色冶金工业生产铜、铝、铅锌、镍钴、锡、贵金属、稀有金属等。该行业主要工业固废包括高炉渣、钢渣、铁合金渣、电解锰渣等。

1. 高炉渣

高炉冶炼生铁时，从炉顶加入的原料中除主要原料铁矿石和燃料（焦炭）外，还要加入助熔剂。因为大部分铁矿石中的脉石主要由酸性氧化物SiO_2、Al_2O_3等组成，它们熔化所需温度极高，炼铁的高炉温度很难将其熔化。为此，必须加入适量的助熔剂，如石灰石或白云石，使它们生成低熔点共熔化合物，这些化合物连同被熔蚀的炉衬一起构成流动性良好的非金属渣。由于渣比铁水轻而浮在铁水上面，可从高炉的出渣口排出炉外。

2. 钢渣

钢渣是炼钢过程中所排出的熔渣。一般来说，熔渣的组成主要来源于铁水与废钢中所含铝、硅、锰、磷、硫、钒、铬、铁等元素氧化后形成的氧化物，元素来源主要包含以下几类：①金属料带入的泥沙等；②加入的造渣剂，如石灰石、萤石等；③用作氧化剂或冷却剂的铁矿石、烧结矿、氧化铁皮等；④侵蚀剥落的炼钢炉炉衬材料；⑤脱氧用合金的脱氧产物和熔渣的脱硫产物等。

3. 铁合金渣

铁合金渣分为火法冶炼废渣及湿法冶炼废渣。

① 火法冶炼废渣

铁合金主要有硅铁、锰铁、硅锰铁、铬铁、钒铁、钼铁和钨铁等，其生产大部分采用火法冶炼，其中大多数使用电炉，锰铁使用电炉或高炉、中碳铬铁使用转炉、钼铁采用炉外法。火法冶炼经炉口排出废渣。

② 湿法冶炼废渣

湿法冶炼的废渣，有生产金属铬产出的铬浸出渣、生产五氧化二钒产出的钒浸出渣等。金属铬生产用铬铁矿、纯碱、白云石以及大量惰性材料进行高温煅烧，将不溶性的三价铬化合物转变为可溶性的六价铬盐，然后用水浸取，可溶性的铬盐用以制备金属铬，不溶性的部分即是铬浸出渣。

4. 电解锰渣

电解锰渣是锰矿粉经硫酸浸出、净化除杂后使用压滤机进行固液分离后的固体产物，每生产 1 t 电解锰粉所排放的酸浸废渣量约为 5~6 t。

5. 赤泥

赤泥是以铝土矿为原料，碱法生产氧化铝过程中产生的固体废渣。根据矿石品位及生产工艺的不同，赤泥产出量不同。如在同矿石品位条件下，生产 1 t 氧化铝使用拜耳法产生赤泥约 1 t，碱石灰烧结法产生赤泥约 1.5 t，烧结法产生赤泥约 7 t。

6. 其他有色金属冶炼渣

有色金属冶炼渣是指冶炼过程中产生各类冶炼渣、各种泥状物以及随烟气一起排出被除尘器收集的烟尘的总称。不同冶炼方法会产生不同的渣，其中湿法冶炼主要是浸出渣、净化渣，火法冶炼主要是各种炉渣、浮渣及烟尘、粉尘等，电冶金主要是电炉渣、电解阳极泥等。有色金属冶炼渣因原料产地、成分、组成以及生产方式的不同，渣的成分有较大差别。

（二）煤炭及煤电行业工业固废

中国煤炭资源丰富，主要分布于内蒙古、山西、陕西、宁夏、甘肃、河南、贵州、云南、四川、新疆等省区。煤炭行业是指以开采煤炭资源为主的一个产业，煤炭开采过程中会产生大量煤矸石，同时在目前电力结构下采用燃煤进行发电的火电厂也会产生粉煤灰、炉渣及脱硫石膏等大量工业固废。

1. 煤矸石

(1) 来源

煤矸石是采煤和洗煤过程中排放的固体废物,是在成煤过程中与煤层伴生的一种含碳量较低、比煤更坚硬的黑灰色岩石。煤矸石是煤炭工业中排放量最大的固体废物,其中,露天开采剥离及采煤巷道开拓排出的白矸占45%,采煤过程中产生的普矸占35%,选煤厂产生的洗矸占20%。

煤矸石的产地分布广泛,不同地区、不同范围产生的煤矸石,其组成、性质都有明显差异。目前,常根据来源、岩石类型及含碳量对煤矸石进行分类。

① 按来源分为煤巷矸、选洗矸、手选矸、自燃矸、井岩巷矸、剥离矸等。

② 按岩石类型分为黏土岩矸石、钙质岩矸石、砂岩矸石和铝质岩矸石等。

③ 按碳含量分为一类(少碳)、二类(低碳)、三类(中碳)、四类(高碳)。

(2) 矿物组成

煤矸石的矿物组成主要包括黏土矿物、砂岩、碳酸盐和铝质岩等。其中,黏土矿物包括高岭石、伊利石和蒙脱石等;砂岩主要由石英组成;碳酸盐包括方解石、菱铁矿和白云石等;铝质岩则含有三水铝矿、一水软铝矿和一水硬铝矿等。这些矿物组分构成了煤矸石的基本骨架,并决定了其物理和化学性质。

(3) 渣体特性

煤矸石的粒径大小可以从几微米到几毫米,具体取决于煤矿开采和处理过程中的碎石、分选等工艺,颗粒粒径分布的不均匀性会影响煤矸石的使用和处置方式。

2. 粉煤灰

(1) 来源

粉煤灰是一种在燃烧煤炭过程中产生的固体废弃物,主要是煤炭中的无机物质在高温下的氧化和粉化产物。

(2) 矿物组成

粉煤灰的矿物成分主要由煤炭中的无机物质组成。在煤炭燃烧的过程中,煤炭中的有机物质被氧化燃烧,而无机物质则残留在粉煤灰中。粉煤灰的矿物成分包括硅酸盐矿物、氧化物矿物和硫酸盐矿物等。除了上述矿物,粉煤灰因煤炭的来源、燃烧条件和处理方式等不同还可能含有镁、钠、钾、锰、钛等矿物成分。

(3) 渣体特性

粉煤灰为粉状物质,其组成、细度、含水量等特征随煤种、燃烧条件的不同而变化。粉煤灰的颜色与含碳量相关,含碳量越高其颜色越深。火电厂产出的粉煤灰一般呈灰白色。

粉煤灰的比重大约为 $2.2 \sim 2.4$;堆积密度(松散干容重)约为 $550 \sim 880 \text{ kg/m}^3$;孔隙率一般约为 $60\% \sim 75\%$;比表面积的变化范围为 $800 \sim 5500 \text{ cm}^2/\text{g}$,一般为

1 600～3 500 cm^2/g。

3. 炉渣

(1) 主要来源

炉渣是燃烧设备在燃烧燃煤等矿物后从锅炉、窑炉等炉膛中排出的灰渣。

(2) 矿物组成

灰渣主要由无机物组成，包括煤灰、岩矿物、金属氧化物、无机盐等。其矿物成分主要取决于燃料的种类以及燃烧过程中的温度和压力等因素。

(3) 渣体特性

灰渣的物理化学特性主要取决于其矿物成分和化学成分。灰渣的颜色根据其矿物成分和化学成分不同可能呈现灰色、黑色、棕色等。一般来说，灰渣常以粉状或颗粒状存在，颗粒大小可以根据燃烧过程中的温度和压力等因素变化；密度、硬度较高，具有一定的吸湿性。

4. 脱硫石膏

(1) 主要来源

脱硫石膏的主要来源是燃煤发电厂和工业燃烧过程中的烟气脱硫工艺。通过脱硫工艺处理烟气中的二氧化硫时，硫酸钙会与烟气中的二氧化硫反应生成脱硫石膏。

(2) 矿物组成

脱硫石膏的矿物成分主要由硫酸钙（$CaSO_4$）和二水硫酸钙（$CaSO_4 \cdot 2H_2O$）组成，还有可能含有少量的铁、铝、硅、锰等其他矿物质。硫酸钙是脱硫石膏的主要组成矿物，它是一种无色或白色晶体，具有四面体晶体结构。硫酸钙在水中的溶解度相对较低，因此容易析出形成固体矿物。二水硫酸钙是脱硫石膏的另一重要组成矿物。它是一种无色或白色晶体，含有结晶水分子，二水硫酸钙在脱硫石膏中的含量取决于脱硫过程中的温度和湿度等条件。

(3) 渣体特性

脱硫石膏通常可以分为粉状和颗粒状两种形态。粉状脱硫石膏的颗粒粒径一般小于0.075 mm，而颗粒状脱硫石膏的粒径一般在0.075～4.75 mm之间。由于脱硫石膏中含有大量的硫酸钙，在水中会部分溶解为钙离子（Ca^{2+}）和硫酸根离子（SO_4^{2-}），溶解性的高低与其晶体结构以及骨架中硫酸钙晶体的稳定性有关。

（三）磷化工行业工业固废

磷化工行业产生的工业固废主要有磷石膏。

(1) 来源

磷石膏是磷矿石与硫酸反应制取磷酸的过程中产生的一种工业副产品，其主要成分为二水硫酸钙，并含有少量的硅化物及未反应的磷矿石。每生产1 t磷酸（以

P_2O_5 计），将产生 4.5~5.5 t 磷石膏。

(2) 矿物组成

磷石膏的主要成分是二水或半水硫酸钙（$CaSO_4 \cdot 2H_2O$ 或 $CaSO_4 \cdot 1/2H_2O$），还含有少量的 P_2O_5、F、Fe_2O_3、Al_2O_3、SiO_2、MnO、MgO、Na_2O、K_2O、有机物等杂质，以及铀（U）、镭（Ra）、镉（Cd）、砷（As）、铬（Cr）、铅（Pb）、汞（Hg）等微量元素。

(3) 渣体特性

磷石膏结晶良好，不同地方的磷石膏晶体结构略有差别。磷石膏晶体一般呈针状、板状、密实晶体及多晶核 4 种。磷石膏在自然堆存过程中会经历溶解和结晶的交替变化，长期浸水会总体结晶。磷石膏粒粒径一般小于 0.25 mm，且粒径小于 0.075 mm 的颗粒的含量近 90%。磷石膏比重比一般土体略低，为 2.35。

（四）矿山采选行业工业固废——尾矿

(1) 来源

矿山采选行业工业固废主要为尾矿。尾矿是指在矿石开采、选矿、磨矿和冶炼等过程中产生的固体废弃物和废水、残渣。

(2) 矿物组成

尾矿的矿物成分主要由被开采矿石中的矿物和加工过程中产生的矿物组成，包括硫化矿物、氧化矿物、硅酸盐矿物、杂质矿物等。

① 硫化矿物。尾矿中常见的硫化矿物包括黄铁矿、黄铜矿（黄铜矿是铜铁硫矿）、闪锌矿（含有锌、铁和硫）等。这些硫化矿物往往富含金属元素，如黄铁矿富含铁和硫。

② 氧化矿物。尾矿中可能还含有一些氧化矿物，如铁矿石中的赤铁矿、锰矿石中的菱锰矿等。这些氧化矿物可能在开采和加工过程中因氧化和分解而形成。

③ 硅酸盐矿物。尾矿中常见的硅酸盐矿物包括石英、长石、方解石、白云石等。这些矿物在矿石中普遍存在，并随着加工过程被富集在尾矿中。

④ 杂质矿物。尾矿中可能还含有一些杂质矿物，如含铝矿石中的脱水石膏、含铁矿石中的磁铁矿等。

(3) 渣体特性

尾矿由于各矿山矿体上方的覆盖物不同，而在组成和性质上都有差异，一般多为土岩混杂、块度大小不一的固体废物，其性质随围岩的性质而变化，往往还含有矿床中所含的金属矿物。

地下矿山的废石也由于各矿山的围岩情况不同而有所变化，形态上是大小不同的石块，性质上随围岩的组成而变化，往往也会含有矿体中所含的金属矿物。

不同选矿方法（重选、磁选、浮选等）所排弃尾矿的粒度是有差别的。一般情况下，各种选矿方法尾矿粒度在 200 目（0.074 mm）以下，所占的比重情况分别是重选占 10%～60%、磁选占 50%～70%、浮选占 40%～80%。

三、分布特点与资源化潜力

（一）高炉渣、钢渣及铁合金渣

高炉渣、钢渣及铁合金渣伴随钢铁生产产生的工业固体废物受制于资源分布及交通运输条件，区域分布呈现出"东多西少、北多南少"的特点。旧的钢铁工业中心主要分布在靠近能源和原料产地的北方老工业区，如辽宁的鞍钢；新的钢铁中心主要为经济发达及交通运输条件较好的沿海地区，如上海的宝钢。

1. 高炉渣资源化综合利用

高炉渣资源化综合利用路径技术主要有生产矿渣微粉、热熔渣制矿棉等。其中，生产矿渣微粉技术已成为主流技术，该技术生产的产品性能稳定、行业认可度高，可作为良好的胶凝材料，广泛应用于建材行业。高炉渣的应用可减少高耗能水泥熟料的使用，实现与建材产业协同降碳。热熔渣制矿棉技术生产产品能耗高、矿棉产品质量不稳定，其在建筑领域应用比例较低、产量规模小。

2. 钢渣资源化综合利用

钢渣资源化综合利用分为钢铁资源回收及尾渣综合利用两阶段。第一阶段通过破碎、磁选回收渣钢铁，实现金属铁资源的高效回收和循环利用；第二阶段是采用资源回收后的尾渣生产钢渣微粉、道路用骨料、免烧砖、水泥熟料用原料等。产品可以作为绿色低碳建材至下游行业应用，减少相关产品生产用的原生资源消耗，实现产业链协同降碳。

3. 铁合金渣资源化综合利用

铁合金渣的综合利用主要包括回收金属、生产建筑材料、生产铸石制品、生产矿渣微粉及其他应用。回收金属方面，主要回收铁合金渣中含有铬、锰、钼、镍、钛等价值较高的金属；生产建筑材料方面，主要将其用作水泥掺合料和制作矿渣砖；生产铸石制品方面，利用熔融硅锰渣、硼铁渣和钼铁渣等生产铸石制品用于耐磨设备；生产矿渣微粉方面，利用矿渣固废生产矿渣微粉是一种高效利用技术，用于生产水泥和混凝土。

（二）电解锰渣

电解锰产能主要集中在宁夏、广西、贵州、湖南、新疆等省区，从区域分布上看,产量排名前三的分别为宁夏、广西、贵州,三省区电解锰产量约占全国总产量的 70%。

电解锰渣无害化及资源化技术近年来已成为行业研究的热点和难点,主要为回收提取有价金属、用作农业肥料、用作水泥生产原料以及制备免烧砖和烧结砖、胶凝材料、陶瓷材料等建筑材料,受制于工艺、投资、成本、稳定性及技术成熟度等原因实际应用较少。

(三)赤泥

我国产出赤泥的分布与氧化铝厂分布基本一致,主要集中在山东、山西、河南、广西、贵州、云南、重庆和河北等。赤泥成分复杂,与其矿产来源相关,其中山东、河北和重庆排放的赤泥大部分为高铁赤泥;广西、贵州和云南等地的赤泥中含大量氧化钙;山西、河南等地采用国产矿的氧化铝厂,赤泥铁含量偏低且含大量氧化钙,采用进口矿加工后的赤泥则多为高铁赤泥。赤泥中含有多种可再生利用的金属氧化物,将其与钢铁、建材、环保等领域结合实现资源化、规模化利用一直是重点发展方向。国外赤泥处理的主要技术是赤泥堆场闭库后的绿化及复垦,赤泥用于制取水泥以及提取铁、钪的试验研究;国内对赤泥资源化利用技术的研究和探索很多,其中高铁赤泥选铁、赤泥做路基、矿坑充填材料和掺烧生产水泥等技术获得较多的工程化应用。

(四)煤矸石、粉煤灰及脱硫石膏

煤矸石、粉煤灰及脱硫石膏主要分布于内蒙古、山西、陕西、宁夏、甘肃、河南、贵州、云南、四川、新疆等煤炭资源丰富的地区。

1. 煤矸石资源化综合利用

煤矸石综合利用的途径很多,其传统利用途径主要有煤矸石发电、用作建筑沙石骨料、提取化工产品、生产肥料;煤矸石可作为填充材料,如煤矸石制炭黑用于橡胶填充、煤矸石改性后直接用于补强橡胶;煤矸石用于生产砖瓦、砌块、陶粒、板材、管材(管桩)、混凝土、砂浆、井盖、防火材料、耐火材料、保温材料、微晶材料、泡沫陶瓷、高岭土等建筑材料。但因受到技术条件和外部因素的限制,实际上正在实行的项目不多。

2. 粉煤灰资源化综合利用

我国粉煤灰每年产出超过 1 亿 t,山西、内蒙古、山东、江苏、广东、河南、浙江等产煤地区或经济发达地区均是燃煤电厂分布密集、粉煤灰产出量较大的区域。我国粉煤灰的综合利用率相对较高,主要用于道路工程方面、建材制品方面、提取矿物方面及高附加值回收利用方面。其中,道路工程方面主要产品有粉煤灰路基、粉煤灰沥青混合料及路堤工程混凝土，建材制品方面主要产品有水泥、粉煤灰砌块、轻集料、粉煤灰砖，提取矿物方面主要有有价值金属提取以及用作橡胶、塑料、板材等制品的填充材料等，高附加值回收利用方面主要有碳回收、造纸技术等。

3. 脱硫石膏资源化综合利用

脱硫石膏是烟气湿法脱硫过程的副产品。燃煤电厂较多的区域副产脱硫石膏数量较多。国内对脱硫石膏的综合处理和应用主要有制造石膏砌块，制造腻子石膏和粉刷石膏，制造模具石膏、水泥缓凝剂、纸面石膏板、土壤改良剂等。

（五）磷石膏

磷石膏是湿法磷酸工艺过程的副产物，是磷复肥生产企业产生的主要固体废物，磷石膏的产生量与磷复肥的产生量呈正相关。我国磷肥产量排名前5的省份分别是湖北、云南、贵州、四川、安徽。国内磷石膏消纳、利用的主要途径仍是地下充填，制作水泥缓凝剂、建材（粉材和型材）、筑路材料、土壤调理剂，分解制酸，生态修复等。其中，地下充填利用数量最大，其次是制作水泥缓凝剂。地下充填方面，贵州已大量应用多年，云南等省已开始试验应用。水泥缓凝剂的应用已较成熟，但利用总量存在市场限制问题。除此以外，近年来发展的磷石膏无害化后用于矿山生态修复项目突破了传统矿山生态修复模式，既能对大宗固废进行综合利用，又解决了相关区域矿山生态问题。

（六）尾矿

我国尾矿产生量最大的主要是铁尾矿、铜尾矿、黄金尾矿，三者占我国尾矿总产生量的80%以上。河北、辽宁、四川是铁尾矿的主要产区，铜尾矿主要分布在江西、内蒙古、云南等地，金尾矿主要集中在福建、山东、内蒙古、河南、陕西、黑龙江等黄金产地。由于尾矿成分复杂、分布不均，也因地域的不同，其中有价成分的种类及含量差别很大，所以对尾矿的综合利用要具体问题具体分析。目前，我国尾矿的综合利用主要集中在尾矿再选，直接利用，作为水泥生产原料，制作建筑材料、化工产品及其他建材产品等方面。尾矿再选方面主要是从尾矿中回收有价成分；直接利用方面主要是把尾矿作为建筑砂石骨料、尾矿微粉等；水泥生产原料方面主要是将尾矿用于制备水泥、水泥熟料；建筑材料方面主要是将尾矿用于制作砖瓦、砌块、陶粒制品、板材、管材（管桩）、混凝土、砂浆、井盖、防火材料、耐火材料、保温材料、微晶材料、泡沫陶瓷等；化工产品方面主要是将尾矿用于制作净水剂、白炭黑等；其他建材产品方面主要是将尾矿用于制作陶瓷制品、矿（岩）棉、人工鱼礁、土壤调理剂等。

第二节　先进处理技术

一、减量化、无害化、资源化技术

减量化、资源化和无害化是我国工业固体废物污染环境防治的基本原则。

减量化是指在生产、流通和消费等过程中减少资源消耗和废物产生。减量化是工业固体废物处理的有效途径。在工业生产环节推行清洁生产和循环经济，尽可能在源头减少固体废物的产生，即"产生前减量"，是最为经济高效、环境友好的工业固体废物处理方式。

资源化是指将工业固体废物直接作为原料进行利用或者对废物进行再生利用。

无害化是工业固体废物管理的根本目的，是工业固体废物管理的总体要求，工业固体废物从产生、收集、运输到减量、再利用、再生利用、回收利用都必须遵循这一要求。

（一）减量化处理技术

减量化处理技术旨在通过工艺改进、优化操作条件或采用替代材料等手段，减少固体废物的产生量。常见的方法有源头减量、工艺优化及利用替代材料。源头减量指通过调整生产工艺、提高原材料利用率、改进包装设计等措施，减少工业固体废物的生成；工艺优化指通过优化工艺参数、采用先进技术、提高设备利用率等，减少废物的产生；利用替代材料指通过采用可回收、可降解或可再利用的材料替代传统材料，减少废物产生。

1. **粉煤灰减量化**

在粉煤灰减量化方面，采取淘汰燃煤小锅炉、严控新建发电项目等措施，推动粉煤灰源头减量。

（1）淘汰燃煤小锅炉。淘汰 25 MW 以下的燃煤小锅炉；建设高效燃煤热电机组，完善配套供热管网，对集中供热范围内的分散燃煤小锅炉实施替代和限期淘汰；推动北方地区完成"以电代煤、以气代煤"，推进炼焦行业过剩产能化解工作，关停小煤窑，煤炭开采减量提质，减少煤矸石排放。

（2）严控新建发电项目。提高小火电机组淘汰标准；新建燃煤发电项目需采用 60 万 kW 以上超临界机组；新建和扩建燃煤电厂需提出粉煤灰综合利用方案，明确粉煤灰综合利用途径和处置方式。

2. 煤矸石减量化

在煤矸石减量化方面，采取绿色矿山建设、井下充填置换煤炭、化解过剩产能、减少煤矸石产生以及严控煤矸石新堆场审批等措施，推动煤矸石源头减量。

（1）绿色矿山建设。推动煤矿升级改造，达到绿色矿山建设要求，提升资源利用效率，减少煤矸石排放。

（2）煤矸石井下充填置换煤炭。鼓励煤矿采用煤矸石井下充填置换煤炭技术，实现煤矸石不上井。

（3）化解过剩产能。推进煤炭行业过剩产能化解，关停小煤窑，煤炭开采减量提质，减少煤矸石排放。

（4）严控煤矸石新堆场审批。严格控制新建或扩建煤矸石堆场审批，促进企业开展煤矸石综合利用工作。

（5）减少煤矸石的产生。通过推广煤炭地下汽化技术、采用全煤巷道，减少煤矸石的产生。

（二）无害化处理技术

工业固废无害化是指经过适当的处理或处置，使工业固体废物或其中的有害成分无法危害环境，或转化为对环境无害的物质。常用的方法有固化处理技术、焚烧和热解技术、生物处理技术等。

（1）固化处理技术。通过添加固化基材（如水泥、沥青等）将有害固体废弃物固定或包容在惰性固化基材中，从而减少其对环境的影响。固化产物应具有良好的抗渗透性和机械特性。

（2）焚烧和热解技术。焚烧是一种高温分解和深度氧化的综合处理过程，适用于可燃性废物的处理。热解则是在无氧或缺氧条件下加热有机物，使之分解为气、液、固三类产物，基建投资少，处理效率高。

（3）生物处理技术。该技术是利用微生物对有机固体废物的分解作用，使其无害化，包括堆肥化、沼气化等。利用这些技术可以将有机固体废物转化为能源、食品、饲料和肥料等。

（三）资源化处理技术

资源化就是利用工艺技术从工业固体废物中回收有用的物质和能源。广义来说就是采取一定的管理措施和工艺技术，从工业固体废物中分离回收有用的组分和能源，进行新的加工和利用，开发新的产品。即以原料制成成品，经消费后变成废物，再将废物引入新的生产从而制造出新的产品，以达到减少资源消耗、加速资源循环、保护自然环境的目的。资源化处理技术主要包括物理处理技术、化学处理技术和生物处理技术。资源化的基本途径包括提取各种金属、生产各种建筑材料及生态修复材料、回收能源以及各种材料、取代某种工业原料等。

二、特定工业固废处理技术

我国大宗工业固废在历史堆存量大、品类繁多的基础上还有每年新增，若强化其综合利用，提升资源利用率，不仅能够节约原生资源，降低资源的对外依存度，还可以减少对大气、水和土壤污染的风险。本节主要针对磷石膏及电解锰渣进行分析。

（一）磷石膏

经过近三十年的持续快速发展，我国已形成了比较完整的磷化工体系，行业整体竞争力不断增强，在全球磷化工行业中具有举足轻重的影响力，与此同时，磷化工行业产生的固废——磷石膏产量迅速增加。2020 年，中国磷石膏产量共计 7 410 万 t，磷石膏新增堆存量 4 150 万 t；2023 年，中国磷石膏产量已达到 8 000 多万 t，磷石膏新增堆存量约为 3 500 万 t。

1. 无害化处理技术

磷石膏无害化处理方法主要有水洗技术、焙烧（煅烧）技术、深度净化及浮选技术、酸碱中和技术、药剂固化技术、石灰及固化剂综合处理技术、结晶及转晶技术、微生物处理技术、复合碱处理技术等。

（1）水洗技术。采用适量的水（清水、符合水洗要求的工艺水或循环水等），经调浆、固液分离和多次逆流洗涤，降低磷石膏的酸性和可溶磷、氟等杂质含量，使磷石膏得到无害化处理和净化。该技术主要用于磷石膏生产建筑材料时的预处理。

（2）焙烧（煅烧）技术。在较高温度下焙烧（煅烧），去除磷石膏中的挥发性组分，分解有机物（质），并将部分磷、氟等杂质转化为不溶或难溶性物质而被固定，使磷石膏得到无害化处理。焙烧（煅烧）法避免了二次污染，同时提高了磷石膏的质量和性能。该方法工艺成熟，处理成本根据其用途不同而差异较大，处理后的磷石膏主要应用于建筑胶结料、水泥缓凝剂、墙体材料等建材方面。

（3）深度净化及浮选技术。该技术分为物理分选工艺和化学药剂浮选工艺。物理分选工艺是针对磷石膏中所需脱除的杂质成分，根据其粒度和密度等差异，使用旋流器、高频筛、跳汰机、摇床等分离设备，实现杂质分离，使磷石膏得到无害化处理的方法。化学药剂浮选工艺是针对磷石膏中所需脱除的杂质成分，采用反浮选或（和）正浮选方法及其相应的药剂配方和药剂制度，改变目标产物与杂质成分的疏水、亲水性，实现杂质成分分离，使磷石膏得到无害化处理的方法。通过浮选将磷石膏中的部分杂质和有害物质吸附或黏结在泡沫中，实现部分杂质从磷石膏中分离除去，然后将浮选浆料经过固液分离后得到精磷石膏，将精磷石膏进行净化后，再进一步将部分重金属离子转化为难溶固体，得到无害精磷石膏。浮选过程中得到的精磷石膏可用于生产高端石膏建材。

（4）酸碱中和技术。该技术利用氢氧化钙和磷石膏混合后，在含水的微碱性环境下，$Ca(OH)_2$ 与磷、氟反应生成难溶性固体 $CaHPO_4$、$Ca_3(PO_4)_2$、$Ca_{10}(OH)_2(PO_4)_6$ 和 CaF_2，使磷石膏不再呈酸性，且其中的总磷、氟化物含量均降低。

（5）药剂固化技术是在磷石膏中添加调节剂及改性剂、雾状封闭药剂，通过均化、旋转搅拌、晶化陈化等过程，形成晶化石膏材料。主要应用于建材方面，如制成建筑抹灰砂浆等。

（6）石灰及固化剂综合处理技术。该技术是在磷石膏中添加石灰、水泥、建筑石膏、固化剂等，通过石灰、水泥、建筑石膏、固化剂的协同作用实现磷石膏中的游离酸和水溶性磷、氟等杂质反应形成不溶或难溶物质，使磷石膏得到无害化处理。主要应用于矿山（坑）充填及生态修复方面。

（7）结晶及转晶技术。该技术是在湿法磷酸生产过程中，让更多杂质进入液相，或通过先加入磷酸为主的无机酸溶解磷矿，使溶液进行反应析出不溶性杂质便于固液分离，再加入硫酸进一步分解和生成硫酸钙；或采用各种无机、有机或混合型溶剂，溶解磷石膏，使溶液进行反应析出不溶性杂质便于固液分离，液相重结晶得到硫酸钙，同时抑制杂质重结晶析出，使磷石膏得到无害化处理。处理后的磷石膏可用于建材方面，制作隔热材料、涂料、增强材料等。

（8）微生物处理技术。该技术是采用微生物菌中的固磷菌及解磷菌固化、缓释磷石膏中的残留物。主要应用于生态修复方面。

（9）复合碱处理技术。该技术通过对磷石膏的颗粒尺寸、形状、成分及亲水性进行分析，根据其特性采用钙基纳米等物质制成复合乳剂，复合乳剂具有良好的流变性，可实现对磷石膏中有害物质的稳定固化。主要应用于生态修复方面。

2．资源化利用技术

（1）磷石膏矿井充填技术

使用改性磷石膏等磷化工废渣充填井下采空区，该技术已在贵阳等地矿井填充中进行应用，并获国家科技进步二等奖，相关技术和装备已成熟。

（2）磷石膏露天矿坑充填技术

利用半水磷石膏膏体胶结性能进行露天矿坑充填技术，在进一步研究论证磷石膏充填矿井技术的生态环境影响后，尤其是进行不同环境条件下填充料中氟化物、磷酸盐及金属离子、硫酸盐的溶出情况和填充材料强度的变化等评价研究，可推广环境友好、绿色安全的磷石膏矿井回填和露天矿坑充填技术。

（3）磷石膏露天矿坑生态修复技术

磷石膏经无害化后制成生态修复材料，用于露天矿山采空区的生态修复，该技术可实现"一废治两害"的效果。

（4）磷石膏植生材料应用技术

磷石膏植生材料是采用磷石膏等多种物质组成、用于边坡的植生材料。利用磷石膏植生材料进行边坡防护及绿化，不仅能消耗磷石膏，达到磷石膏综合利用，而且能够快速有效地进行边坡防护及绿化。该技术已在磷石膏堆场边坡实现技术应用，其主要应用范围可进一步推广至矿山环境恢复与治理、道路工程与建设场地边坡生态修复、城市创面生态修复绿化、园林景观工程设计、园林绿化养护等。

（5）磷石膏用作高分子材料填料技术

该技术是将磷石膏进行除杂和改性后直接添加到高分子材料中或先制备成磷石膏晶须后再添加到高分子材料中。磷石膏制成磷石膏晶须方案因成本高、添加量低，其应用有待进一步的开发。

（6）无水磷石膏包装箱应用技术

无水磷石膏包装箱应用技术通过生产注塑类、流延类等高技术含量产品来提升无水石膏用于高分子领域的技术水平，解决了磷石膏易团聚、与聚合物基体相容性差、界面黏接性弱等问题（图6-1）。

图6-1　无水磷石膏母粒及包装箱中试装置设备及成品

（二）电解锰渣

我国是世界最大的电解金属锰生产、消费和出口国，电解金属锰产能占全球总产能的98%以上。电解金属锰渣（以下简称锰渣）是电解金属锰生产过程中产生的工业固体废物。我国电解金属锰工业主要以碳酸锰矿石为原料，每生产1 t电解金属锰，就会产生7~9 t锰渣，每年新增锰渣约1 000万 t，堆存的锰渣总量已经超过1亿 t。

1. 无害化处理技术

电解锰渣的无害化处理技术研究是当前的热点和难点。电解锰渣无害化方法主要有固化稳定技术、高温煅烧技术、洗涤＋固化稳定技术等。

（1）固化稳定技术。向锰渣中添加 CaO 等碱性化学材料作为添加剂，使锰离子以 Mn(OH)$_2$ 或氧化物的形式沉淀析出，或形成不易溶解的锰盐，氨挥发进入气相或形成难溶化合物，降低或消除锰渣污染性。该类技术可实现锰渣中锰的固定和氨去除，处理后渣浸出液的 pH 值大于 9，不能实现电解锰渣中锰资源的回收利用。

（2）高温煅烧技术。采用高温煅烧或焙烧工艺，分解锰渣中铵盐及硫酸盐等有害物质，实现锰渣的无害化处理。对锰渣进行 600℃以上煅烧处理，可使其中的硫酸盐分解，并产生二氧化硫；同时铵盐也发生分解，以氨气的形式逸出。该类技术可满足无害化要求，并可回收硫酸及氨水，但投资费用高，渣中水溶性锰未回收。

（3）洗涤＋固化稳定技术。第一步通过水洗电解锰渣，得到含锰溶液，使用化学沉淀回收溶液中的锰离子，回收率可达 98%，可实现锰渣减害处理。第二步用沉淀法沉淀电解锰渣中的锰离子，采用鸟粪石法沉淀铵离子，锰固定率近 100%，铵固定率为 89%，无害化效果显著。该类技术可对锰渣中的锰进行回收，但部分方法处理成本高。

2. 资源化处理技术

（1）高温煅烧脱氨固锰＋烟气制酸资源化技术

电解锰渣经烘干、破碎后在预热器中加热至 800℃，与还原剂共同进入回转窑煅烧（高温 1 250℃）。电解锰渣中的硫酸铵、硫酸锰、硫酸镁等分解为 NH$_3$、SO$_2$ 和相应的氧化物，部分固体粉末在高温条件下形成低熔点液相，烧结为熟料；烟气中的 SO$_2$ 经洗涤、冷却、干燥、两级催化吸收回收硫酸；烟气洗涤产生的高酸度高氨溶液经中和、碳酸盐软化除钙镁、负压脱氨回收氨水。

（2）多级洗涤＋矿化稳定化胶凝资源化技术

该技术采用压滤洗涤一体化设备对电解锰渣进行多级原位逆流洗涤，使用压缩空气脉动吹扫、穿流洗涤等技术强化洗涤过程，助洗剂辅助，在洗涤水量较少的条件下，可溶性锰回收率≥80%、可溶性铵盐回收率≥85%。洗涤液经浓缩后返回生产，通过可溶性锰铵回收可实现较好的经济效益；洗涤后的锰渣经二次铵回收后采用矿化剂与锰渣混合反应固定残余锰铵。采用在无害化锰渣中配入激发剂后和水混合反应制备胶凝前驱体，在胶凝前驱体中配入活性物料及添加剂搅拌混合均匀后压制或浇注或成型，经养护后可制备小型砌块、预制件、仿古贴片等建筑、公路、装饰材料。

（3）中温单级洗涤＋矿化稳定化胶凝资源化技术

采用专用压滤机对电解锰渣进行一次原位洗涤，可溶性锰铵洗出率约 50%，洗涤后的溶液经浓缩后返回生产，洗涤后的锰渣经二次脱氨及矿化稳定后资源化利用，处理后的锰渣可用于生产发泡砌块等建筑材料。

(4) 矿井充填资源化技术

该技术首先对电解锰渣进行无害化处理，同时充分利用矿井开采废石等建筑材料对锰矿采空区按照不同的功能分区进行充填，提升锰矿资源开采率，保障矿山开采安全，实现电解锰渣的资源化利用。

第三节　政策支持与市场前景

一、政策导向与激励措施

（一）国家政策层面

为促进生态环境改善、推进工业固废的资源化利用，国家出台了一系列政策，推动我国工业固废处理处置行业的高质量、可持续发展，也为我国生态环境改善奠定了政策基础。

1. 《关于"十四五"大宗固体废弃物综合利用的指导意见》

到 2025 年，煤矸石、粉煤灰、尾矿（共伴生矿）、冶炼渣、工业副产石膏、建筑垃圾、农作物秸秆等大宗固废的综合利用能力显著提升，利用规模不断扩大，新增大宗固废综合利用率达到 60%，存量大宗固废有序减少。大宗固废综合利用水平不断提高，综合利用产业体系不断完善；关键瓶颈技术取得突破，大宗固废综合利用技术创新体系逐步建立；政策法规、标准和统计体系逐步健全，大宗固废综合利用制度基本完善；产业间融合共生、区域间协同发展模式不断创新；集约高效的产业基地和骨干企业示范引领作用显著增强，大宗固废综合利用产业高质量发展新格局基本形成。

2. 《关于加快推动工业资源综合利用的实施方案》

到 2025 年，力争大宗工业固废综合利用率达到 57%，其中，冶炼渣达到 73%，工业副产石膏达到 73%，赤泥综合利用水平有效提高。方案对固废综合利用提质增效工程提出了以下具体要求。

(1) 加快工业固废规模化高效利用。推动工业固废按元素价值综合开发利用，加快推进尾矿（共伴生矿）、粉煤灰、煤矸石、冶炼渣、工业副产石膏、赤泥、化工废渣等工业固废在有价组分提取、建材生产、市政设施建设、井下充填、生态修复、土壤治理等领域的规模化利用。着力提升工业固废在生产纤维材料、微晶玻璃、超细化填料、低碳水泥、固废基高性能混凝土、预制件、节能型建筑材料等领域的高值化利用水平。组织开展工业固废资源综合利用评价，推动有条件地区率先实现新增工业固废能用尽用、存量工业固废有序减少。

（2）提升复杂难用固废综合利用能力。针对部分固废成分复杂、有害物质含量多、性质不稳定等问题，分类施策、稳步提高综合利用能力。积极开展钢渣分级分质利用，扩大钢渣在低碳水泥等绿色建材和路基材料中的应用，提升钢渣综合利用规模。加快推动锰渣、镁渣综合利用，鼓励建设锰渣生产活性微粉等规模化利用项目。探索碱渣高效综合利用技术。积极推进气化渣高效综合利用，加大规模化利用技术装备开发力度，建设一批气化渣生产胶凝材料等高效利用项目。

（3）推动磷石膏综合利用量效齐增。推动磷肥生产企业强化过程管理，从源头提高磷石膏可资源化品质。突破磷石膏无害化处理瓶颈，因地制宜制定磷石膏无害化处理方案。加快磷石膏在制硫酸联产水泥和碱性肥料、生产高强石膏粉及其制品等领域的应用。在保证安全环保的前提下，探索磷石膏用于地下采空区充填、道路材料等方面的应用。支持在湖北、四川、贵州、云南等地建设磷石膏规模化高效利用示范工程，鼓励有条件地区推行"以渣定产"。

（4）提高赤泥综合利用水平。按照无害化、资源化原则，攻克赤泥改性分质利用、低成本脱碱等关键技术，推进赤泥在陶粒、新型胶凝材料、装配式建材、道路材料生产和选铁等领域的产业化应用。鼓励山西、山东、河南、广西、贵州、云南等地建设赤泥综合利用示范工程，引领带动赤泥综合利用产业和氧化铝行业绿色协同发展。

3. 《关于加快构建废弃物循环利用体系的意见》

推进废弃物精细管理和有效回收，提高废弃物资源化和再利用水平，并培育壮大一批资源循环利用产业。到2025年，初步建成覆盖各领域、各环节的废弃物循环利用体系，大宗固体废弃物年利用量达到40亿t，新增大宗固体废弃物综合利用率达到60%。资源循环利用产业年产值达到5万亿元。到2030年，建成覆盖全面、运转高效、规范有序的废弃物循环利用体系，废弃物循环利用水平总体居于世界前列。

4. 《2030年前碳达峰行动方案》

提高矿产资源综合开发利用水平和综合利用率，以煤矸石、粉煤灰、尾矿、共伴生矿、冶炼渣、工业副产石膏、建筑垃圾、农作物秸秆等大宗固废为重点，支持大掺量、规模化、高值化利用，鼓励应用于替代原生非金属矿、砂石等资源。在确保安全环保前提下，探索将磷石膏应用于土壤改良、井下充填、路基修筑等。到2025年，大宗固废年利用量达到40亿t左右；到2030年，年利用量达到45亿t左右。

5.《关于"十四五"推动石化化工行业高质量发展的指导意见》

推动石化化工与建材、冶金、节能环保等行业耦合发展,提高磷石膏、钛石膏、氟石膏、脱硫石膏等工业副产石膏、电石渣、碱渣、粉煤灰等固废综合利用水平。鼓励企业加强磷钾伴生资源、工业废盐、矿山尾矿以及黄磷尾气、电石炉气、炼厂平衡尾气等资源化利用和无害化处置。有序发展和科学推广生物可降解塑料,推动废塑料、废弃橡胶等废旧化工材料再生和循环利用。

6.《"十四五"循环经济发展规划》

到 2025 年,主要资源产出率比 2020 年提高约 20%,单位 GDP 能源消耗、用水量比 2020 年分别降低 13.5%、16% 左右,农作物秸秆综合利用率保持在 86% 以上,大宗固废综合利用率达到 60%,建筑垃圾综合利用率达到 60%,废纸利用量达到 6 000 万 t,废钢利用量达到 3.2 亿 t,再生有色金属产量达到 2 000 万 t,其中再生铜、再生铝和再生铅产量分别达到 400 万 t、1 150 万 t、290 万 t,资源循环利用产业产值达到 5 万亿元。

7.《磷石膏综合利用行动方案》

到 2026 年,磷石膏综合利用产品更加丰富,利用途径有效拓宽,综合利用水平进一步提升,综合利用率达到 65%,综合消纳量(包括综合利用量和无害化处理量)与产生量实现动态平衡,建成一批磷石膏综合利用示范项目,培育一批专业化龙头企业,在云贵川鄂皖等地打造 10 个磷石膏综合利用特色产业基地,产业链发展韧性显著增强,逐步形成上下游协同发力、跨产业跨地区协同利用的可持续发展格局。

8.《"十四五"时期"无废城市"建设工作方案》

全面推进绿色矿山、"无废"矿区建设,推广尾矿等大宗工业固体废物环境友好型井下充填回填,减少尾矿库贮存量。推动大宗工业固体废物在提取有价组分、生产建材、筑路、生态修复、土壤治理等领域的规模化利用。以锰渣、赤泥、废盐等难利用冶炼渣、化工渣为重点,加强贮存处置环节环境管理,推动建设符合国家有关标准的贮存处置设施。支持金属冶炼、造纸、汽车制造等龙头企业与再生资源回收加工企业合作,建设一体化废钢铁、废有色金属、废纸等绿色分拣加工配送中心和废旧动力电池回收中心。加快绿色园区建设,推动园区企业内、企业间和产业间物料闭路循环,实现固体废物循环利用。推动利用水泥窑、燃煤锅炉等协同处置固体废物。开展历史遗留固体废物排查、分类整治,加快历史遗留问题解决。

9.《关于加快推进城镇环境基础设施建设的指导意见》

持续推进固体废物处置设施建设,推进工业园区工业固体废物处置及综合利用设施建设,提升处置及综合利用能力。加强建筑垃圾精细化分类及资源化利用。开展 100 个大宗固体废弃物综合利用示范。强化提升危险废物、医疗废物处置能力，建设国家和 6 个区域性危险废物风险防控技术中心、20 个区域性特殊危险废物集中处置中心。

10. 《减污降碳协同增效实施方案》

推进固体废物污染防治协同控制。强化资源回收和综合利用，加强"无废城市"建设。推动煤矸石、粉煤灰、尾矿、冶炼渣等工业固废资源利用或替代建材生产原料，到 2025 年，新增大宗固废综合利用率达到 60%，存量大宗固废有序减少。

11. 《资源综合利用企业所得税优惠目录（2021 年版）》

煤矸石、煤泥、化工废渣、粉煤灰、尾矿、废石、冶炼渣（钢铁渣、有色冶炼渣、赤泥等）、工业副产石膏、港口航道的疏浚物、江河（渠）道的淤泥淤沙等、风积沙、建筑垃圾、生活垃圾焚烧炉渣等工业固废资源综合利用均纳入了该目录。

12. 《关于完善资源综合利用增值税政策的公告》

增值税一般纳税人销售自产的资源综合利用产品和提供资源综合利用劳务，可享受增值税即征即退政策。

工业固废处理处置及综合利用相关政策汇总见表 6-2。

表 6-2 工业固废处理处置及综合利用相关政策汇总

时间	政策法规名称
2024 年	《国务院办公厅关于加快构建废弃物循环利用体系的意见》
2024 年	《磷石膏综合利用行动方案》
2022 年	《关于加快推动工业资源综合利用的实施方案》
2022 年	《工业领域碳达峰实施方案》
2022 年	《建材行业碳达峰实施方案》
2022 年	《国家工业和信息化领域节能技术装备推荐目录（2022 年版）》
2022 年	《关于"十四五"推动石化化工行业高质量发展的指导意见》
2022 年	《关于加快推进城镇环境基础设施建设的指导意见》
2022 年	《减污降碳协同增效实施方案》
2021 年	《"十四五"时期"无废城市"建设工作方案》
2021 年	《关于"十四五"大宗固体废弃物综合利用的指导意见》
2021 年	《2030 年前碳达峰行动方案》

续表

时间	政策法规名称
2021年	《2021年中央经济工作会议内容全文公报》
2021年	《"十四五"循环经济发展规划》
2021年	《资源综合利用企业所得税优惠目录（2021年版）》
2021年	《国家工业资源综合利用先进适用工艺技术设备目录（2021年版）》
2021年	《中共中央 国务院关于完整准确全面贯彻新发展理念做好碳达峰碳中和工作的意见》
2021年	《关于完善资源综合利用增值税政策的公告》
2021年	《国家发展改革委办公厅关于加快推进大宗固体废弃物综合利用示范建设的通知》
2021年	《中华人民共和国国民经济和社会发展第十四个五年规划和2035年远景目标纲要》
2021年	《中共中央 国务院关于深入打好污染防治攻坚战的意见》
2021年	《国务院关于加快建立健全绿色低碳循环发展经济体系的指导意见》
2021年	《国家发展改革委办公厅关于开展大宗固体废弃物综合利用示范的通知》
2021年	《"十四五"全国清洁生产推行方案》
2021年	《关于深入打好污染防治攻坚战共同推进生态环保重大工程项目融资的通知》
2020年	《中华人民共和国固体废物污染环境防治法》（2020年修订）
2019年	《国家发展改革委办公厅 工业和信息化部办公厅 关于推进大宗固体废弃物综合利用产业集聚发展的通知》
2018年	《"无废城市"建设试点工作方案》

（二）地方政策层面

在国家政策的引导下，近年来各省（区、市）地方政策也对工业固废处理行业有所提及。

1. 北京

(1)《北京市国土空间近期规划（2021年—2025年）》要求提升固废处理处置能力。

(2)《关于推进北京城市副中心高质量发展的实施方案》提出打造固废资源化循环体系。

2. 上海

(1)《上海市环境保护条例》(2022年修正)提出,采取措施推进工业固体废物等的减量化,鼓励采用先进技术、工艺、设备和管理措施对固体废物进行资源化再利用。

(2)《关于进一步优化补强本市固废、污水处置能力的实施方案》要求全面强化一般工业固废等分类申报等。

(3)《关于本市"十四五"加快推进新城规划建设工作的实施意见》提出到2025年,工业固废高效资源化利用水平位于全市前列。

3. 贵州

(1)《贵州省固体废物污染环境防治条例》要求产生工业固体废物的开发区、工业园区应当建设工业固体废物集中贮存、处置场。

(2)《贵州省"十四五"大宗工业固体废物综合利用规划》要求到2025年力争大宗工业固体废物综合利用率达到70%。

(3)《省人民政府关于全面加强磷石膏综合利用 推动磷化工产业绿色发展的意见》要求到2026年新产生的磷石膏全部实现无害化处理。

(4)《贵州省工业固体废物资源综合利用评价管理实施细则》

(5)《贵州省"十四五"时期"无废城市"建设推进方案》

4. 河北

(1)《河北省减污降碳协同增效实施方案》

(2)《关于公布第三批工业固废资源综合利用评价报告的通知》

5. 山西

(1)《山西省"十四五"低碳环保产业发展规划》

(2)《山西省制造业绿色低碳发展2023年行动计划》

6. 内蒙古

(1)《内蒙古自治区工业领域绿色低碳先进技术推广目录(2023年)》

(2)《内蒙古自治区工业领域碳达峰实施方案》

(3)《呼和浩特市"十四五"时期"无废城市"建设实施方案》

7. 陕西

(1)《陕西省碳达峰实施方案》

(2)《陕西省工业领域碳达峰实施方案》

8. 山东

《关于印发山东省减污降碳协同增效实施方案的通知》

9. 河南

(1)《河南省工业领域碳达峰实施方案》

(2)《河南省"十四五"时期"无废城市"建设工作方案》

10. 宁夏

(1)《宁夏回族自治区一般工业固体废物综合利用项目管理办法》

(2)《住房城乡建设领域推动"无废城市"建设工作方案》

11. 吉林

(1)《吉林省城乡建设领域碳达峰工作方案》

(2)《吉林省财政厅关于支持绿色低碳发展推动碳达峰碳中和的实施意见》

12. 辽宁

(1)《辽宁省工业和信息化厅关于做好工业固体废物资源综合利用评价工作的通知》

(2)《辽宁省"十四五"时期"无废城市"建设推进方案》

13. 湖北

(1)《关于印发湖北省"无废城市"建设三年行动方案的通知》

(2)《湖北省化工产业转型升级实施方案（2023—2025年）》

14. 湖南

(1)《湖南省生态环境厅 湖南省科学技术厅关于征集2024年湖南省生态环境保护实用技术的通知》

(2)《长沙市"十四五"时期"无废城市"建设实施方案》

15. 四川

(1)《四川省进一步推进工业资源综合利用工作方案（2023—2025）》

(2)《四川省工业领域碳达峰实施方案》

(3)《四川省减污降碳协同增效行动方案》

16. 安徽

《合肥市一般工业固废收集转运利用处置工作方案》

17. 云南

(1)《关于印发云南省工业领域碳达峰实施方案的通知》

(2)《云南省磷建筑石膏建材产品推广应用工作方案》

(3)《云南省固体废物污染环境防治条例》

18. 广东

《广东省发展改革委关于做好污染治理和节能减碳专项2024年中央预算内投资项目储备申报工作的通知》

19. 福建

《福建省生态环境保护条例》

20．江苏

（1）《江苏省绿色建材产业高质量发展三年行动方案（2023—2025 年）》

（2）《江苏省全域"无废城市"建设工作方案》

21．浙江

（1）《浙江省工业固体废物污染环境防治规划（2022—2025 年）》

（2）《浙江省工业领域碳达峰实施方案》

22．海南

《海口市"无废城市"建设实施方案（2022—2025 年）》

23．黑龙江

《黑龙江省工业领域碳达峰实施方案》

24．新疆

《新疆维吾尔自治区工业领域碳达峰实施方案》

（三）规范标准层面

1．《一般工业固体废物贮存和填埋污染控制标准》（GB 18599—2020）

该标准与修订前相比，明确了一般工业固体废物可用于井下地下采空区充填以及露天开采地表挖掘区、取土场、地下开采塌陷区以及天然坑洼区的回填活动，有效拓展了利用和处置途径，为实现"无废城市"、推动大宗工业固体废物贮存、处置总量趋零增长目标提供支撑。同时，将符合条件的大宗工业固废应用于生态修复领域也符合双碳战略政策。

2．《锰渣污染控制技术规范》（HJ 1241—2022）

该标准规定了锰渣在收集、贮存、运输、预处理、利用、充填、回填和填埋过程中的污染控制以及监测和环境管理要求。

3．2024 年 11 月，生态环境部发布了生态环境标准《磷石膏利用和贮存污染控制技术规范（征求意见稿）》和《赤泥利用污染控制技术规范（征求意见稿）》

这两项标准均提出了充填利用、回填利用及其他方面综合利用的污染控制技术要求，指导开展磷石膏、赤泥规模化综合利用工作。

4．内蒙古自治区市场监督管理局发布《一般工业固体废物用于矿山采坑回填和生态恢复技术规范》（DB15/T 2763—2022）

在国家控制标准的基础上，该标准对一般固废回填的实施要求进行了细化，使其更具有操作性。从全国范围来看，这一标准是"无废城市"建设制度和管理上的创新，提升了一般工业固体废物污染防治和资源化利用水平，同时解决了大量采坑开展生态修复过程中所需充填材料的来源问题，对一般工业固体废物的合理可控去除、二次污染防治以及采坑区域生态修复治理具有重要指导意义。

5. 内蒙古标准发展促进会发布团体标准《粉煤灰堆场生态修复技术规范》（T/NMSP 6—2024）

该标准规定了粉煤灰堆场生态修复的原则和工作内容，以及调查评估、生态修复工程、施工与验收、后期管理与维护的要求。适用于粉煤灰堆场的生态修复。

6. 安徽省地方标准《废弃露天采坑一般工业固废处置与生态修复技术规范》（DB34/T 4541—2023）

该标准规定了利用一般工业固体废物回填废弃露天采坑与生态修复工程的选址、勘察、设计、堆填、生态修复、安全及环境监测、竣工验收等要求，为项目实施提供了实施细则。

7. 四川达州市地方标准《磷石膏基植生材料生态修复应用技术规范》（DB5117/T 76—2023）

该标准规定了磷石膏基植生材料生态修复技术的总体要求、材料要求、实施要求、检测要求、验收和管护要求，适用于达州市行政区域内应用磷石膏基植生材料对露天场地进行生态修复。

8. 云南省地方标准《改性磷石膏用于矿山废弃地生态修复回填技术规范》（DB53/T 1269—2024）

该标准规定了磷石膏用于矿山废弃地回填和生态修复的基本要求及工作流程，包括矿山废弃地选址要求、矿山废弃地环境本底调查、磷石膏改性前要求、改性磷石膏要求、回填环境风险评估、回填要求、生态修复要求、污染控制要求、生态环境质量监测要求、档案和后期管理要求等。标准的实施将有力推动云南省矿山废弃地生态修复治理工作进程，提升云南省磷石膏资源化利用率，推动磷化工行业可持续发展。

9. 2024年7月5日，贵州省印发《贵州省磷石膏无害化处理、综合利用和暂存污染控制技术规范（试行）》

文件规定了磷石膏无害化处理、综合利用和暂存的总体要求，无害化处理工艺、综合利用控制指标，磷石膏资源暂存，环境和污染物监测、分析方法、实施与监督。适用于新产生的磷石膏无害化处理、综合利用、暂存过程中的污染控制与环境管理，可作为与磷石膏无害化处理、综合利用、暂存有关建设项目的环境影响评价、环境保护设施设计、竣工环境保护验收、排污许可管理、清洁生产审核等的技术依据。

10. 2024年11月7日，湖北荆门市发布《无害化磷石膏综合利用露天矿山生态修复全过程环境监管规范》（DB4208/T 82—2024）

该标准规定了无害化磷石膏用于露天矿山开采生态修复过程的环境监管内容，主要包括监管前期准备、资料检查、入场管理、污染治理设施检查、污染防治监管、应急管理、报告及档案管理等，适用于无害化磷石膏用于露天开采矿山生态修复入场至项目竣工验收阶段的全过程。

11. 2024年5月13日，贵州省发布《煤矸石填沟造地技术规程（试行）（征求意见稿）》

文件规定了煤矸石填沟造地项目选址、建设、运行、土地复垦等过程的技术要求、安全环保、水土保持、监督管理要求等内容。

二、市场需求与增长潜力

根据资料统计，全国历史堆存一般工业固废总量为600亿t，其中尾矿320亿t、煤矸石70亿t、粉煤灰30亿t、赤泥13亿t、磷石膏10亿t，其他为157亿t。详见表6-3。

表6-3 历史堆存一般工业固废情况　　　　　　　　　　　　　　亿t

种类	一般工业固废	尾矿	煤矸石	粉煤灰	赤泥	磷石膏	其他
产生量	600	320	70	30	13	10	157

（1）近5年全国一般工业固废产生及综合利用情况

近5年全国一般工业固废产生量为36.8亿～42.8亿t，综合利用量为19.5亿～25.7亿t，综合利用率为51%～60%。详见表6-4、图6-2。

表6-4 近5年全国一般工业固废产生及综合利用情况

时间	2019年	2020年	2021年	2022年	2023年
产生量（亿t）	38.2	36.8	38	41.1	42.8
综合利用量（亿t）	19.5	20.4	20	23.7	25.7
综合利用率（%）	51.0	55.4	52.6	57.7	60.0

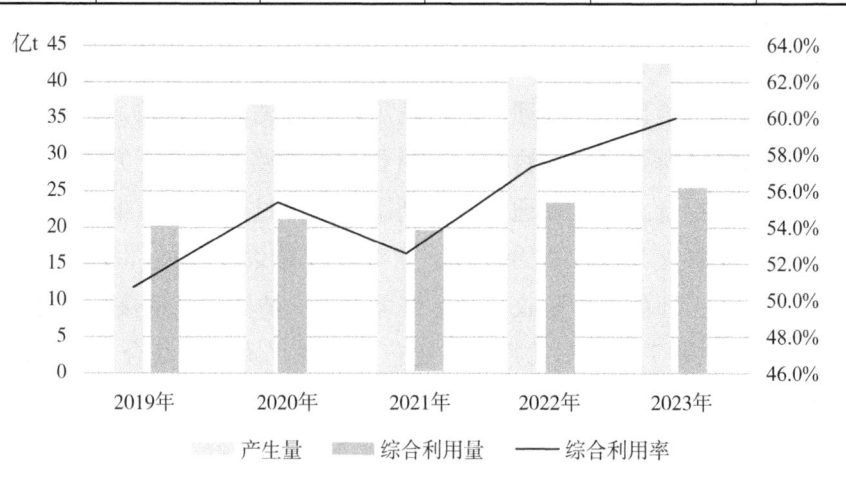

图6-2 近5年全国一般工业固废产生及综合利用情况图

(2) 近 5 年全国尾矿产生及综合利用情况

近 5 年全国尾矿产生量为 10.3 亿～15 亿 t，综合利用量为 2.8 亿～5 亿 t，综合利用率为 27.2%～35.2%。详见表 6-5、图 6-3。

表 6-5　近 5 年全国尾矿产生及综合利用情况

时间	2019 年	2020 年	2021 年	2022 年	2023 年
产生量（亿 t）	10.3	12.75	14.19	13.57	15
综合利用量（亿 t）	2.8	4.05	5	4.47	5
综合利用率（%）	27.2	31.8	35.2	32.9	33.3

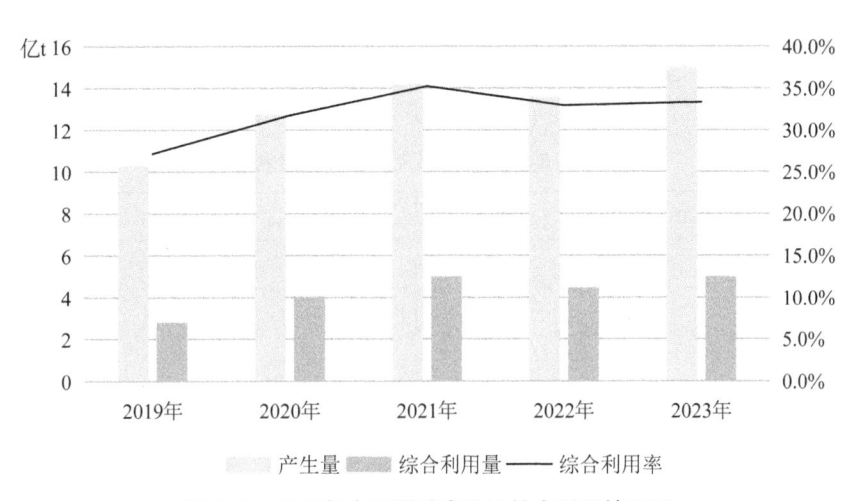

图 6-3　近 5 年全国尾矿产生及综合利用情况图

(3) 近 5 年全国煤矸石产生及综合利用情况

近 5 年全国煤矸石产生量为 4.8 亿～8.29 亿 t，综合利用量为 2.90 亿～6.07 亿 t，综合利用率为 60.4%～75.5%。详见表 6-6、图 6-4。

表 6-6　近 5 年全国煤矸石产生及综合利用情况

时间	2019 年	2020 年	2021 年	2022 年	2023 年
产生量（亿 t）	4.8	7.29	7.35	7.91	8.29
综合利用量（亿 t）	2.9	5.26	5.43	5.97	6.07
综合利用率（%）	60.4	72.2	73.9	75.5	73.2

(4) 近 5 年全国粉煤灰产生及综合利用情况

近 5 年全国粉煤灰产生量为 5.4 亿～8.99 亿 t，综合利用量为 4.1 亿～6.96 亿 t，综合利用率为 71.4%～79.1%。详见表 6-7、图 6-5。

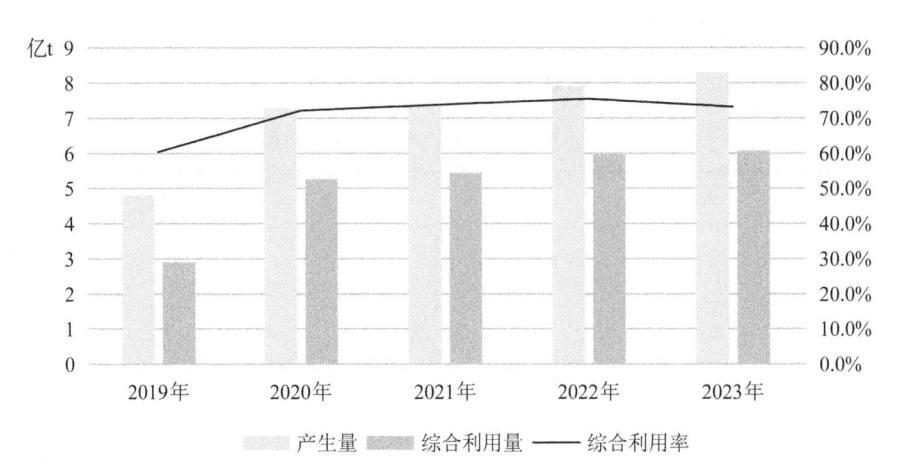

图 6-4　近 5 年全国煤矸石产生及综合利用情况图

表 6-7　近 5 年全国粉煤灰产生及综合利用情况

时间	2019 年	2020 年	2021 年	2022 年	2023 年
产生量（亿 t）	5.4	6.5	7.04	8.31	8.99
综合利用量（亿 t）	4.1	5.07	5.03	6.57	6.96
综合利用率（%）	75.9	78.0	71.4	79.1	77.4

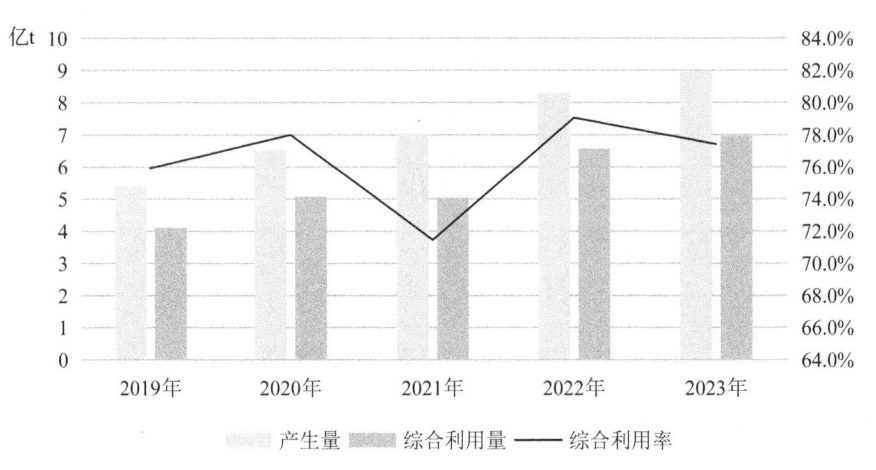

图 6-5　近 5 年全国粉煤灰产生及综合利用情况图

（5）近 5 年全国赤泥产生及综合利用情况

近 5 年全国赤泥产生量为 10 000 万～12 300 万 t，综合利用量为 800 万～1 050 万 t，综合利用率为 6.5%～9.8%。详见表 6-8、图 6-6。

表 6-8　近 5 年全国赤泥产生及综合利用情况

时间	2019 年	2020 年	2021 年	2022 年	2023 年
产生量（万 t）	10 000	10 600	12 000	12 300	10 700
综合利用量（万 t）	850	850	800	800	1 050
综合利用率（%）	8.5	8.0	6.7	6.5	9.8

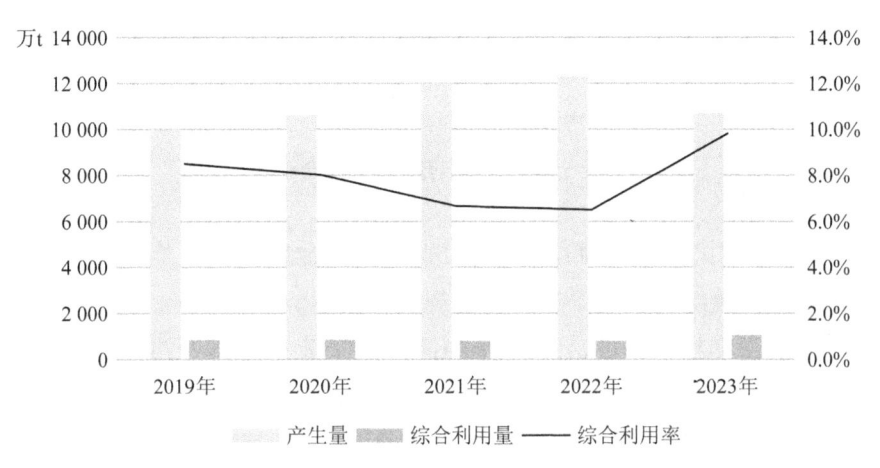

图 6-6　近 5 年全国赤泥产生及综合利用情况图

（6）近 5 年全国磷石膏产生及综合利用情况

近 5 年全国磷石膏产生量为 7 500 万～8 100 万 t，综合利用量为 3 000 万～3 880 万 t，综合利用率为 40%～50.4%。详见表 6-9、图 6-7。

表 6-9　近 5 年全国磷石膏产生及综合利用情况

时间	2019 年	2020 年	2021 年	2022 年	2023 年
产生量（万 t）	7 500	7 810	7 511	7 700	8 100
综合利用量（万 t）	3 000	3 260	3 650	3 880	3 520
综合利用率（%）	40.0	41.7	48.6	50.4	43.5

通过上述数据分析可以看出，近 5 年一般工业固废综合利用率有所波动，但整体呈上升趋势，基本达到"十四五"国家规定的 60% 的目标，但尾矿、磷石膏、赤泥等工业固废综合利用率远不能满足 60% 的要求，同时，在资源循环经济政策背景下，"十五五"时期工业固废综合利用率要求会进一步提升。随着全国基础设施建设速度

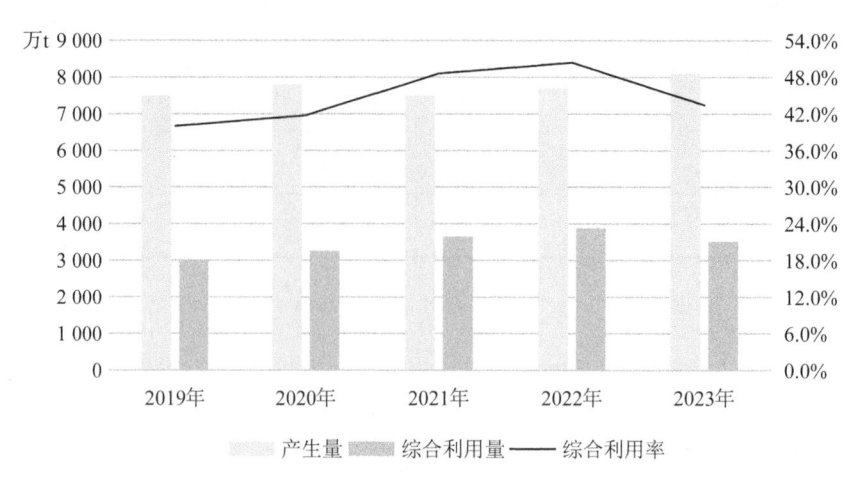

图 6-7　近 5 年全国磷石膏产生及综合利用情况图

放缓，现有综合利用率较高的粉煤灰等工业固废综合利用率可能存在下降趋势，仍需拓展一般工业固废综合利用渠道，实现规模化消纳。

根据现有数据和趋势分析，2025 年中国一般工业固废行业市场空间预计将继续保持增长态势。具体市场空间的估算可以从以下几个方面进行考量。

① 市场规模的增长。根据上述 2019—2023 年的数据统计，我国工业固废年综合利用量从 2019 年的约 19.5 亿 t 增加到 2023 年的约 25.7 亿 t，年均复合增长率约为 6.36%。预计这一增长趋势将在 2025 年仍然延续。

② 政策推动。国家政策的推动、工业结构的调整以及对环保要求的提升，促进了资源回收和循环利用技术的发展。这些政策将继续支持工业固废处理行业的发展。

③ 技术进步。随着技术的进步，工业固废处理的效率和资源化利用率将不断提高，进一步推动市场空间的扩大。

④ 市场需求。工业生产过程中产生的固废量不断增加，对固废处理的需求也在持续增长。特别是在快速发展的经济体和新兴市场国家中，这种需求尤为明显。

综合以上因素，可以预测，2025 年中国一般工业固废行业市场空间将保持稳健增长，处理能力和资源化利用率将进一步提升。

第四节　成功案例与经验分享

一、无害化磷石膏生态修复综合利用试点项目

（一）项目概况

四川省首个利用大宗工业固废的生态修复工程——磷石膏无害化处理矿坑充填生态修复试点项目于达州市展开。本项目以磷石膏为原料，将磷石膏无害化处理后用作采石场生态修复回填材料，通过地貌重塑、土壤重构及植被重建等措施开展生态修复工作。该项目利用无害化磷石膏77万t，修复土地面积约5.398 hm²。

（二）生态修复方案

按照《矿山生态修复技术规范》（TD/T 1070—2022）、《一般工业固体废物贮存和填埋污染控制标准》（GB 18599—2020）标准规范要求，参考达州市最新颁布的《磷石膏无害化处理技术规范》（DB 5117/T 75—2023）、《磷石膏基植生材料生态修复应用技术规范》（DB 5117/T 76—2023）两个地方标准，项目分为生态修复柔性区和生态修复刚性区进行建设。

（1）生态修复柔性区。工程措施主要有场地修整及拦挡、场地周边截排水、污染防控、无害化磷石膏回填、生态覆绿。

（2）生态修复刚性区。工程措施主要有底部和边坡清理、底部支护及导流、无害化磷石膏回填、顶部防护、绿化复垦、生态环境监控。

（三）项目经验总结

该项目修复治理面积约5.398 hm²，南北长约309.24 m、东西长约175.17 m。修复后采石场可恢复绿地面积约3.955 8 hm²，植被覆盖率提升73.29%，生态环境保护方面能达标绿色矿山建设要求，生态质量得以改善，消除灾害安全隐患，恢复采石场景观、实现采石场绿化复垦功能（图6-8）。

项目建设过程中坚持"山水林田湖草沙"一体化治理，最大限度地避免、减轻因采石场开采引发的地质灾害，减少对土地资源的影响和破坏，减轻对周边地质环境的影响，实现资源开发与环境保护相协调，走上经济效益与社会效益、资源效益与

图 6-8　达州采石场生态修复前后对照图

生态效益、保障资源安全与保护生态环境、生态环境与矿区群众意愿统筹协调的内涵式发展道路，实现磷石膏资源综合利用及"以废治害"的目标，为磷石膏等大宗工业固废规模化综合利用开拓了新路径。

二、其他工业固废生态修复项目

近年来，我国不同地区实施的不同类型大宗工业固废用于采坑回填协同生态修复的实践案例见表 6-10。

表 6-10　大宗工业固废用于采坑回填协同生态修复案例

项目名称	时间	地点	固废类型	采坑信息	回填概况
大孤山铁矿露天采矿生态修复工程	2023 年	辽宁鞍山	铁尾矿	深凹采坑，垂直深度约 400 m，体积 2.92×10^6 m³	采用尾砂胶结固化回填方式，复垦为有林地
昆明某磷矿关停矿山生态修复项目	2022 年	云南昆明	磷石膏	原始地貌已完全破坏，有 4 个大小不一的采坑，坑底坑壁有基岩裸露	磷石膏新型生态修复材料作为回填材料，做防渗处理，最后恢复为林地
铜陵某露天采坑尾矿回填实践项目	2022 年	安徽铜陵	尾矿	某铜矿废弃露天采坑	露天坑底采取平整、防渗、井下封闭、建设排水系统等措施后，用尾砂进行了成功回填
抚顺西露天矿闭坑回填	2023 年	辽宁抚顺	页岩渣、钢渣、煤矸石	煤采坑面积为 13.2 km²，开采垂直深度 388 m	运用页岩渣、钢渣、碱渣、煤矸石等按比例混合回填的方式对西露天矿坑进行回填治理
某钨矿山露天采矿回填	—	湖南某地	尾矿	钨矿山坡—凹陷露天采坑	尾砂胶结回填，在露天坑底及边坡位置均铺设复合土工膜

续表

项目名称	时间	地点	固废类型	采坑信息	回填概况
福泉公鸡山露天坑生态修复项目	2019年	贵州福泉	磷石膏	公鸡山露天采坑体积为 100×10^4 m³，深度约为 53 m	将无害化磷石膏运送至采坑，采用粉状回填、层层压实等方式，最终实现 5.63 万 m³ 露天采空区生态修复治理
瓮福磨坊矿露天矿采空区生态修复项目	2023年	贵州福泉	磷石膏	露天采坑	磷石膏为生态修复原材料，通过地貌重塑、土壤重构及植被重建等措施开展生态修复工作。综合利用磷石膏 126 万 t，实现磷石膏资源综合利用及"以废治害"目标
阿刀亥煤矿综合利用灰渣回填采坑生态修复	2022年	内蒙古包头	炉渣、粉煤灰	煤矿露天采坑	建设内容为防渗工程、渗滤液导排系统、采坑回填工程、植被恢复工程

第五节 工业固废综合利用发展建议

一、高值化综合利用

在工业固废高值化综合利用方面，一是加快综合利用技术攻关，发挥企业主体作用，加强产学研用合作，着力突破磷石膏、电解锰渣、赤泥等工业固体废物综合利用关键共性技术，着力推动再生资源高效利用技术研发。二是加强产废企业与综合利用企业协作配套，推动综合利用产业与上下游建材、建筑、生态、农业等领域深度融合，实现循环发展。三是着力培育一批综合利用龙头骨干企业，打造一批工业资源综合利用基地，推动工业固体废物和再生资源规模化、高值化利用。

二、规模化综合利用

在规模化利用方面，一是加强工业固体废物低成本无害化处理、低碳规模化利用等技术的开发与应用。如与湿法磷酸生产耦合的磷石膏无害化及产品化技术、化工冶金一般工业固废在不同地质条件下的井下（矿坑）充填技术等。二是多部门联合制定固体废物治理标准体系。一般工业固体废物治理涉及发改、工信、生态环境、科技、自然资源、住房和城乡建设等相关部门，各部门之间各有侧重，固体废物治理标准体系的制定要打通部门之间的壁垒，形成共识，多部门联合制定，才便于推广应用。三是加快制定和发布一批一般工业固体废物治理的标准体系，为固体废物安全堆存和资源化规模利用提供支撑。如加快制定无害化磷石膏、无害化赤泥等固废在不同地质条件下进行井下（矿坑）充填、生态修复等方面应用的技术规范及其风险评价等标准规范。

三、无害化资源化综合利用展望

由于我国一般工业固废产量大，一般工业固废综合利用在安全环保的前提下，重点开展回归地球循环的充填及回填工作。

1. 建立协调工作机制，探索创新管理模式

通过"无废城市"建设，在以矿业为主的城市建立自然资源、生态环境、工业和信息化、发展改革、应急管理、林草等多部门协调工作机制，统筹大宗固体废物污染防控和综合利用、土壤风险管控和修复与国土空间规划、项目建设设计及管理流程整合，同向而行，共同谋划并推进实施区域内大宗固体废物采坑回填协同生态修复项目。比如，包头市发布的《包头市一般工业固体废物用于矿山采坑回填和生态恢复管理规定》就明确了各部门职责与项目实施流程。

2. 开展重点固废回填工程示范，提供"他山之石"

鼓励典型城市矿区区域利用大宗固体废物采坑回填协同生态修复项目工程示范，从项目设计之初，就严格按照示范工程的标准实施，包括记录留存大宗固体废物污染特征、环境本底、水文地质情况等调查结果；记录留存基于现场实际对现有已开展项目历史监测数据；分析不同物料类型、回填方式、防渗条件设置等对回填效果的影响；长期跟踪监测土壤和地下水特征污染物变化情况。在以上数据信息的基础上，科学开展回顾性评估和预测，探索完善环境风险评估方法和参数，形成可复制、可推广的典型经验和案例。

3. 摸清基础情况，逐级分类有序开发利用

分步分类开展一般工业固废排查整治专项行动，查清典型固废历史堆存和年产量，借助自然资源、应急管理等部门发布的矿山基础信息，摸清拟回填场所的数量、分布、水文地质条件、气候地理、周边环境敏感度等基础信息特征。在地方层面，根据固废种类，进一步细化回填技术指南文件，引导推进分类开发利用。优先利用环境风险低的回填场所，优先利用非有色金属尾矿、煤矸石等，赤泥、磷石膏等可采取预处理方法，降低环境风险后实施回填程序。

4. 建立评价评估体系,提升环境监管水平

以保护生态环境和人类健康为目标,根据固体废物类型和回填所在区域场景,建立完善大宗工业固废回填和生态修复风险评估方法体系,研究制定和完善相关技术规范,制定和完善污染物扩散预测模型并提出选择要求,制定和完善关键技术参数和管控目标,构建基于全国—地方从上至下的事前、事中和事后的全过程环境监管政策体系,保障大宗固体废物回填协同生态修复的科学性。

第七章　土壤中新兴污染物处理技术

随着社会经济的快速发展，农业、工业和城市活动的日益频繁，土壤污染问题日趋严峻。传统的污染物（如重金属、部分有机污染物等）得到了广泛研究和初步控制。然而，自20世纪中叶以来，各种合成有机化合物生产激增。合成有机化合物在促进新药和材料的开发，提高农业生产力方面为人类福祉做出了积极的贡献，但同时也引发了新的环境污染问题。其中，一类被称为"新兴污染物"（Emerging Contaminants，ECs）的化学物质逐渐进入公众视野，包括药品和个人护理品、抗生素、微塑料、激素、农药残留及其他难降解有机物等。这些物质不一定是新的化学品，虽然在环境中的含量相对较低，但由于其潜在的生物累积性、持久性和生态毒性，所以在近期已成为全球环境保护领域关注的焦点。新兴污染物的环境行为较为复杂，它们可能在土壤中发生降解、吸附、迁移和累积。现有研究表明，某些新兴污染物在土壤中的降解时间较长，甚至在一定条件下具有较高的迁移能力，从而扩大其环境影响。因此，研究新兴污染物在土壤中的分类、来源及其处理技术具有重要的理论和现实意义。

第一节　新兴污染物概述

一、种类、危害与来源

（一）种类与危害

土壤中新兴污染物的出现及其潜在风险逐渐引起人们的广泛关注。这些污染物根据性质可分为有机、无机和生物新兴污染物，具有隐蔽性、持久性、广泛性和危害性等特点，对生态环境和人类健康构成潜在威胁。土壤中的新兴污染物不仅会导致土壤成分的不可逆变化，进而改变其物理、化学和生物性质，影响土壤的生态功能和肥力，还可能通过食物链和饮用水等途径进入人体，增加健康风险。此外，它们对野生动植物的生存与繁殖也会产生不利影响，削弱生态平衡，减少土壤微生物多样性，从而威胁生态系统的稳定性。部分新兴污染物在环境中难以降解，其长期累积会进一步导致作物发育受损和农业生产力下降，进而对环境和经济产生深远影响。新兴污染物具有广泛性和难控性，它们不仅对生物多样性构成威胁，还给人类健康带来长期风险。因此，明确新兴污染物的种类、来源与危害有助于进一步对其进行研究和监测，以应对其带来的生态和健康挑战。

1. 有机型新兴污染物

（1）持久性有机污染物

持久性有机污染物（Persistent Organic Pollutants，POPs）指人类合成的能持久存在于环境中，并对人类健康造成有害影响的化学物质。这些污染物在环境中非常稳定，难以通过自然过程（如光降解、化学降解或生物降解）迅速分解，因此可以在环境中长期存在。同时，POPs能够在生物体内积累，特别是在脂肪组织中，还会通过食物链逐级放大，在高营养级生物体（如人类）中达到较高浓度，这将引发一系列的健康问题，包括生殖障碍、免疫系统改变、神经行为障碍、内分泌紊乱、遗传毒性以及致癌性。有研究发现，长期接触POPs会显著增加与衰老相关疾病的患病风险，包括高血压、糖尿病、自身免疫性疾病和流产，会诱导基因组DNA损伤以及造成DNA端粒的缩短和功能失调，给人类生存带来严重威胁。目前，常见的POPs主要可分为三大类。

① 农药类化合物

农药类POPs主要包括早期广泛使用的有机氯类农药。这些化合物通常具有较强的杀虫效果，在环境中具有较高的稳定性。常见的农药类POPs包括滴滴涕（DDT）、氯丹（Chlordane）、艾氏剂（Aldrin）、七氯（Heptachlor）和狄氏剂（Dieldrin）等。这类化合物虽然已在许多国家被禁用，但由于其长期的环境残留，仍然对生态系统和人类健康构成威胁。

② 工业化合物

工业化合物类POPs包括用于工业生产过程中的化学物质，特别是在电气设备、建筑材料和防水涂层中广泛应用的多氯联苯（Polychlorinated Biphenyls，PCBs）和全氟辛烷磺酸（Perfluorooctane Sulfonate，PFOS）。这类化合物在其生产和使用过程中通过各种途径释放到环境中，表现出极强的化学稳定性和生物累积性，已成为全球关注的POPs。

③ 不完全燃烧的副产物

不完全燃烧的副产物是POPs的又一大类，主要包括二噁英（Dioxins）和呋喃（Furans）等化合物。这些化合物通常是在焚烧含氯材料、工业废物或化学生产过程中作为副产物生成的。二噁英类和呋喃类化合物具有强烈的毒性和环境持久性，尤其容易在低温焚烧过程中生成。垃圾焚烧、工业生产以及其他含氯物质燃烧活动被认为是其主要的来源。

（2）药品和个人护理产品

药品和个人护理产品（Pharmaceuticals and Personal Care Products，PPCPs）是近年来备受关注的另一类新兴污染物。PPCPs 主要包括用于治疗和预防疾病的药品以及日常使用的个人护理产品。药品类物质主要源自人类和动物的医疗使用，通常通过排泄进入下水系统，并经由污水处理厂排放至环境中。常见的药品类污染物包括抗生素（如青霉素、四环素等）、激素类药物（如炔雌醇、雌二醇）和止痛药（如布洛芬、阿司匹林等）。这些物质由于其在生物体内的靶向作用机制，即使在痕量水平下仍可能引发生态风险和健康危害。个人护理产品则广泛应用于日常清洁、护肤和美容产品中，包括抗菌剂（如三氯生）、紫外线过滤剂（如二苯甲酮）和防腐剂（如对羟基苯甲酸酯）等。这些物质通过清洁、洗涤等途径进入水体，并表现出一定的环境持久性和生物毒性。而现有的污水处理技术难以完全去除这些复杂的化学物质，导致 PPCPs 及其代谢产物以原型或部分降解形式进入地表水、地下水及土壤中。同时，这些化合物在环境中可以通过光降解、微生物降解等途径发生转化，但其降解产物可能具有与母体化合物相似或更高的毒性，进而增加了环境风险。

PPCPs 对生态系统和人体健康的影响广泛而深远。药品类物质，尤其是抗生素和激素类化合物，能够干扰水生生物的内分泌系统，导致其发育畸形、繁殖能力下降等。此外，抗生素的长期残留还可能加剧抗生素耐药性基因扩散，威胁全球公共健康。个人护理产品中的抗菌剂和防腐剂则可能对水生生态系统产生毒性效应，并具有内分泌干扰和潜在致癌性。尽管 PPCPs 在环境中的浓度较低，但其长期暴露的健康风险尚未完全明确。某些 PPCPs，如抗生素和激素类药物，可能通过饮用水进入人体，长期接触可能引发内分泌失调、免疫抑制及抗药性问题。

（3）微/纳米塑料

塑料的发明是材料领域的一项重要创新，为日常生活和工业生产带来了许多便利。然而，其使用和回收利用面临一系列严重问题。塑料的回收利用效率普遍较低，只有大约 20% 的塑料被回收利用，而剩下的 80% 最终积累在土壤、河流和海洋环境中。这些塑料废物在物理、化学或生物作用下被分解成更小的碎片和颗粒，逐渐形成粒径大小在 1 μm～5 mm 的微塑料和粒径小于 100 nm 的纳米塑料。

微/纳米塑料（Micro/Nano Plastics，MNPs）的来源广泛，主要来自个人护理产品、农业废弃物及工业排放。例如，去角质洗面奶和牙膏等日常用品中含有的微塑料颗粒会随污水进入水体环境；农用塑料膜的长期使用和降解也是重要来源之一。此外，塑料生产和加工中的细小颗粒同样是环境中微/纳米塑料的重要来源。

然而，土壤环境中的微塑料往往会在老化作用下改变其理化性质，如官能团、粒径等。这将影响它们在土壤中的稳定性、反应性和流动性。同时，MNPs 可能改变土壤的理化性质，影响土壤微生物活性和植物生长。有研究者通过试验证明，MNPs 的存在会导致土壤微量营养素和生物物理特性发生变化，使植物的光合作用发生变化。此外，MNPs 具有疏水性强、粒径小、比表面积大、化学性质稳定、携带其他环境污染物（如抗生素、重金属）等特点，可在环境中积累、迁移和扩散，通过食物链或饮用水进入人体后，可能在消化系统中积累，引发炎症、免疫反应甚至基因毒性。

2. 无机型新兴污染物

（1）重金属

重金属作为无机新兴污染物，已成为环境保护的重要议题。重金属通常指的是密度大于 5 g/cm^3 的金属元素，能在环境中长时间存在。同时，重金属具有毒性和生物累积性，即使在水和土壤中的浓度较低，其污染也会对人类和其他陆生动物的健康构成严重威胁。常见的重金属包括汞、硒、镉和锑等元素。硒（Se）是一种人体必需的准金属元素，被归类为释放到环境中的新兴人为污染物。在微量水平时，其对于包括人类、动物、植物等在内的所有生物是一种至关重要且必需的营养素。然而，由于工矿企业排放、农业活动和固体废物填埋，环境中硒的含量逐渐增加，对水和土壤环境造成严重污染，给人类健康构成严重威胁。镉（Cd），由于其毒性高和易富集而备受关注，已经成为影响人类健康毒性最强的重金属之一。有研究发现，镉可与钙等二价阳离子竞争进入人体，引起慢性 Cd 中毒。此外，镉可以抑制碳的固定，降低叶绿素含量和光合活性，并引起一系列环境问题。

（2）纳米颗粒

纳米颗粒是指至少在一个维度上粒径在 1~100 nm 之间的颗粒，它们在结构、表面效应、光学特性和机械性能等方面与宏观材料有显著差异。因此，纳米颗粒在多个领域展现出巨大的潜力。但其潜在的环境风险和引发的健康问题也受到人们越来越多的关注。通常，纳米颗粒可通过自然环境过程（如森林火灾、火山爆发、水土流失等）或人为过程（如汽车尾气排放、采矿、使用和处置纳米颗粒产品、废物修复或生物积累等）释放到环境中。同时，纳米颗粒最有可能通过呼吸、直接接触皮肤和眼睛或通过胃肠道途径与人类和动物接触。例如，纳米颗粒由于其尺寸极小，极易被生物体吸收并在体内积累，尤其是在肝脏、肾脏和脾脏等器官中，会对细胞和组织造成损害，导致炎症、氧化应激、DNA 损伤甚至细胞死亡。研究人员研究发现，氧化锌纳米颗粒可诱导生物体氧化应激，并导致遗传毒性损伤和进一步的基因突变。同时，生物体还会出现细胞周期停滞、细胞器功能紊乱和细胞死亡等现象。此外，释放到环境中的纳米颗粒也会对土壤微生物、植物和水生生物的生长发育造成影响，

（3）放射性废弃物

放射性废弃物是指那些含有放射性核素，其放射性水平足以对人类健康、环境安全造成危害，并需要按照放射性物质管理的相关规定进行处理的固体、液体或气体物质。近年来，放射性废弃物的土壤污染问题引起了全世界越来越多的关注，放射性废弃物因其对人类和其他生物体具有严重风险而闻名，比其他无机污染物具有更大的危害，可显著增加癌症、细胞死亡、免疫和内分泌系统紊乱等对人体造成损害的风险。放射性废弃物来源既有自然的，也有人为的，包括岩石和土壤的自然风化、工业和农业活动、城市废水、垃圾填埋场和废物处理场、矿物燃料燃烧产生的大气排放、医院和核设施大量危险和有毒污染物的排放等。一些常见的放射性废弃物有 ^{238}U、^{235}U、^{234}U、^{90}Sr、^{137}Cs、^{226}Ra、^{232}Th、^{210}Pb 等。其中，^{90}Sr 和 ^{137}Cs 是核事故中涉及最多的放射性核素，而 ^{90}Sr 是铀和钚的裂变副产物，在土壤中比其他核素扩散得更远。其物理化学性质与钙（Ca）相似，由于这种相似性，^{90}Sr 可能会在骨骼中积聚，从而导致白血病和骨髓癌。此外，^{90}Sr 还可以均匀地分布在整个土壤粒径部分中，因此难以去除。^{137}Cs 则是钍和铀裂变的副产品，容易导致不孕症、全身瘫痪、肺癌和甲状腺癌。

3. 生物型新兴污染物

生物型新兴污染物指随着人类活动和环境变化出现的、可能对生态系统和人类健康构成威胁的生物型污染物。这些污染物与传统的化学污染物不同，它们主要包括病原菌、病毒、原生动物、抗生素抗性基因（ARG）、蛋白质污染物、转基因生物等。生物型新兴污染物的来源包括农业和畜牧业中的抗生素使用、城市污水处理不完全、医药废弃物排放，以及通过自然环境中风、水流和动物等途径的传播扩散。这些污染物在环境中难以降解，易于在生态系统中富集，可长期蓄积在环境和生物体内，对器官、神经、生殖和发育等方面造成危害。

（二）来源

1. 农业活动

农业活动作为人类最主要的生产活动之一，虽然为社会提供了丰富的食物和原材料，但也带来了环境污染问题，是土壤中新兴污染物最主要的来源。为了提高作物产量和预防病虫害，化肥、农药、土壤改良剂、塑料薄膜等被广泛应用于农业生产。然而，这些物质在使用过程中可能会通过径流、渗透等方式进入水体、土壤和大气，导致环境中新兴污染物的积累。

污泥和堆肥产品作为常见的土壤改良剂被广泛应用于农业土壤中，但其中通常含有大量的微塑料等新兴污染物。这些污染物随着农业活动进入土壤环境，可能对作物生长和生态环境产生不利影响。塑料薄膜因其能有效调节土壤温度、提高水分利用效率，并促进作物生长及提升作物质量，已经成为现代农业中的常见工具。然而，塑料薄膜在长期使用过程中，受风化、紫外线辐射及机械耕作等因素的影响，会逐渐分解为微小碎片。这些碎片累积在土壤中，导致土壤微塑料污染，这也使得塑料薄膜成为农业生产中污染最为严重的产品之一。此外，大量农药和化肥的施用导致有机氯化合物、有机磷化合物等有害残留物在土壤和水体中累积，从而对生态系统和环境健康造成不利影响。畜禽粪便也是农业活动中新兴污染物的重要来源之一，其含有大量氨、磷、抗生素等有害物质，若未经过有效处理，这些物质可能通过径流等途径进入环境，威胁生态系统的稳定性，并对人类健康构成潜在风险。农业生产活动中的新兴污染物会通过多种途径进入土壤环境，影响生物、作物和人类健康。这些污染物的长期累积不仅会破坏农业生态系统的可持续性，还可能给全球环境和食物安全带来深远影响。

2. 电子废物

电子废物是土壤中新兴污染物的另一重要来源。许多电子废物，如电子设备、家用电器和通信设备等电子产品，含有多种污染物，如邻苯二甲酸盐、溴化阻燃剂、持久性有机污染物等。这些电子废物的处理往往采用填埋和焚烧的方式。然而，潜在的土壤污染可能发生在填埋场中。随着时间的积累，电子废物中的有毒物质降解为某种新兴污染物，随后以渗滤液的形式浸出，留存于土壤颗粒中，对环境和生物造成潜在危害。同时，电子废物不完全焚烧产生的颗粒物进入大气后，可能在大气中发生光化学反应，形成新的化学物质，随后通过降水等过程返回地表，沉降在土壤表面，造成污染。由此可知，不当的回收和处理方式会导致大量的新兴污染物从电子废物中释放并残留在土壤中，对人类和生态健康造成严重影响。

3. 工业活动

随着工业的快速发展，工业生产成为新兴污染物的重要来源之一。工业生产过程中产生的新兴污染物通过废气、废水、固体废弃物等途径排放到环境中，导致了一系列污染问题。工业生产过程中产生的持久性有机污染物（POPs）、有机氯化合物、有机磷化合物等，往往在生产和应用过程中逸散至空气、水体及土壤中，且具有长期稳定性，能够在环境中持续存在并通过食物链积累，最终对生态系统和人类健康构成威胁。此外，金属加工、采矿和电镀等行业产生的大量重金属（如镉、铅和汞）在环境中难以降解，长期积累后可能导致土壤和水体的重金属污染，对植物、动物和人类构成严重威胁。江河沿岸的矿山开采、冶炼，以及工业活动产生的污水、矿渣排放，叠加矿渣淋溶及大气沉降携带的污染物，通过地表径流、地下水渗透等途径进入水体，导致流域污染扩散。此外，长期进行污水灌溉会导致江河沿岸土壤中污染物大量积累，造成严重污染。因此，工业生产带来的新兴污染物污染问题不仅影响生态系统的平衡，还威胁公共健康，急需加强管理和控制，以减少有害物质的使用和排放，推动清洁生产技术的发展。

二、新兴污染物的监测与识别

新兴污染物的生物降解能力较差，往往在环境中长期存在，对人类和生态系统具有潜在风险。因此，准确监测和识别这些新兴污染物尤为重要。为了应对这些挑战，研究人员和环境保护机构不断探索多种监测技术，以便更有效地识别和评估新兴污染物的存在。其中，探索新兴污染物的监测与识别技术至关重要，因为这不仅有助于精准检测环境中的有害物质，还能够评估其潜在的生态风险，从而为环境保护与污染治理提供关键支持。

（一）先进分析技术

1. 色谱-质谱联用

色谱-质谱联用主要分为液相色谱-质谱联用（Liquid Chromatography Mass Spectrometry，LC-MS）和气相色谱-质谱联用（Gas Chromatography Mass Spectrometry，GC-MS）。色谱-质谱联用技术基于样品的分离、离子化、质谱分离和碎片分析过程，通过串联质谱的多级分析，可以在复杂的样品中实现高度选择性的定性和定量分析，具有高灵敏度和高特异性等优势，在新兴污染物监测中展现出卓越的性能。LC-MS可直接检测这些污染物在土壤中的浓度变化，还能分析其在土壤和沉积物中的残留情况。例如，在一项研究中，利用LC-MS技术成功识别和测定了多种新兴污染物，包括土壤中的药物及个人护理产品（PPCPs）残留。土壤中的全氟和多氟烷基物质（PFAS）是一类持久性有机污染物，具有环境稳定性、生物累积性和潜在毒性。利用LC-MS可将土壤提取物中的不同化合物分离，并对分离出的物质进行定量分析，可以准确鉴定出土壤中各种PFAS的存在形式和含量。

GC-MS在土壤中新兴污染物监测方面同样具有广泛的应用。GC-MS能够通过高效分离和灵敏检测，对土壤中微量的污染物进行精确分析，尤其适合对挥发性和半挥发性有机化合物（VOCs）及持久性有机污染物（POPs）的监测。例如，氨基甲酸酯类杀虫剂的合成中间体灭多威肟，可以通过GC-MS实现对这类物质的精准测定。色谱-质谱联用技术在新兴污染物监测领域的广泛适用性，不仅推动了环境监测技术的发展，也为污染治理策略的制定提供了科学依据。

2. 高效液相色谱

高效液相色谱（High Performance Liquid Chromatography，HPLC）是一种基于液体流动相分离和分析混合物中各组分的实验技术，可通过样品组分在固定相和流动相之间的不同分配行为来实现对混合物的分离。常见的高效液相色谱仪通常由储液器、泵、进样器、色谱柱、检测器、记录仪等几部分组成，适用于各种极性和分子量有机污染物的测定。

当前，HPLC 被广泛应用于土壤样品中新兴污染物的监测与分析。在一项研究中，研究人员采用快速溶剂萃取结合 HPLC 法分析了土壤样品中的对羟基苯甲酸。该方法大大简化了样品前处理过程，并有效提高了自动化程度，具有操作简单、快速、检测灵敏度高等优点。除此之外，采用 HPLC 结合紫外检测器等设备，依据《土壤和沉积物 多环芳烃的测定 高效液相色谱法》（HJ 784—2016），可以准确测定土壤中萘、蒽、菲、芘等多种多环芳烃的含量。通过对不同地区、不同类型土壤中多环芳烃的监测，可以了解其污染状况和分布特征，为制定相应的污染防治措施提供依据。

3. 电感耦合等离子体质谱

电感耦合等离子体质谱（Inductively Coupled Plasma-Mass Spectrometry，ICP-MS）是利用高温的等离子体将样品原子电离，从而实现对土壤中大多数金属元素和部分非金属元素的测定。其具有分析精密度高、分析速度快、多元素同时测定等优势。通常，ICP-MS 仪器的主要部件有进样雾化系统、ICP 部分、离子光学系统、质谱仪等。近年来，ICP-MS 被广泛应用于土壤污染物测定中的研究与应用，主要包括痕量重金属、稀土元素、纳米颗粒及有毒元素的检测分析、形态分析、同位素溯源等方面。

4. 核磁共振测定法

核磁共振测定法（Nuclear Magnetic Resonance，NMR）是一种基于原子核在磁场中的行为来研究物质分子结构、化学环境及物理性质的分析技术。主要用于结构鉴定和定量分析新兴有机污染物，特别是具有复杂结构的化合物。核磁共振监测主要可以分为氢核磁共振（^{1}H NMR）和碳核磁共振（^{13}C NMR）两类。NMR 在土壤污染物测定方面的应用虽然不如 ICP-MS 等技术直接，但由于其独特的分子结构解析能力，NMR 逐渐在土壤有机污染物、重金属污染的间接分析、化学形态分析和土壤有机质动态研究等方面展现出重要作用。研究人员通过核磁共振测定法对土壤提取物进行分析，可有效确定土壤中农药分子的化学结构和含量。

（二）生物监测技术

生物监测技术是通过生物体（如植物、动物、微生物等）或生态系统的反应、积累和变化，检测环境中的污染物及其对生物和环境健康的影响的技术手段。与传统的物理化学监测方法相比，生物监测技术能够更直观地反映污染物对生物系统的综合影响，尤其是长期、低浓度污染的影响。当前，普遍应用的生物监测技术可以分为生物传感器法、生物标志物法和酶联免疫吸附测定法。

1. 生物传感器法

生物传感器法是一种利用生物组分与目标污染物发生特异性反应，从而实现对污染物快速、灵敏、选择性检测的方法。其原理是利用生物识别元件（如酶、抗体、核酸、微生物等）与目标新兴污染物发生特异性结合或反应，产生可被传感器检测到的物理或化学信号变化，再通过转换装置将这些信号转化为电信号或光信号等可测量的信号，从而实现对污染物的检测。该方法适用范围广泛，如利用酶生物传感器可实现对土壤中草甘膦的测定，测定原理基于草甘膦对乙酰胆碱酯酶的抑制作用。乙酰胆碱酯酶催化乙酰胆碱水解，草甘膦存在时抑制酶活性，导致其反应速率下降。通过将酶固定在传感器生物识别层，测量草甘膦引起的电流变化，可间接测定其浓度。

2. 生物标志物法

生物标志物法是一种将生物体内特定的分子、生理或行为变化作为指标，检测和评估环境中污染物暴露和效应的方法。在土壤新兴污染物测定方面，生物标志物法具有一定的优势和应用前景。其主要可以分为分子生物标志物法、生理生物标志物法和行为生物标志物法。分子生物标志物法是利用新兴污染物进入生物体后，可能会引起生物体内特定基因、蛋白质或代谢产物的变化，这些分子水平的变化可以作为生物标志物，反映污染物的暴露和效应。其应用广泛，如细胞色素 P450 酶系在许多有机污染物的代谢中起重要作用，其表达或活性的变化可以作为生物标志物，反映土壤中有机污染物的暴露情况。此外，一些污染物可能会导致生物体内 DNA 损伤，如 DNA 加合物的形成、基因突变等，这些也可以作为生物标志物来检测土壤中的新兴污染物。生理生物标志物法的原理是污染物暴露可能会影响生物体的生理功能，如生长、繁殖、代谢等，这些生理变化可以作为生物标志物，反映污染物的影响。土壤中的新兴有机污染物（如内分泌干扰物）可能会影响动物的生殖系统，导致生殖激素水平的变化、生殖器官发育异常等。这些生殖生理指标可以作为生物标志物，检测土壤中的内分泌干扰物污染。行为生物标志物法原理是污染物暴露可能会引起生物体行为的改变，如活动水平、觅食行为、回避行为等，这些行为变化可以作为生物标志物，反映污染物的影响。例如，土壤中的某些污染物可能会影响土壤动物的活动水平和觅食行为。通过观察土壤动物的行为变化，可以初步判断土壤中是否存在新兴污染物。

3. 酶联免疫吸附测定法

酶联免疫吸附测定法（Enzyme-Linked ImmunoSorbent Assay，简称 ELISA）是一种常用的免疫测定技术，用于检测各种生物分子，如蛋白质、激素、抗体等。其基本原理是将已知的抗原或抗体固定在固相载体（如聚苯乙烯微孔板）上，然后加入待检测的样品,样品中的目标分子与固相载体上的抗原或抗体发生特异性结合。加入酶标记的第二抗体或抗原,该酶标记物能够与已经结合在固相载体上的目标分子再次结合。最后,加入酶的底物,酶催化底物发生化学反应,产生可检测的信号,如颜色变化或光信号等。通过测量信号的强度,可以定量分析样品中目标分子的含量。例如,一些新研发的、结构独特的有机磷类或氨基甲酸酯类农药,ELISA 能够利用针对这些农药分子结构的特异性抗体,准确地检测出其在土壤中的残留量,为评估土壤农药污染提供依据。

(三)光谱分析技术

1. 紫外-可见吸收光谱法

紫外-可见吸收光谱法(Ultraviolet-Visible Absorption Spectroscopy,UV-Vis)测定污染物的原理是基于物质分子或原子在紫外光(200~400 nm)和可见光(400~800 nm)区域内对光的选择性吸收。当电子通过样品时,如果其能量与分子中的电子跃迁能级相匹配,则会被吸收,导致光的强度减弱。通过测量光的吸收情况,可以推断样品的浓度。该方法可通过紫外光或可见光的吸收特性,初步筛查检测样品中的有机污染物,具有设备操作简单、成本低廉等优势。但该方法的灵敏度和选择性较低,容易受到其他吸光物质的干扰。在检测土壤中的芳香族化合物时,许多新兴污染物含有芳香环结构,在特定波长下会有紫外-可见吸收。通过提取土壤样品中的有机物,并利用紫外-可见光谱仪进行扫描,可以根据吸收峰的位置和强度初步判断是否存在芳香族化合物以及其大致浓度范围。

2. 原子吸收光谱法

原子吸收光谱法(Atomic Absorption Spectroscopy,AAS)是基于待测元素的基态原子蒸汽对其特征谱线的吸收,由特征谱线的特征性和谱线被减弱的程度对待测元素进行定性定量分析的一种仪器分析的方法。该方法的测定成本相对较低,适用于常见金属的定量分析。随着纳米技术的迅速发展,金属纳米颗粒已成为一种新兴的环境污染物。例如,银纳米颗粒因其优异的抗菌性能而被广泛应用于各类产品中,但其潜在释放可能导致土壤环境的污染。AAS 可用于测定土壤中银的含量。检测前需对土壤样品进行消解和提取,将银转化为可溶性盐形式(如 Ag^+ 溶液)。在原子吸收光谱仪中,样品溶液经原子化器转化为基态银原子,银元素空心阴极灯发射特定波长的光,基态银原子选择性吸收该光,通过测量吸光度并与标准曲线对比,即可确定土壤中的银含量。

3. 傅里叶变换红外光谱法

傅里叶变换红外光谱法(Fourier Transform Infrared Spectroscopy,FTIR)是一种重要的光谱分析技术。基于光的相干性原理,FTIR 光源发出的红外光被分束器分成两束，一束光经透射到达动镜，另一束经反射到达定镜。两束光分别经定镜和动镜反射后再回到分束器，由于动镜以一恒定速度做直线运动，使得经分束器分束后的两束光形成光程差，产生干涉。当干涉光通过样品时，样品分子会吸收特定频率的红外光，导致干涉光的强度发生变化。探测器记录下含有样品信息的干涉光，通过傅里叶变换对信号进行处理，最终得到透过率或吸光度随波数或波长变化的红外吸收光谱图。FTIR可用于监测土壤中多环芳烃的污染，由于多环芳烃具有特定的芳香环结构，其在红外光谱中会产生特定的吸收峰。通过对土壤样品的FTIR分析，可以确定多环芳烃的存在，并根据吸收峰的强度进行定量分析，为土壤污染评估和治理提供依据。除此之外，FTIR也被应用于塑料添加剂、表面活性剂和环境激素等污染物的检测。

4. 电感耦合等离子体光谱法

电感耦合等离子体光谱法（Inductively Coupled Plasma Optical Emission Spectrometry，简称ICP-OES）是一种用于元素分析的重要技术。其原理是利用高频电磁场（通常为射频，27.12 MHz或40.68 MHz）在等离子体炬管中产生高温等离子体，等离子体的温度可达数千甚至上万摄氏度，在这样的高温下，样品被气化、原子化和激发，处于激发态的原子和离子回到基态时会发射出特定波长的光。由于不同元素的原子和离子发射的光谱具有特征性，通过光学系统将等离子体发射的光聚焦并分散成光谱，然后用光电探测器（如光电倍增管或电荷耦合器件）检测不同波长的光强度。根据光强度与元素浓度之间的关系，可以定量分析样品中各种元素的含量。工业生产过程中可能伴随一些特定重金属络合物的生成，尤其是在某些新型农药、医药及化工产品的合成中。这些络合物一旦释放进入环境，可能通过各种途径迁移至土壤中，进而对土壤生态系统产生潜在威胁。为评估土壤中重金属有机络合物的污染状况，常采用ICP-OES对经过提取和消解处理的土壤样品进行分析，通过测定不同重金属元素的发射光强，可以准确判断土壤中重金属含量，从而评估其污染程度及潜在生态危害。

5. X射线荧光光谱法

X射线荧光光谱法（X-ray Fluorescence Spectrometry，简称XRF）是一种用于分析物质元素组成的无损检测技术。其原理是当用X射线照射样品时，样品中的原子会吸收X射线的能量，使内层电子被激发而产生空穴。此时，外层电子会向内层跃迁填补空穴，同时释放出具有特定能量的X射线荧光。X射线照射不同元素时，由于不同元素的原子具有不同的电子结构，因此在发生电子跃迁时会释放出不同能量的X射线荧光。通过测量这些X射线荧光的能量和强度，可以确定样品中所含元素的种类和含量。XRF可有效监测电子垃圾污染导致的新兴重金属污染。通过分析受电子垃圾污染的土壤，XRF能够检测铟、镓等重金属元素的含量，从而确定其存在和污染水平。这为评估电子垃圾对土壤环境的新兴污染风险提供了重要依据,并有助于制定相应的治理措施。

(四)传感器监测技术

传感器监测技术是利用传感器对环境中的污染物进行快速、实时监测的技术,广泛应用于空气、水体、土壤等介质中污染物的检测。该技术基于传感器对目标污染物的识别,通过检测污染物与传感器间的物理、化学或生物反应,产生可测量的信号(如电阻、电容、电感、电压、电流和光信号等),并将其转化为污染物浓度信息。传感器主要可分为物理传感器、化学传感器和生物传感器3类。近年来,传感器监测技术被广泛用于新兴污染物的监测。一些新型农药具有独特的化学结构和作用机制,可能会在土壤中残留并对环境造成潜在危害。电化学传感器可以有效检测土壤中的新型农药残留,这种传感器通常基于农药与电极表面的特定化学反应,产生电流或电位变化,通过测量这个变化,确定农药的浓度。而对于含有特定氧化还原活性基团的新型农药,可以设计一种基于氧化还原反应的电化学传感器,通过测量农药在电极表面的氧化还原电流来检测其浓度。

(五)遥感技术

遥感技术(Remote Sensing,RS)是一种从远距离感知目标反射或自身辐射的电磁波、可见光、红外线等,对目标进行探测和识别的技术。遥感技术主要基于电磁波与目标物体的相互作用,不同的物体对不同波长的电磁波具有不同的反射、吸收和发射特性。遥感传感器通过接收目标物体反射或发射的电磁波信号,并将其转换为电信号或数字信号,然后经过处理和分析,提取出目标物体的信息。遥感技术可用于监测土壤污染,某些有机污染物在分解过程中释放热量,导致土壤表面温度变化。热红外遥感能够检测这种异常温度变化,间接识别可能受污染的区域。比如,石油烃类污染物在土壤中自然降解时,微生物代谢活动会释放热量,导致局部土壤温度异常升高。通过热红外遥感技术捕捉地表辐射的红外能量变化,可反演出这种温度异常区域(需排除太阳辐射、土壤湿度等环境干扰)。结合污染分布特征及地面验证数据,该技术能够辅助快速识别大范围石油烃污染区域,并动态监测其降解过程。

第二节 处理技术与方法

一、新兴污染物的处理技术

近年来,土壤中的新兴污染物,如抗生素残留、内分泌干扰物(EDCs)和微塑料等,已成为全球环境治理领域面临的重大挑战。这类污染物不仅会导致土壤质量下降,还可能通过生物富集作用进入食物链,进而对人类健康产生潜在威胁。因此,开发高效的土壤污染物处理技术已成为亟待解决的问题。现有的处理技术主要分为物理、化学和生物3大类,每一类技术都具有特定的处理机制,并在特定场景中发挥重要作用。鉴于不同新兴污染物在性质、来源和环境行为上的差异,选择适宜的处理技术至关重要。接下来,将对这3类技术的处理机制和应用现状展开详细探讨,以期为该领域的进一步研究与技术开发提供借鉴。

(一)物理处理技术

1. 吸附技术

吸附技术是指利用多孔性固体吸附土壤或水体中的某些组分,从而达到分离和净化的目的。该技术因操作简便、适应性强且无须直接破坏污染物分子结构,在低浓度难降解新兴污染物(如全氟化合物、微塑料)的应急处理中展现出潜力。目前,常见的吸附剂有活性炭、生物炭、树脂、膨润土、天然沸石等,这些吸附剂通常具有比表面积大、吸附性能强、性质稳定、可再生等特性。但污染物的吸附过程会受到多种因素的影响,如吸附剂的性质,极性分子型的吸附剂更容易吸附极性分子型的吸附质。此外,吸附质的溶解度、溶液温度、pH值等因素也会影响吸附效果。因此,研究更加高效、稳定、经济友好的吸附剂以及对吸附过程的改进成为未来主要的研究方向之一。

2. 过滤与膜分离技术

过滤与膜分离技术是利用相应孔径尺度的滤膜通过特定的过滤器将新兴污染物从液体或气体中分离出来,实现对不同分子量级别污染物的精准分离。根据过滤介质的不同,过滤方法可分为微滤、超滤、纳滤、反渗透等多种类型,不同的过滤方法适用于不同的应用场景。膜分离技术的核心机制是半透膜的选择性。通常,半透膜壁上布满小孔,这些小孔选择性地允许某些分子或离子通过,以此实现混合物的分离。

过滤和膜分离技术作为一种传统的分离方法,其操作简便,能够通过调整膜的类型和大小实现对新兴污染物的精准分离。研究者将超滤膜(UF)耦合到酶促生物反应器上,开发了酶促膜生物反应器(MD-EMBR),并研究了13种酚类和17种非酚类痕量有机污染物(TrOCs)的去除,结果表明,MD膜对TrOCs的过滤效率可达90%~99%,结合膜生物反应器对污染物实现了高效的酶促降解。但是膜分离技术往往存在大规模操作性差、易产生二次污染等问题。对于普通的过滤膜材料来说,其防污性、可重复使用性及耐久性较差,这就使得过滤膜在使用过程中易被损坏。因此,未来的研究还应重点关注过滤膜的改性及膜分离工艺的优化等问题。

3. 热处理技术

热处理技术是一种治理新兴污染物污染的有效方法。将土壤污染物置于高温环境下,从而使污染物的物理或化学结构发生改变,以达到消除土壤污染物的目的。与非原位热脱附和焚烧技术相比,原位热处理技术在修复土壤污染物方面更具优势。该技术在相对较低温度下进行处理,能够有效降解污染物,减少对土壤有机碳及其他养分的破坏,从而降低能源消耗,并有助于保持土壤肥力。

针对土壤污染修复的热处理技术在实际应用中包含多种形式,如通过热蒸汽注入与土壤进行混合的大直径螺旋钻(LDA)技术。这种技术是通过将蒸汽或压缩热空气从螺旋钻上的孔口注入土壤中,加热土壤以去除污染物。此外,还有异位热处理技术,该技术通过挖掘污染土壤并将其送入处理装置进行加热处理,随后将得到的土壤重新填充到原地或送往填埋场。这种方法需要更多的基础设施和机械,将导致成本增加和土壤性质的变化。因此,部分热处理技术的优化和改进仍然是亟待解决的难题,需要进行更深入的研究和探索。

4. 电动修复技术

近年来,重金属、放射性元素、无机盐等无机污染物污染的土壤因其潜在毒性对人类健康以及生态系统造成了严重危害,人们开始研究各种技术方案来解决这一难题,其中电动修复技术(EKR)因其低成本、高能量效率、对环境友好而被广泛应用。

EKR技术基于电场和电流的作用(图7-1),通过电迁移、电渗流和电泳等机制,去除土壤中的无机污染物(如重金属、放射性元素和盐类)。利用EKR技术进行土壤污染修复时,要根据污染土壤的性质和程度,选择合适的电极材料和填充材料,并设计电极布置,调节电场强度。通常,在受污染的土壤中设置阳极和阴极,通过外加电压建立电场,并在电场作用下,带电的污染物离子受到电泳力的作用从土壤孔隙中向电极迁移,与此同时土壤中的水分也会发生迁移,形成电渗流,带动部分污染物的迁移。在电极附近,也会发生电解和地球化学反应,使污染物沉淀、析出

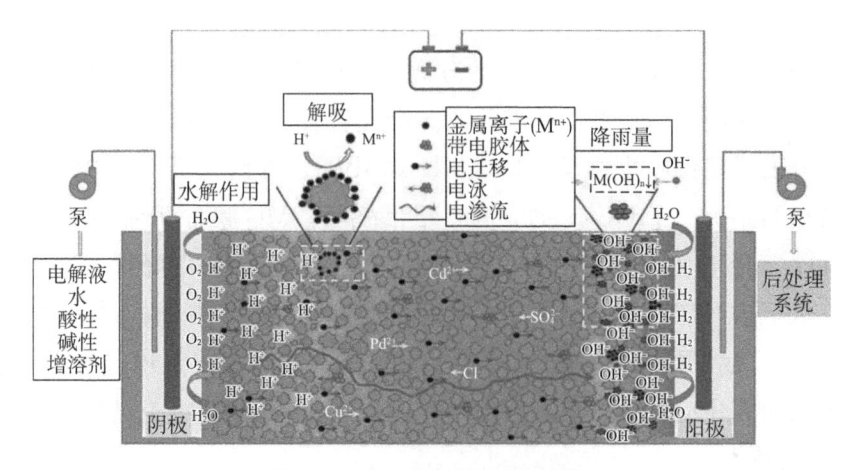

图 7-1　电动修复技术原理图解

或转化为无害物质。

EKR 不仅可以用于土壤中污染物的处理，还可以用于污泥和飞灰中污染物的去除。同时，EKR 还可以与其他技术结合使用，如渗透反应屏障技术，以提高污染物的去除效率。但 EKR 也存在一定的局限性，其往往需要施加电压或电流来推动污染物的迁移，因此会消耗较多的能量，同时还可能出现电极腐蚀现象，进而影响污染物的去除效率。此外，还需要考虑多个因素，如电极的选择、操作条件的优化等，这增加了实际工程应用的难度。但总体来说，EKR 在治理土壤无机污染物的过程中起着积极作用，是一种有效的治理方案。

（二）化学处理技术

1. 氧化还原反应

氧化还原反应是指污染物通过电子的得失发生化学转化，从而减轻或消除其毒性的一种化学反应机制。添加到土壤中的氧化剂或还原剂可以与土壤污染物发生反应，导致污染物的化学结构发生改变，从而使其毒性降低或失去毒性。氧化还原反应在去除土壤污染物方面具有高效性、环境友好性、灵活性和经济性等优势，这些优势使其在土壤修复领域展现出良好的应用前景和发展空间。

土壤重金属污染与木材保存行业存在着紧密的关联。该行业通常会采用浸渍有机或无机防腐剂的方式来保护木材并提升其使用寿命。然而随着木材的降解，含有重金属及五氯酚（PCP）的颗粒污染物也随之分散，部分污染物渗入土壤，进而对土壤造成不可逆转的伤害。有研究发现，在 1% 纳米零价铁（nZVI）与 1% H_2O_2 联合作用条件下，通过类芬顿氧化反应，土壤中 PCP 的去除效果最佳；进一步添加 5% 碳酸钙调节碱性环境并强化氧化反应，处理 40 h 后，污染土壤中 PCP 降解率最高可达 81%，为高浓度 PCP 污染土壤的绿色修复提供了高效协同策略。值得注意的是，由于 PCP 在酸性溶液中的溶解度相对较低,因此,在有机酸或无机酸存在的条件下,从污染土壤中去除 PCP 的研究相对较少,未来仍需进一步探讨酸性条件下 PCP 的去除。目前,氧化还原反应在去除土壤新型污染物方面效果显著,这也预示着氧化还原反应在能源、环境、工业等多个领域具有广泛的应用潜力。

2. 高级氧化技术

高级氧化技术是利用光、电、磁等物理或化学过程激发产生具有极高氧化活性的自由基,对不能被普通氧化剂氧化的污染物进行氧化降解。这种技术可有效地作用于有机分子中的不饱和键、芳香环等结构,逐步将其矿化为二氧化碳、水以及其他小分子化合物以实现污染物的深度去除。常见的高级氧化技术包括芬顿氧化技术和光催化技术等。

(1) 芬顿氧化技术

芬顿氧化是一种多功能的土壤污染修复技术,可有效降解多种持久性有机污染物(POPs)。它通过向土壤中引入氢氧化亚铁[$Fe(OH)_2$]和过氧化氢(H_2O_2)来产生羟基自由基(·OH),从而氧化和降解有机污染物。基本反应原理是 Fe^{2+} 与 H_2O_2 反应生成·OH:

$$Fe^{2+} + H_2O_2 \longrightarrow Fe^{3+} + \cdot OH + OH^-$$

其中,·OH 是芬顿氧化法中的主要活性基团,是一种具有高度反应性的物质,可以与 POPs 中的芳香环发生加成反应,使芳香环打开并最终将其完全矿化为 CO_2 和 H_2O。

然而,传统的芬顿氧化反应需要在酸性条件下进行。但在实际应用中,由于土壤巨大的缓冲能力,土壤 pH 值很难保持在酸性范围,这在一定程度上限制了该技术在实际中的应用。而且芬顿氧化的操作条件需要精确控制,包括氧化剂和催化剂的投加量、注入速率等,这增加了操作的复杂性和难度。因此,利用芬顿技术、电化学技术及其他复合方法相结合的新型高级氧化技术已成为该领域新的研究方向。

(2) 光催化技术

光催化技术指在光照条件下,利用辐射、光催化剂在反应体系中产生活性极强的自由基,通过自由基与有机污染物之间的相互作用,最终将污染物降解为无害的物质,是一种对环境友好的污染物降解方法。光催化技术处理土壤污染物的机理是通过光催化剂吸收光能产生电子—空穴对(图 7-2),电子—空穴对可以直接参与氧化还原反应,生成活性氧化物。这些活性氧化物具有强氧化能力,可以与污染物发生反应,将其降解为 CO_2、H_2O 和简单的无机化合物。此外,光催化剂还可以通过吸附作用将介质中的污染物吸附到表面,增加反应的接触面积,提高降解效率。

目前使用较多的光催化剂为非均相氧化物半导体材料,如二氧化钛(TiO_2)和氧化锌(ZnO)等,这些光催化剂具有良好的光催化活性和稳定性,可以直接添加到土壤中或覆盖在土壤表面。此外，还可以通过改性光催化剂或制备复合光催化剂来提高降解效率。例如，通过改性光催化剂的表面结构或添加金属催化剂，可以增强光催化剂的吸附能力和活性。光催化技术已被证实可以有效去除污染物，然而土壤环境是复杂多变的，未来还需要进一步探索光催化过程中的各种物质、环境条件等相互之间的协同机理。

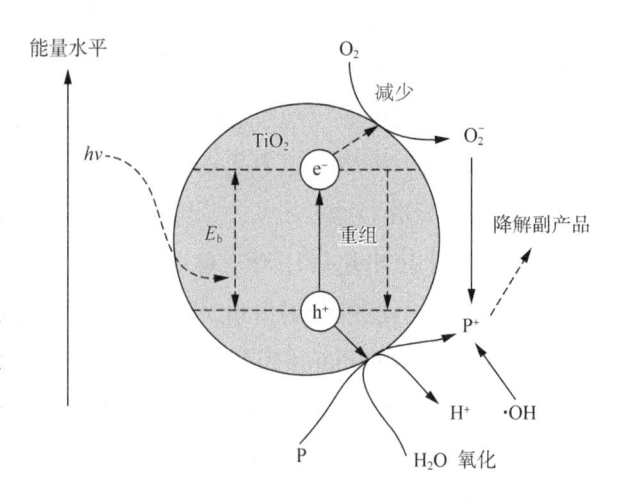

图 7-2　光生电子—空穴对的作用机理

（三）生物处理技术

生物处理技术指利用生物的生命代谢活动来去除或者转化土壤中新兴污染物的技术，主要包括微生物修复技术、植物修复技术、藻类修复技术等。生物处理技术因其效率高、无二次污染物产生以及运行成本低等优势被人们用于污染物的降解，并取得了一定成效。

1. 微生物修复技术

微生物修复技术是利用微生物的代谢活动来降解或转化土壤、水体和沉积物中的污染物，使其无害化或毒性显著降低的一种环境修复技术。这种方法具有成本低、生态友好且无二次污染的优点，被广泛应用于各种污染物的处理，尤其是有机污染物、重金属污染物和放射性污染物等。

用于污染物去除的微生物主要包括细菌、真菌、藻类等，其中细菌因其代谢途径的可变性较大而被广泛应用。有研究者在尼日利亚筛到一株可降解微塑料的芽孢杆菌，并探究了其对聚乙烯（PE）和聚苯乙烯（PS）的降解，发现该菌对 PE 的降解能力最强，降解率可达 33.3%。此外，还有研究发现一些细菌在降解微塑料的过程中，会把微塑料作为碳源来维持自身生长发育，进一步增强了降解效果。然而，土壤污染的微生物修复往往受多种环境条件的限制，温度过高、土壤酸碱性太强会使微生物失活而影响降解效率，所以未来仍需研究和开发适用于不同环境条件的细菌菌种。

2. 植物修复技术

植物修复技术是一种基于植物对某些污染物的耐受性及超量富集能力的绿色生态治理方法。植物可通过其自然代谢过程，利用植物提取、植物降解和植物稳定化等机制，有效降低环境介质（如土壤、沉积物、水体和大气）中的污染物浓度，或将污染物转化为无害物质，最终实现对环境污染的修复与治理（图 7-3）。该技术因其生态友好性和可持续性，已成为解决环境污染问题的有效途径之一。

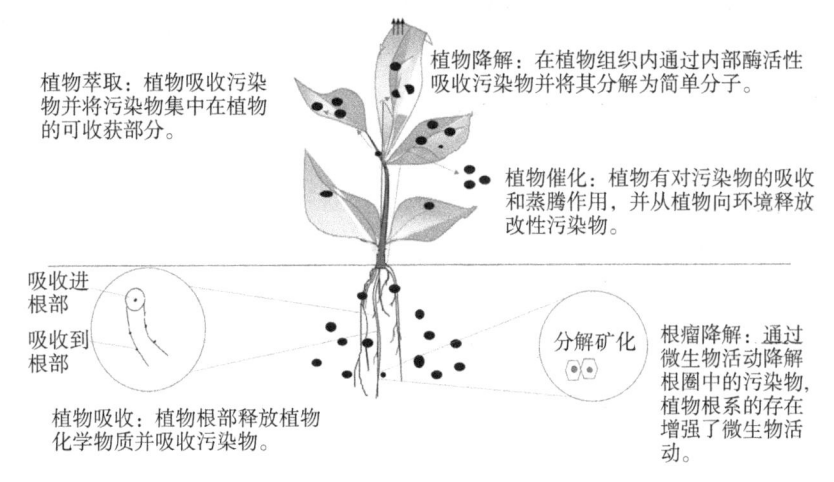

植物萃取：植物吸收污染物并将污染物集中在植物的可收获部分。

植物降解：在植物组织内通过内部酶活性吸收污染物并将其分解为简单分子。

植物催化：植物有对污染物的吸收和蒸腾作用，并从植物向环境释放改性污染物。

吸收进根部
吸收到根部

分解矿化

根瘤降解：通过微生物活动降解根圈中的污染物，植物根系的存在增强了微生物活动。

植物吸收：植物根部释放植物化学物质并吸收污染物。

图 7-3　植物修复技术的示意图

用于污染物修复的植物取决于土壤污染物的类型，如凤仙花、芒草可以用来治理土壤镉污染，天竺葵可以去除土壤中的镍和铅。植物修复技术已经在土壤重金属去除等方面取得了显著成果，但该技术的不足之处在于其修复效果受植物生长周期长、地理气候多样等因素的限制，所以未来的研究应聚焦于新技术的开发、植物与微生物的协同作用，以此提高植物修复的效率和应用范围。

3. 藻类修复技术

藻类具有快速吸收污染物、易于生长和低资源需求的特点，被广泛用于修复重金属和农药等环境污染问题，是一种良好的生物修复剂。不同类型的藻类对重金属的吸附效果有所差异，选择合适的藻类进行土壤修复是至关重要的。研究人员从铜矿尾矿砂中分离出一种原生微藻，并和两种真菌以不同方式接种到尾矿砂上。接种 90 d 后，微生物可在尾矿砂表面有效定植并形成生物结皮（BSC），与未接种处理相比，土壤中生物可利用铜的含量和容重分别降低了 15.43% 和 6.30%。这表明，BSC 的形成可以有效改善尾矿砂的土壤性质。由此可见，利用原生微藻可以有效降低尾矿重金属含量，是尾矿修复的一种有效方案。然而与其他物理、化学修复技术相比，藻类修复技术可能需要较长的时间才能达到显著的污染物去除效果，因此不适用于需要快速恢复土壤功能的场所。因此，未来可以通过技术创新、联合修复等来扩大藻类修复技术的应用前景。

二、复合技术与创新解决方案

土壤由气态、液态和固体有机物及矿物质的复杂混合物构成，具有高度的多样性和复杂性。土壤的异质性和新兴污染物的多样化，使得单一处理技术难以达到理想的修复效果。因此，综合运用多种技术并不断开发新型技术，成为当前新型土壤污染修复策略的主要发展方向。

（一）多技术联用

1. 物理化学联用

单一物理法和化学法通过直接作用于污染物，利用其物理、化学性质实现污染物的分离和去除。尽管这些方法在处理效率上具有优势，但也面临着成本较高和适用范围有限的问题。为了打破这些局限，研究人员正致力于将物理和化学技术相互结合，以发挥协同效应，提高处理效率，降低成本，并拓宽应用范围。

土壤洗涤技术通过溶解作用将土壤中的污染物分离出来，但实际上它仅实现了污染物的物理转移，而非化学分解，因此存在引发二次污染的潜在风险。为了达到更彻底的修复目的，洗涤过程后往往需要整合其他技术手段，将污染物进行降解或彻底清除，从而确保修复过程的全面性和安全性。研究人员先使用非离子表面活性剂 TX-100 溶液淋洗受污染的土壤，将污染物从土壤中分离，随后借助芬顿试剂和光照，利用 Fe^{2+} 和 H_2O_2 产生的羟基自由基降解污染物。结果表明，在 TX-100 溶液淋洗作用下，土壤中的二氯二苯三氯乙烷（DDT）和二氯二苯二氯乙烯（DDE）的去除率分别达到 66% 和 80%。而太阳能光—芬顿过程进一步将这些污染物的降解效率提高至 99% 以上，同时至少降低了 95% 的溶解有机碳浓度，污染物（DDT 和 DDE）和表面活性剂（TX-100）彻底矿化，最终将土壤中的污染物转移出来并进行了降解。利用太阳能作为能源，能够降低能耗，提高工艺的环境友好性。且操作简单、易于控制，在实验中表现出了良好的适应性和可扩展性。

土壤洗涤技术还可以与阳极氧化工艺相结合。将土壤洗涤与电化学氧化复合使用，利用含十二烷基硫酸钠（SDS）的土壤洗涤剂洗涤受 γ-六氯环己烷（或称为林丹）污染的土壤，随后以金刚石阳极电解氧化土壤洗涤液中的 γ-六氯环己烷。当 SDS 与受污染土壤的比例为 2∶25 时，土壤洗涤效果最佳。洗涤后的废液含有未使用的 SDS 和污染物林丹，可通过电化学氧化技术进行去除。处理后的废液中硫酸盐浓度在持续上升，这表明 SDS 正在被氧化，随着林丹被完全去除，SDS 仍有较高的剩余量（约 70%），这使得 SDS 能够重复利用。

2. 物理化学生物联用

生物修复是一种利用各类动植物和微生物分解去除土壤中污染物的技术，具有操作简便、成本低、对土壤影响小等优点。然而生物修复对土壤条件有更高的依赖性，部分生物可能并不适应初始土壤状态，导致生物修复的效果大大降低。因此，常通过物理化学手段（如翻耕通气、添加缓释营养剂、表面活性剂等）优化微生物生存环境，形成联合修复体系以提升工程可行性。

电动力学修复（Electrokinetic Remediation，EKR）是一种利用电场促进土壤中离子迁移的技术，它能够有效地移除和浓缩土壤中的污染物。EKR 技术不仅可以独立进行土壤修复，还能通过电场作用输送营养物质给土壤微生物，促进对污染物的深层生物降解。例如，研究人员采用电动力学修复技术去除了污染土壤中的苯并芘（BaP）。通过施加不同的电压梯度（1.0、2.0、2.5 V/cm），可以观察到电场强度显著影响土壤中 BaP 的去除效率，其中 2.0 V/cm 的电压梯度展现了最佳的去除效果。同时，土壤理化性质在不同电场强度作用下发生了变化，这些变化对土壤中微生物群落产生了显著影响，特别是土壤 pH 值和湿度等与微生物群落结构和活性相关的关键指标。这些发现为电动力学修复技术在处理含 BaP 土壤污染中的应用提供了重要的实验依据，并强调了在电动力学修复过程中优化电场强度以提高修复效率和维持微生物多样性的重要性。

（二）新型处理技术

随着全球化和工业化进程的加速，土壤中的污染物种类和浓度不断增加，这对传统的污染物处理技术提出了新的挑战。由于新兴污染物常常难以通过传统方法有效去除，因此，开发和应用新型处理技术变得尤为迫切。这些技术包括纳米材料应用、高级氧化法（AOPs）和生物炭应用等，它们能够提供更高效的污染物降解途径，减少处理时间和成本，同时降低对环境的二次污染风险。这些新型技术在环境保护和修复领域的应用前景广阔，有望为解决复杂的环境问题提供创新的解决方案。

1. 纳米材料的应用

近年来，随着纳米科技的进步，以纳米技术为依托的新型材料不断涌现，纳米材料在环境污染修复研究中的应用越来越广泛。纳米材料通常被定义为至少有一维处于纳米尺度（1~100 nm）范围内的材料。在这个尺度上，材料表现出与宏观材料完全不同的物理、化学和生物特性。纳米材料具有非常高的比表面积、高表面活性、高强度、高硬度等物理和化学性能。因此，许多纳米材料已被探索用于修复土壤和水环境。其中一些应用利用了与高比表面积相关的纳米材料的平滑和可扩展尺寸的特性，如快速溶解、高反应性和强吸附。特别是其独特的物理和化学性质使其在吸附过程中表现出优异的性能。同时，其表面性质可以通过表面改性或掺杂来调节，从而实现对特定污染物的高度选择性吸附，这对于复杂系统中目标污染物的去除尤为重要。此外，由于其具有快速传质特性，吸附过程通常更快，这对实际应用中的快速加工需求具有重要意义。

生物炭，作为一种碳基纳米材料，因其高表面积、丰富的表面官能团、营养保留能力和电子转移能力等特性，在环境修复领域展现出巨大潜力。生物炭的这些特性使其能够通过吸附、沉淀、络合、静电作用和离子交换等多种机制，有效去除土壤和水体中的污染物。

磺胺甲噁唑（SMX）作为一种磺胺类抑菌抗生素，在治疗和预防人类及动物疾病中发挥着重要作用。然而，其广泛的使用也导致了SMX在土壤、地表水以及生物排泄物中的普遍检出，引起了全球范围内的对环境和人类健康的关注。土壤中SMX的高流动性以及其对水生生态系统和地下水的潜在污染，促使科学家们寻找有效的方法来减轻这一污染物的影响。针对SMX的土壤污染问题，研究人员测试了8种不同类型的生物炭对SMX的吸附能力。在通过4种原料［竹子（BB）、巴西胡椒木（BP）、甘蔗渣（BG）和山核桃木（HW）］和不同的热解温度产生的8种生物炭中（分别标记为BB450、BB600、BP450、BP600、BG450、BG600、HW450和HW600），450℃下制备的生物炭普遍表现出比在600℃下制备的生物炭更好的吸附能力。HW450的吸附能力最低，而BG450和BB450对SMX具有相对较高的吸附能力。生物炭的添加显著提高了土壤对SMX的吸附能力，减少了SMX在土壤中的迁移。经生物炭处理的土壤仅有2％～14％的SMX被传输，而未处理的土壤淋出液中含有60％的SMX。除此之外，生物炭在具有高药物吸附能力的同时还具有较低的成本，有利于大规模的生产。

除生物炭之外，还可以利用纳米金属颗粒进行土壤修复。滴滴涕（DDT）曾是一种广泛使用的合成农药，但因其对环境和人体健康的严重负面影响，包括对婴幼儿成长和生育能力的损害，以及可能增加患癌症的风险，已被许多国家禁用。尽管如此，DDT的残留依然普遍存在，对人类健康构成了威胁。为高效去除土壤中DDT污染并控制修复成本，研究人员开发了基于纳米零价铁（nZVI）的修复技术，利用其强还原性促进DDT的脱氯降解，同时通过可回收设计降低长期应用成本。

作为应用最广泛的纳米颗粒，nZVI以其高反应性和较大比表面积在处理土壤中的重金属和有机污染物方面发挥着重要作用。它通过还原、吸附等作用机制，有效去除土壤中的污染物。此外，nZVI可以通过多种方法合成，包括研磨等物理方法或使用如硼氢化钠（$NaBH_4$）等还原剂的化学方法。同时，表面改性技术通过在nZVI粒子表面进行特殊处理，如掺杂其他金属、应用表面涂层或硫化，有效提升了nZVI的稳定性和迁移性。这些改性技术增强了nZVI的环境适应性，使其成为一种经济且环境友好的土壤修复方法。研究发现，nZVI的应用能显著促进DDT的降解，达到45％的效率，为环境修复提供了一种具有较低人类健康风险的潜在解决方案。

2. 高级氧化法的应用

高级氧化法（Advanced Oxidation Processes，简称AOPs）是一类环境修复技术，它通过产生具有高度活性的羟基自由基（·OH）来降解土壤中的有机污染物。

等离子体技术是一种新兴的高级氧化法,被用于土壤修复,具有降解率高、反应速度快、无二次污染等优点,其主要原理是颗粒非弹性碰撞和活性物质氧化。等离子体通过放电产生的高能电子、自由基、紫外辐射等活性粒子,能够快速有效地降解土壤中的有机污染物。目前,排放等离子体进行土壤修复的方法主要有电晕放电、介质阻挡放电(DBD)、滑弧放电等放电形式。等离子反应器设备有多种选择,如图7-4 所示。

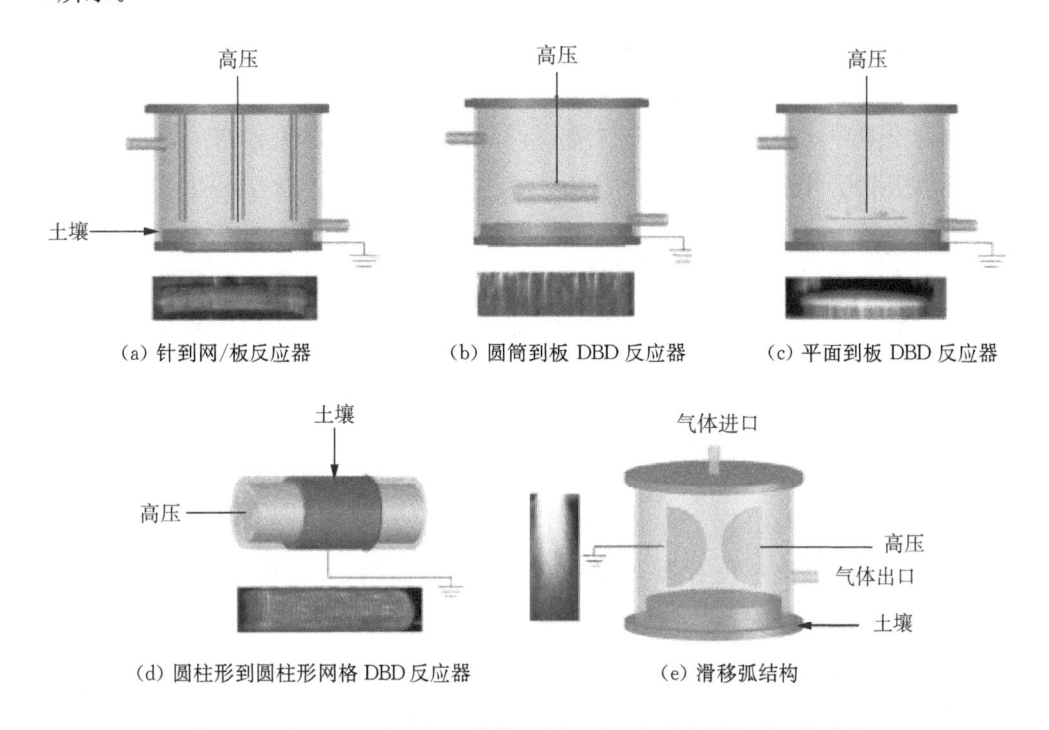

(a) 针到网/板反应器　(b) 圆筒到板 DBD 反应器　(c) 平面到板 DBD 反应器

(d) 圆柱形到圆柱形网格 DBD 反应器　(e) 滑移弧结构

图 7-4　用于土壤修复的各种等离子体反应器的典型配置和排放图

本节综述了物理、化学和生物法在污染物去除领域的研究进展,强调了单一技术局限性下多技术联用的必要性,并介绍了新兴污染物处理的创新方法,如纳米材料和等离子体技术。这些复合技术和创新方案不仅提高了处理效率和适应性,还降低了成本,为复杂污染情况提供了灵活的解决方案,并有效管理了修复风险。未来的土壤修复技术发展将更加注重多技术联用和创新方案的探索。

第三节　研究进展与挑战

面对土壤新兴污染物的严峻挑战,研究人员和环境管理机构开始加大对其的监测与评估力度。通过深入研究这些污染物的来源、分布、迁移转化规律及其对生态环境和人类健康的影响，为制定科学有效的管理和治理策略提供支持。此外，新兴污染物的出现也对现有的土壤污染防治技术提出了新的要求，亟须开发出更为高效、精准的检测和处理技术。

一、最新研究成果与突破

（一）土壤微塑料污染研究进展

目前，土壤环境中的微塑料正在受到科研人员的关注。近年来，研究人员针对土壤微塑料去除已开展了大量的研究。其中主要涉及物理、化学和生物方法。土壤清洗、电动修复、磁选和吸附是土壤中微塑料的主要的物理去除技术。土壤清洗是利用微塑料在密度、大小或疏水性方面的差异而从土壤中分离。这种技术通常采用水基洗涤工艺，将污染土壤和水混合，通过搅拌或搅动将土壤和微塑料分离。经过沉淀后，收集含有微塑料的上清液。目前可通过超声设备采用高频声波搅拌土壤和水的混合物，这种方法可有效地将微塑料从土壤中分离出来。此外，旋风分离机在去除土壤微塑料方面也展现出一定的优势。有研究指出，旋风分离机可根据微塑料的尺寸和密度对其进行分离，并通过产生的离心力将不同尺寸的颗粒物分离至不同的收集仓内。这种方法不仅有效去除了土壤中的微塑料，同时还减少了水资源的消耗。但是土壤清洗的修复效果往往受到诸多因素的影响，包括土壤类型、微塑料的特性、土壤质地、有机质含量和水分含量等。此外，土壤清洗在一定程度上也会造成土壤颗粒的损失。因此，优化洗涤参数，如清洗剂种类、水土比、搅拌时间和沉降时间等，对提升土壤中的微塑料的去除率至关重要。

目前，用于土壤微塑料分离的试剂主要有氯化钠（NaCl）、氯化钙（$CaCl_2$）、氯化锌（$ZnCl_2$）和碘化钠（NaI）等。饱和NaCl溶液因其便宜且无毒而被广泛用于土壤环境中微塑料的提取，但这种方法无法分离高密度的微塑料，如PVC或PET。$CaCl_2$的分离效果比NaCl更好，但是其中的钙离子极有可能与环境中的有机物发生反应。而$ZnCl_2$和NaI尽管可有效分离环境中的微塑料，但它们对环境有一定的危害，特别是对水生生物的胚胎有毒害作用。同时，$ZnCl_2$还具有一定的腐蚀性，这使得这些清洗剂的处理过程变得非常复杂。幸运的是，有关土壤微塑料清洗分离技术有了新的突破。研究人员设计了一种从土壤中提取微塑料的装置，该装置包含密度分离、真空过滤和溶液回收系统。并采用3种经济实惠、环境友好的盐溶液NaCl、$CaCl_2$和NaBr对3种不同类型的微塑料进行了分离试验。其中，NaBr对微塑料的提取回收率最高，可达85%～100%，极大地提高了土壤微塑料的去除效率。

电化学方法近年来成为微塑料污染修复新的研究方向。利用电化学絮凝技术处理受微塑料污染的农业土壤的雨水径流，可实现对微塑料的有效去除。实验流程包括从土壤样本中提取微塑料并测定土壤的 pH 值、湿度、微塑料含量和颗粒大小。在电化学反应器中，使用不锈钢电极处理了含有微塑料的雨水径流水。结果显示，在 45 min 的电解时间内，微塑料的去除效率达到 98%。

生物降解也已成为一种从土壤中去除微塑料的有效技术。生物降解主要是利用微生物生理过程产生的酶分解微塑料。这些过程主要涉及微塑料中化学键的酶促水解，从而导致微塑料碎裂或降解为更小更易生物降解的化合物。微塑料的生物降解流程如图 7-5 所示。首先，当微生物群落与微塑料结合后，大分子可通过物理（微生物生长过程中的生物膜使微塑料表面产生裂缝和凹陷）或化学（微生物分泌的酸性物质削弱微塑料结构）手段削弱微塑料基质。紧接着，微生物分泌的酶可将聚合物分解成较低分子量（通常小于 600 Da）的聚合物。然后，微生物将通过各种生物化学过程从低聚物中提取可用能量，并将氧化产生的废物分泌到环境中，这个过程通常称为矿化。最后，矿化副产物（如二氧化碳、甲烷和水）可以重新进入自然生物地球化学循环，从而完成由原来有毒原料到有用产物的转变。

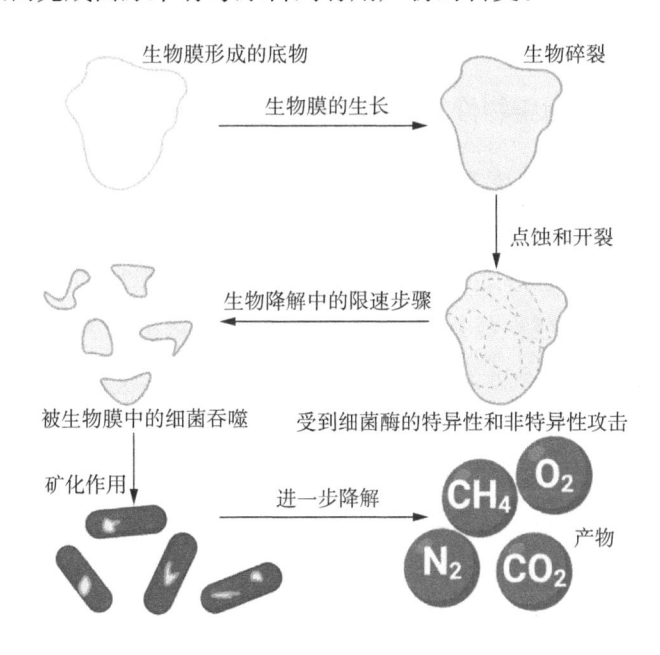

图 7-5 微塑料的生物降解流程

纳米技术的发展为土壤微塑料的去除提供了新的思路。研究人员研究了生物纳米材料用于微塑料修复的潜力。通过使用天然材料，如壳聚糖和纤维素，以及它们的衍生物作为微塑料的有效吸附剂。由于这些生物纳米材料具有固有的生物可降解性和低毒性，使它们成为土壤微塑料修复的候选者。还有一种磁性沸石咪唑啉框架（ZIF-8）纳米复合材料，该材料有望同时去除水中的微塑料和受塑料影响产生的内分泌干扰物，这种纳米复合材料对微塑料具有很高的吸附能力和选择性，还可以在土壤系统中使用这种磁性纳米复合材料，以便有针对性地去除微塑料，同时最大限度地减少对土壤的干扰。

近年来，光催化作为去除土壤中微塑料的方法而备受关注。这一技术的使用主要涉及半导体光催化剂，通过光能引发降解微塑料的化学反应。该过程利用活性氧（ROS）的产生（如羟基自由基）来分解塑料聚合物。在整个反应过程中微塑料会吸附在光催化剂的表面，而光催化过程中产生的羟基自由基会攻击并分解微塑料的聚合物链，从而产生更小的碎片。研究人员探究光催化技术对聚苯乙烯纳米颗粒（PS-NPs）的去除。结果表明，TiO_2 作为光催化剂去除 PS-NPs 的效率比仅使用紫外光的效果更好。当使用两种不同纳米结构的 TiO_2 作为光催化剂时，PS-NPs 的浓度减少效果是紫外光光解的 2 倍。此外，有研究发现 TiO_2 涂覆的 ZnO 四足体对两种常见微塑料——聚乙烯（PE）微粒和聚酯微纤维（PES）微纤维有较强的降解效果。在紫外光照射下，PE 和 PES 分别在 480 h 和 624 h 内实现了完全的质量损失。因此，光催化技术在降解微塑料方面已展现出优异的潜力，可以针对土壤环境对该方法进行研究和优化，以促进土壤微塑料的降解和后续的去除。

（二）有机类新兴污染物修复研究进展

有机类新兴污染物是土壤新兴污染物的重要组成部分。一般来说，有机类新兴污染物主要包括持久性有机污染物、内分泌干扰物以及抗生素。受到特别关注的持久性有机污染物包括有机氯杀虫剂、多环芳烃、多溴联苯醚和全氟化合物等。近年来，人们针对以上有机类新兴污染物的去除开展了大量的研究。从土壤环境中去除有机新兴污染物的技术主要可分为物理、化学和生物技术。其中，吸附是一种流行的物理化学修复措施，利用活性炭、生物炭、纳米材料等吸附污染物。在一项研究中，研究人员探究了金属有机框架（MOF）对内分泌干扰物的吸附效率，结果表明，MOF 对 17α 乙炔雌二醇的最大吸附量可达 200.4 mg/g。原位化学氧化是一种被广泛应用的化学修复技术，它可以将氧化剂直接注入受污染的土壤中。这些氧化剂可以与内分泌干扰物接触并将其迅速分解为毒性较小的物质。

生物修复技术是利用微生物或植物，通过代谢过程将污染物转化为危害较小的化合物。这种方法具有经济效益高，环境友好等特点。其中被广泛应用的微生物包括细菌、真菌和微藻。常见的细菌有无色杆菌属、产碱菌属、伯克霍尔德菌属、假单胞菌属和脱盐球菌属等，而使用的真菌包括白腐真菌、变色栓菌等。这些微生物可在氢化酶、脱氢酶、双加氧酶、羟化酶、转移酶和漆酶等酶的帮助下对污染物进行生物降解和生物转化。在正常情况下，微生物酶的产量可能较低。因此，代谢组学、蛋白质组学和基因工程等手段已经被用于微生物酶生成能力的强化。蛋白质工程也被证明是有利于进一步改进酶的方法,对现有酶蛋白进行修饰以获得更好的性能,包括提高催化活性、稳定性、调节控制和定位,以便更好地通过酶来降解有机污染物。代谢工程通过定向改造微生物的代谢途径,可显著提升其对有机污染物的降解效率,拓宽降解底物范围,并赋予原始菌株新的代谢功能。这些改进主要通过基因工程技术实现,典型策略包括引入外源基因簇重构代谢网络、实施基因敲除/敲入操作、调控关键酶表达水平,以及优化前体物质合成途径。这些系统性改造使微生物获得了适应特定污染环境的催化能力。此外,计算生物学技术的突破性发展为生物修复技术革新提供了关键支撑。基于多组学数据整合与机器学习算法,研究者可系统解析目标污染物的理化性质,并精准评估其微生物降解可行性。当前已构建覆盖全流程的智能分析平台,涵盖污染物毒性预测、代谢途径解析、生物转化模拟及多模型验证等核心模块,显著提升了生物修复技术的研发效率与精准度。

植物修复也是去除环境中污染物的重要生物修复措施。为了减少环境中污染物的浓度并降低其毒性,研究人员已培育并应用了特定的植物物种。这些植物通常会联合环境中的有益微生物协同降解污染物,同时还可以吸附这些污染物使其转移到植物的各个部分并在相应位置积累,而在这些位置又会发生各种植物酶的降解过程。植物修复技术在实际应用中面临多重制约,包括受制于环境胁迫耐受性有限导致的存活率波动、生物量积累速率低引发的修复周期延长,以及污染物迁移转化效率不足等固有瓶颈。这些技术短板显著制约了其工程化应用推广。因此,近年来研究人员开发了各种策略来推进植物修复,以克服一些限制因素并提高其修复性能,其中包括使用天然或合成改良剂以及转基因植物。改良剂可通过调节根际微环境与优化资源分配,协同提升植物的生物量积累效率与抗逆性表现,同时增强根际养分截获能力及改善土壤持水性能,从而显著强化其在污染修复中的生理效能。现有研究证明,甜菜残留物可增强植物对污染物的提取。一项研究发现,用黑曲霉作为改良剂处理后的甜菜残留物增强了白车轴草的生存能力和植物吸收污染物的能力,这主要是因为改良剂的应用提升了植物根际附近微生物的生物量水平。

基因工程可通过分子遗传学对植物进行改良,这为植物修复过程中的转基因植物提供了新的机会。参与污染物摄取和去除的基因被视为目的基因,而分子遗传学方法可确保这些目的基因的表达率提高。比如,通过这种方法改变抗氧化酶、植物螯合素、金属硫蛋白和转运蛋白基因的表达。另外一种方式是通过插入编码污染物降解酶的基因来改善植物对有机污染物的分解与吸收,但是这也可能对自然生态系统产生未知的影响。因此,为了在潜在优势和未知危害之间取得平衡,还需严格的监管和持续的科学评估。

二、技术难题与未来方向

（一）技术难题

当前，土壤中新兴污染物的监测已经取得了较大进展，化学、生物和遥感等技术的发展为新兴污染物的识别提供了重要支持。然而，面对大量未知的或尚未被充分研究的污染物，监测和识别过程仍然面临困难。在监测技术方面，尽管一些技术能够检测到极低浓度的新兴污染物，适用于复杂的土壤样品分析，但其灵敏度和选择性仍有不足之处。土壤中的复杂化学背景常常干扰污染物的检测，导致假阳性或假阴性结果。此外，新兴污染物的种类多样，缺乏统一的标准化监测方法，不同研究机构采用的技术和标准不一样，导致数据缺乏可比性，难以形成全球统一的监测体系。与此同时，先进监测技术设备价格昂贵且操作复杂，限制了其在大规模环境监测中的广泛应用，尤其是在资源有限的地区或发展中国家，这类技术的普及性较低。土壤中的污染通常是多种化合物的复合污染，不同污染物之间的相互作用可能影响其检测和识别，加大了污染物解析的难度。总体而言，尽管监测和识别技术在新兴污染物研究中展现出了巨大潜力，但其应用仍受制于灵敏度、成本和数据处理复杂性等多重因素，亟待进一步优化和完善。

目前，已经开发了各种物理、化学等处理技术来遏制、清洁和恢复受污染的土壤。虽然传统的处理技术已被证明是有效的，但依然面临一些显著的局限性。

（1）土壤污染物种类复杂多样

新兴污染物的种类繁多，且化学性质各异，包括药物、抗生素、内分泌干扰物、纳米材料等。这种多样性增加了处理的复杂性，单一种技术很难同时有效地处理所有种类的污染物。

（2）生物修复技术局限性

微生物降解过程通常较慢，尤其是面对那些难降解的化学物质，处理过程可能需要数月甚至数年时间，无法实现快速清理。此外，某些新兴污染物（如抗生素）可能抑制微生物生长，影响生物修复的效果。

（3）化学处理技术的副作用

化学处理技术（如高级氧化技术）虽然可以降解部分新兴污染物，但这些强氧化剂可能对土壤中的其他有机物或生态系统造成负面影响，如破坏有机质或影响土壤生物的健康。同时，一些化学处理技术可能导致新兴污染物不完全降解，产生毒性更强或更难处理的中间产物，进而造成二次污染。

（4）物理修复技术的局限

物理修复技术通常不能彻底去除新兴污染物，只能将其浓缩、隔离或物理分离。这些方法往往适合处理重金属或传统有机污染物，处理复杂的、低浓度的新兴污染物，效果有限。此外，一些物理处理方法（如热处理技术）往往需要高能耗或昂贵的设备，对大面积土壤污染治理而言，成本较高。

（5）土壤结构和性质的影响

不同类型的土壤具有不同的物理、化学和生物特性，这些特性会影响新兴污染物的迁移、吸附和降解。例如，黏土对污染物的吸附能力较强，可能导致化学药剂难以渗透，从而影响处理效果。

（二）发展方向

土壤新兴污染物处理技术的发展是应对环境污染挑战的关键领域。为了更有效地应对上述问题，未来土壤新兴污染物处理技术的发展可能集中在以下几个方向。

（1）研究绿色纳米技术

纳米修复已成为当前研究和开发的主要主题，在清理污染场地和保护环境免受污染方面具有巨大潜力。相较于传统材料，纳米颗粒（1~100 nm）凭借其纳米级结构特征与可控表面功能化修饰优势，展现出显著增强的界面迁移能力及靶向输运特性，使其在催化降解、生物传感等应用场景中呈现突破性的性能提升，能更有效地针对污染物，并减少对环境的负面影响。此外，探索纳米肥料（生物刺激＋生物增强）、纳米矿物（生物刺激）或绿色合成纳米氧化剂的开发和使用，对纳米技术在土壤新兴污染物修复方面的应用具有巨大意义。

（2）开发高效生物修复技术

未来将重点研究并筛选具有更高降解能力的微生物群落，特别是针对难降解的新兴污染物（如抗生素和持久性有机污染物）的微生物群落。同时，通过基因工程技术改造微生物，增强其对复杂污染物的降解能力。此外，植物修复可以与微生物修复相结合，通过植物与土壤微生物的协同作用，提高污染物的去除效率。植物根系与微生物的互利共生关系可以增强污染物的降解速度，并扩大适用范围。

（3）发展绿色化学技术

推动不产生有害副产物的绿色化学技术的应用，如基于无毒、可降解的化学药剂进行污染物的氧化还原反应。未来的处理技术应着重于减少对环境的二次污染，确保处理过程本身对生态系统的影响最小。

（4）开发生物基材料

开发基于天然材料的处理技术，如利用天然生物质材料进行吸附、降解。这类材料不仅成本低廉，而且不易对环境产生二次污染，是未来生态友好型处理技术的研究重点。

(5) 集成人工智能和机器学习

机器学习可对土壤中污染物的浓度、扩散趋势及处理效果进行实时监控和预测。通过机器学习，可以优化处理技术的使用方案，降低处理成本并提高效率。结合人工智能算法可以根据污染物的种类和污染程度，自动设计最优处理方案，选择合适的处理技术组合，并动态调整处理过程中的参数，实现更加高效、精确的污染控制。

参考文献

[1] 邵博群,庞蕊蕊,李烨,等.微塑料和其他新兴污染物相互作用研究进展[J].环境科学与技术,2021,44(7):214-222.

[2] ZHOU S, AI J H, QIAO J C, et al. Effects of neonicotinoid insecticides on transport of non-degradable agricultural film microplastics[J]. Water Research, 2023, 236: 119939.

[3] XU D, DU B W, JI Y T, et al. Stereoselective transport of 2-aryl propionic acid enantiomers in porous media subjected to chiral organic acids[J]. Journal of Hazardous Materials, 2024, 468: 133824.

[4] 巫秀玲,赵晓祥,孙铸宇.金属材料协同 VB_{12} 催化卤代有机物降解研究进展[J].化工进展,2022,41(2):708-720.

[5] ZHU Y L, TANG J X, LI M X, et al. Contamination status of perfluorinated compounds and its combined effects with organic pollutants[J]. Asian Journals of Ecotoxicology, 2021, 16(2):86.

[6] 翟向阳.健康教育学[M].重庆:重庆大学出版社,2018.

[7] YUAN J H, LIU Y, WANG J, et al. Long-term persistent organic pollutants exposure induced telomere dysfunction and senescence-associated secretary phenotype[J]. The Journals of Gerontology. Series A, Biological Sciences and Medical Sciences, 2018, 73(8): 1027-1035.

[8] 吴靖宇,范中婧,邢菲,等.磁性超交联聚合物的制备及其在富集苯基脲除草剂中的应用[C]//中国化学会.中国化学会第22届全国色谱学术报告会及仪器展览会论文集（第三卷）,2019.

[9] 刘沛,黄慧敏,余涛,等.我国新兴污染物污染现状、问题及治理对策[J].环境监控与预警,2022,15(5):27-30+70.

[10] 李松旌,樊向阳,崔二苹,等.PPCPs在土壤—作物系统行为特征及环境风险的研究进展[J].化工进展,2021,40(5):2827-2838.

[11] 詹杰,魏树和.四环素在土壤和水环境中的分布及其生态毒性与降解研究[J].生态学报,

2015,35(9):2819-2825.

[12] 揭晓蒙,王文涛,昝飞翔,等. 我国海洋环境典型新兴污染物的分布及生态效应[J]. 海洋环境科学,2024,43(6):825-840.

[13] 李书唱,倪妮,王娜,等. 我国土壤中抗生素抗性基因污染的消减策略[J]. 生态与农村环境学报,2024,40(5):589-601.

[14] XIE W F, LI J K, LI Y, et al. Research Progress of Emerging Pollutants in Sediments of the Yellow River Basin[J]. Environmental Science & Technology,2022,45(1):227.

[15] 李林云,段宇婧,侯捷. 饮用水中新污染物的来源、风险评估和防控治理的研究进展[J]. 应用生态学报,2023,34(12):3447-3456.

[16] 骆永明,施华宏,涂晨,等. 环境中微塑料研究进展与展望[J]. 科学通报,2021,66(13):1547-1562.

[17] 陈璇,章家恩,危晖. 环境微塑料的迁移转化及生态毒理学研究进展[J]. 生态毒理学报,2021,16(6):70-86.

[18] KUMAR P V, SINGH E, SINGH S, et al. Micro-and nano-plastics (MNPs) as emerging pollutant in ground water: environmental impact, potential risks, limitations and way forward towards sustainable management[J]. Chemical Engineering Journal, 2023, 459:141568.

[19] 王玉萍,常宏,李成,等. Ca^{2+}对镉胁迫下玉米幼苗生长、光合特征和PSⅡ功能的影响[J]. 草业学报,2016,25(5):40-48.

[20] SHETTY S S, DEEPTHI D, HARSHITHA S, et al. Environmental pollutants and their effects on human health[J]. Heliyon, 2023, 9(9):e19496.

[21] CAO X Y, TAN C Y, WU L H, et al. Atmospheric deposition of cadmium in an urbanized region and the effect of simulated wet precipitation on the uptake performance of rice[J]. Science of The Total Environment, 2020, 700: 134513.

[22] 骆永明,滕应. 我国土壤污染的区域差异与分区治理修复策略[J]. 中国科学院院刊,2018,33(2):145-152.

[23] 郭佳葳,周世萍,刘守庆,等. 蚯蚓生物标志物在土壤生态系统监测中的应用研究进展[J]. 生态毒理学报,2020,15(5):69-81.

[24] 刘倩,刘永,张林宝,等. 基于综合生物标志物响应法的渔港重金属污染风险评价[J]. 渔业科学进展,2024,45(2):28-38.

第八章　全域土地综合整治政策与投融资研究

在我国城镇化建设进程中，未利用地开垦曾是建设项目补充耕地的主要方式。但随着城镇化深入，部分城市未利用地已不足。因此，为解决耕地指标不足的问题，地方政府通过土地指标交易体系，从其他地区购入额外的耕地补偿指标以填补缺口。当前，农村土地综合整治项目已成为耕地指标的重要补充来源，且有助于平衡城乡发展差距。近年来，土地整治逐渐从针对单一地块的零散治理，向更全面且系统的全域性土地综合整治转型。随着城市化进程的加快和乡村振兴战略的深入实施，土地综合整治作为推动城乡一体化发展的重要手段，日益受到政府和社会各界的关注。

土地综合整治工作涵盖了土地的整理、复垦与开发，旨在提高土地利用效率，优化生态环境，并促进城乡之间的协调与平衡发展。推动全域土地综合整治，可以优化农村环境，助力农业生产，实现乡村振兴。然而，土地综合整治项目涉及大规模的资金和复杂利益，传统的政府单一投资模式已难以满足需求。因此，探索并建立多元化的投融资模式尤为重要。通过引入社会资本、创新金融工具，可缓解政府财政压力，激发市场活力，促进经济发展。

本章从投资视角出发，梳理了土地综合整治的重要概念、土地指标交易及投资模式，并整理了相关案例，希望能对从事或关注土地综合整治项目的企业有所帮助，以期形成更为全面系统的认知。

第一节　全域土地综合整治的内容和意义

一、全域土地综合整治的内涵及特点

随着工业化、城市化以及现代农业的加速发展，自然资源和生态环境的限制性因素日益凸显。部分农村地区面临着耕地零散分割、空间布局杂乱无章、土地资源使用效率低下以及生态环境质量下滑等一系列复杂问题，这些相互交织的问题导致

传统且单一的土地治理方式已难以有效应对。因此，必须在国土空间规划的宏观指导下，采取全面规划、整体布局、综合治理的策略，运用"多维度整合、多目标协同、多手段融合、多效益兼顾"的综合性整治方案来破解难题。2019年12月，自然资源部发布了《关于开展全域土地综合整治试点工作的通知》，清晰界定了全域土地综合整治的具体目标和实施路径。

（一）全域土地综合整治的内涵

全域土地综合整治是以科学规划为前提，以乡镇为基本实施单元，全面开展农用地、建设用地整理以及乡村生态保护修复等工作。该工作的核心在于，针对那些闲置、低效使用、生态退化以及环境破坏的区域，实施一系列国土空间的综合治理措施，旨在恢复并增强乡村地区的生态功能。全域土地综合整治模式不仅注重土地资源的节约、保护与自然修复，还强调生命共同体的理念，实现了从单一土地整治向"山水林田湖草"综合整治的转变。全域土地综合整治的核心内容涵盖以下几个方面。

（1）农用地的优化整合

立足于适度规模化经营和现代农业的实际需求，结合土地流转与权属的合理调整，对各类农用地实施全面而深入的综合整治措施，旨在提升土地资源的利用效率及农业生产的经济效益。

（2）建设用地整理

综合考虑农民居住、产业发展、公共服务设施及基础设施建设等多方面需求，有序推进农村宅基地、废弃工矿用地及低效或闲置建设用地的整理与再开发，以实现建设用地布局的科学化与结构的优化。

（3）乡村生态保护修复

遵循自然生态系统的整体性原则，如山、水、林、田、湖、草的和谐共生，结合农村居住环境的综合整治，合理调整生态用地的分布，有效保护与恢复乡村的生态系统功能，确保自然环境的持续好转。

（4）乡村历史文化保护

深入挖掘并珍视乡村的自然景观与文化遗产，维护其独特的乡土风貌与文化特色，同时注重传统农耕文化的传承与发展，全力保护乡村的历史脉络与文化底蕴。

（二）全域土地综合整治的特点

相较于传统的土地整治模式，全域土地综合整治拥有以下几个特点。

（1）规划与发展功能

全域土地综合整治更加着力规划一个区域的发展功能，能够从整体上优化国土空间结构和布局，提升区域的整体竞争力。

（2）统筹城乡发展功能

全域土地综合整治着力于统筹城乡一体化发展，将以往田、水、路、林、村、城割裂开来或把各项工程分开实施的土地整治活动，扩展为把城镇和乡村放在一个整体治理空间下，补齐短板以实现城乡一体化发展。

（3）产业链延展功能

全域土地综合整治更加着力延展土地整治的产业链和价值链，通过"土地整治＋"注入新业态，发掘新动能，提升土地整治的综合效益和产业链价值。

（4）以人为本

注重满足人民日益增长的美好生活需要，通过土地生态整治和文化修复等手段，提高居民的生活质量和幸福感。

（5）统一用途管制与生态修复功能

按照国土空间整治的目标和要求，构建全域土地整治的内容结构和框架体系，实现国土空间用途的统一管制和生态环境的系统修复。

二、全域土地综合整治演变历程

全域土地综合整治，是涉及农用地调整、旧村庄改造、城中村更新、低效产业用地升级及生态修复等多方面的综合性项目。下面对全域土地综合整治的演变进行系统性梳理。

（一）初期探索阶段（1998—2013年）

初期探索阶段，金融机构采用财政兜底、委托代建、差额补足等模式，与地方融资平台合作，为土地储备、开发复垦及旧城区改造提供资金支持。这一阶段的融资模式主要依赖于政府信用和财政性资金作为还款保障，但随着政策环境的变化，该模式已逐渐退出历史舞台。

2003年，时任浙江省委书记的习近平同志做出了实施"千村示范、万村整治"工程（以下简称"千万工程"）的重要决策。全域土地综合整治正是"千万工程"持续深化实施过程中在自然资源领域的创新。"十二五"期间，《全国土地整治规划（2011—2015年）》首次提出了推进全域土地整治这一概念。

（二）政策转型阶段（2014—2016年）

2014年，国务院发布了《关于加强地方政府性债务管理的意见》，明确指出要剥离融资平台公司政府融资职能，推广使用政府与社会资本合作（PPP）模式。同时，国务院也强调了加速棚户区改造的重要性，并设定了2013—2017年间改造1 000万户棚户区的目标。在这样的政策导向下，金融机构纷纷通过PPP模式、政府购买服务等创新途径，为各地的棚户区改造和农村基础设施建设提供资金支持。

（三）规范调整与市场探索阶段（2017—2019年）

2017年，财政部印发《关于坚决制止地方以政府购买服务名义违法违规融资的通知》。通知中指出，严禁将基础设施建设、储备土地前期开发、农田水利等建设工程作为政府购买服务项目。这一政策的变化促使金融机构在支持省市全域土地综合整治时，更多地采用PPP模式和市场化融资方式，如农村土地整理、城乡建设用地增减挂钩及旧城区改造等项目的融资。

2018年，浙江"千万工程"获联合国"地球卫士奖"。为贯彻落实习近平总书记重要指示批示精神，按照党中央、国务院相关部署要求，自然资源部于2019年开始在全国部署全域土地综合整治试点，探索不同尺度、不同类型的全域土地综合整治新模式，同时相继印发实施要点、实施方案编制大纲等文件，进一步明确了试点的底线要求。

（四）新政策环境下的新阶段（2019年至今）

2019年3月，财政部印发的《关于推进政府和社会资本合作规范发展的实施意见》中，对PPP项目的支出上限进行了明确设定，同时中央也出台了系列政策，旨在遏制新增隐性债务。在此背景下，部分城市积极响应政策导向，采取了一系列行动。以宁波市为例，宁波市人民政府办公厅印发了《关于推进全域土地综合整治与生态修复工程的意见》，旨在加速在各乡镇推进相关项目的实施，以全面提升土地资源利用效率。同时，金融机构积极响应政策导向，探索不依赖政府信用和财政还款的市场化融资模式，以支持全域国土空间的综合整治与生态修复工作。

2023年，习近平总书记再次对浙江"千万工程"做出重要批示，明确要求总结推广浙江经验，加快推动城乡融合发展、全面推进乡村振兴。为贯彻落实习近平总书记重要指示批示精神，自然资源部启动了全域土地综合整治试点阶段性评估总结工作，系统评估试点开展以来取得的成效和存在的问题，总结提炼可复制、可推广的制度性成果，深入谋划下一阶段工作。

三、全域土地综合整治的实践探索与深远意义

2018年9月，中共中央、国务院印发《乡村振兴战略规划（2018—2022年）》，对全域土地综合整治工作提出了新的要求。自然资源部积极响应，启动了全域土地

综合整治试点工作。由此，全域土地综合整治的实践探索自全国范围内逐步展开。下文按照时间进程对各实践性代表项目进行分析。

（一）2019—2020 年：全域土地综合整治试点启动阶段

2019 年，全域土地综合整治试点启动，浙江省宁波市镇海区南洪村被列为试点项目之一。

宁波市积极响应国家政策，实施了整村搬迁计划。通过整体搬迁，南洪村将原有的零散、低效的宅基地复垦形成耕地。同时，南洪村完善生态保护工作，实施了系列生态修复工程，如河岸绿化、湿地恢复等。在搬迁的新址上，南洪村大力发展特色农业和乡村旅游产业，实现了土地资源的集约高效利用和乡村经济的多元化发展。

（二）2020—2021 年：试点项目深入实施阶段

在试点项目深入实施的背景下，广西壮族自治区崇左市江州区新和镇卜花村被选为全域土地综合整治项目之一。其中，卜花村针对农村生态环境问题，采取了水系修复、土地平整、基础设施建设和产业扶持等综合措施。通过修复水系，改善了水质和水生态；通过土地平整，提高了耕地质量和有效耕地面积；通过完善基础设施，改善了村民生活条件；通过产业扶持，推动了特色农业和乡村旅游产业的发展。

（三）2021—2023 年：政策完善与经验总结阶段

在政策完善与经验总结阶段，浙江省嘉兴天福万亩方项目成为全域土地综合整治的亮点。该项目采用碎田变整田的方式，将原有的零散、低效的耕地整理成连片的万亩方耕地。

同时，嘉兴还实施了高标准农田建设，提高了耕地质量和粮食产量。在整治过程中，嘉兴还注重现代农业技术的引入和管理模式的创新，推动了农业产业化发展。

（四）2023 至今：全面开展与持续优化阶段

自 2023 年以来，全域土地综合整治工作全面开展并持续优化。湖北省应城市在这一背景下实施了林耕空间置换项目。该项目通过空间置换的方式，将零散分布的林地和耕地进行集中连片整理。在置换过程中，应城注重生态保护，实施了植树造林、水土保持等生态修复工程。同时，应城还结合当地资源禀赋，发展了特色农业和林业产业，实现了一二三产业的融合发展。

（五）通过不断实践探索，全域土地综合整治体现出以下几点重要意义

1. 优化用地空间布局，促进资源合理配置

全域土地综合整治通过科学规划，明确农业生产区、村庄建设区、产业发展区和生态保护区的功能定位，实现了土地资源的精准配置。以浙江省杭州市余杭区全域土地综合整治项目为例，该项目通过GIS技术进行土地精准测绘，精准划定农业生产区、村庄建设区、高新技术产业发展区和西溪湿地生态保护区，实现了土地资源的优化配置。项目实施后，不仅耕地面积增加了10%，还促进了高新技术产业在指定区域内的集聚发展，同时西溪湿地的生态保护得到了显著加强。

2. 提升耕地质量与数量，保障粮食安全

全域土地综合整治强调耕地质量的提升，要求新增耕地面积不少于原有面积的5%，这对于维护国家粮食安全具有重要意义。通过土地平整、灌溉设施改善和土壤改良等措施，许多地区实现了耕地质量的显著提升。如湖南省长沙市望城区高标准农田建设项目，通过土地平整、灌溉系统现代化改造和土壤改良措施，项目区内近20万亩耕地质量得到显著提升，耕地等级平均提升了1.5个等级；并引入智能农业技术，如精准灌溉系统和土壤养分监测设备，有效提高了粮食产量和品质，确保了区域粮食安全的稳定供应。

3. 强化生态保护与修复，践行绿色发展理念

全域土地综合整治坚持"绿水青山就是金山银山"的发展理念，注重生态保护与修复。通过实施山水林田湖草一体化保护和修复工程，恢复了生态系统服务功能，提高了生物多样性。例如，福建省闽江流域生态修复项目，实施了包括植树造林、湿地恢复、水土保持工程在内的综合生态修复措施（在流域上游种植水源涵养林，中游恢复湿地生态系统，下游建设生态护岸），形成了完整的生态保护体系，有效改善了闽江流域的水质，减少了水土流失，生物多样性显著提升。

4. 提升土地节约集约利用水平，促进可持续发展

全域土地综合整治通过优化生产、生活、生态空间布局，促进了土地资源的节约集约利用。通过集中安置、宅基地复垦等方式，有效减少了农村建设用地占用，提高了土地利用效率。同时，整治后的土地更易于进行规模化经营，为现代农业发展提供了有力支撑。例如，江苏省无锡市江阴市农村建设用地整治项目采用"宅基地换房"模式，鼓励农民搬迁到集中居住区，原有宅基地复垦为农田或生态用地，实现了土地资源的节约集约利用。

5. 助推乡村全面振兴，构建美丽宜居新家园

全域土地综合整治是乡村振兴战略的重要抓手，通过打造集约高效的生产空间、宜居适度的生活空间和山清水秀的生态空间，为乡村全面发展提供了坚实基础。整

治后的乡村，不仅环境面貌焕然一新，还吸引了大量新产业、新业态的入驻，促进了一二三产业的融合发展，为农民增收致富开辟了新途径。

四川省成都市郫都区乡村振兴示范项目利用乡村的自然风光和文化资源，开发了乡村旅游产品，如农家乐、生态采摘园、乡村民宿和文化体验活动等。通过举办农事节庆、手工艺品展销等活动，吸引了大量游客，促进了乡村经济的多元化发展。

第二节　全域土地综合整治的政策分析与实施路径

全域土地综合整治是中国土地管理体系演进的自然产物。党的十九大明确提出实施乡村振兴战略，农村地区的土地综合整治工作成为推动农业农村领域供给侧结构性改革、弥补农村发展不足之处，以及促进城乡空间布局优化的关键策略。为积极响应中央关于土地综合整治的工作部署，中央及各地政府纷纷出台相关政策，以推动土地综合整治工作的深入开展。

一、国家层面制定的相关政策

（一）《关于开展全域土地综合整治试点工作的通知》

2019年12月，自然资源部发布《关于开展全域土地综合整治试点工作的通知》（以下简称《通知》），改变以往土地整治单一地块、单一要素、单一手段的整治方式，进行全域规划，整体设计、综合整治，工作重心从保障农业生产转移到耕地保护和土地集约节约利用、促进一二三产融合发展、改善农村生态环境、助推乡村全面振兴。为了更好地推进全域土地综合整治工作，《通知》还提出了3项支持政策。

一是允许合理调整永久基本农田，要确保新增永久基本农田面积不少于调整面积的5%。

二是允许节余的建设用地指标在省域内流转。一方面使土地指标能够自由流动，向城市地区集中；另一方面使资金流向需求迫切的农村地区，为乡村产业发展、土地整治注入动力。

三是自然资源部将对试点工作予以一定的计划指标支持，各省可以制定具体实施办法，配套奖励，并落实到市、县（区）。

《通知》提出的3项支持政策，促进了资源优化配置，激发了市场活力。截至2023年底，全国1 304个试点累计投入资金4 488亿元，完成综合整治规模378万亩、新增耕地 47 万亩、减少建设用地 12 万亩，成效显著。《通知》不仅提升了土地整治的科学性和系统性，还为我国乡村振兴战略的实施提供了有力支撑。

（二）《全域土地综合整治试点实施要点（试行）》

为落实《通知》要求，自然资源部国土空间生态修复司于 2020 年 6 月颁布了《全域土地综合整治试点实施要点（试行）》，从 12 个方面指导全域土地综合整治试点工作，包括试点乡镇的选择、试点与规划的关系、整治区域的划定、整治任务的确定、耕地和永久基本农田保护、土地相关指标的认定、相关整治内容的审查、试点的监测监管、试点的验收和评估、试点负面清单、试点信息数据在线备案、试点实施保障。

其中，耕地和永久基本农田的保护以及土地相关指标的认定，可以总结为"两个 5%"：一是新增耕地面积比例要求。整治区域内新增耕地面积原则上不得少于原有耕地面积的 5%，以确保耕地数量增加，满足适度规模经营需求，并提升耕地质量和连片程度。二是永久基本农田调整与增加面积比例要求。若需调整永久基本农田，应确保调整方案使整治区域内永久基本农田增加面积原则上不少于调整永久基本农田面积的 5%，遵循数量增加、质量提升、生态改善、布局集中连片、总体稳定的原则，以保障永久基本农田的稳定性和安全性，确保国家粮食安全和生态安全。对整治区域范围内土地相关指标控制的计算公式如下：

（1）整治区域新增耕地面积比例＝（整治后耕地面积－整治前耕地面积）/整治前耕地面积×100%（要求≥5%）。

（2）整治区域新增永久基本农田面积比例＝（新划定的永久基本农田面积－调整的永久基本农田面积）/调整的永久基本农田面积×100%（要求≥5%）。

（3）节余建设用地指标＝整治区域范围内整治前建设用地面积－整治后建设用地面积（要求≥0）。

该政策有效保障了国家粮食安全和耕地红线，促进了土地资源的集约节约利用，还促进了生态修复和环境保护，提升了乡村地区的生态环境质量，增强了乡村的吸引力和竞争力。

（三）《关于学习运用"千万工程"经验深入推进全域土地综合整治工作的意见》

2024 年 8 月，自然资源部下发该文件，标志着我国土地综合整治工作进入了一个全新的发展阶段。文件主要提出要学习运用"千万工程"经验，充分发挥全域土地综合整治的平台作用，优化农村地区国土空间布局，改善农村生态环境和农民生产生活条件，助推农村一二三产业融合发展和城乡融合发展。

在此基础上，该文件的深入实施策略与预期成效尤为值得关注。一方面，它借鉴了"千万工程"的实践经验，通过全域规划、整体设计、综合整治，有效解决了以往土地整治中单一地块、单一要素、单一手段的问题，实现了土地资源的高效利用。另一方面，该意见的实施将有助于提升农村地区的基础设施水平，改善农村生态环境，提高农民的生活质量，为乡村振兴战略的深入实施提供有力支撑。

二、各省制定的相关政策

在自然资源部相关政策文件的支持下，各省制定了具体办法。

（一）浙江省

《浙江省人民政府办公厅关于实施全域土地综合整治与生态修复工程的意见》，为全省土地资源的合理配置、高效利用及生态修复提供了全面的政策框架与激励机制。该政策特别注重通过新增建设用地计划指标的奖励，推动全域土地综合整治与生态修复工程的深入实施，进而促进乡村振兴和生态文明建设。其核心措施包括以下2点。

(1) 新增建设用地计划指标奖励。根据建设用地复垦面积，按比例（如1∶1、2∶1及特定情况下3∶1）奖励新增建设用地计划指标，激励土地整治与生态修复。

(2) 城乡建设用地增减挂钩。在确保耕地数量和质量平衡的前提下，允许项目区内城乡建设用地增减挂钩指标在规划范围内等面积使用；节余指标可在全省调剂使用，收益用于乡村振兴。

自政策实施以来，浙江省已开展123个全域土地综合整治项目，有效提升了耕地质量，优化了土地利用布局，促进了现代农业发展和农村生态文明建设。

（二）江西省

江西省自然资源厅发布的《江西省探索利用市场化方式推进矿山生态修复实施办法》指出，支持各地将矿山生态修复与全域土地综合整治、山水林田湖草生态保护修复、地质灾害防治等项目有机结合，加强部门合作，统筹项目资金，发挥政策乘数效应。

该政策的核心策略在于以下3点。

(1) 项目融合与协同效应。政策鼓励将矿山生态修复与其他生态保护及整治项目相结合，以形成协同效应，全面提升区域生态环境质量。

(2) 部门合作与资金统筹。强调加强不同部门之间的合作，确保项目资金的合理分配与高效利用，为矿山生态修复提供坚实的资金支持。

（3）指标交易优先权。矿山生态修复过程中产生的节余指标，在符合国家和省政府相关规定的前提下，享有省域内交易的优先权，以激励矿山生态修复的积极开展。

（三）湖北省

湖北省自然资源厅发布的《关于推进全域国土综合整治的意见》中提出，在全域国土综合整治区域内叠加实施城乡建设用地增减挂钩，充分释放城乡建设用地增减挂钩"建设用地规模指标、年度新增建设用地计划、耕地占补平衡、不再单独办理农用地转用手续"等政策红利。通过整治节余的建设用地指标和补充耕地指标，可在全省范围内优先调剂使用，所得收益用于脱贫攻坚、国土综合整治、乡村振兴等。

通过整治节余的建设用地指标，湖北省在全省范围内进行了优先调剂使用，有效缓解了部分地区建设用地紧张的问题。在耕地占补平衡方面，湖北省通过实施全域国土综合整治项目，成功补充了大量耕地资源，确保了耕地总量的动态平衡。

截至 2024 年 6 月，湖北省已实际投资 210 多亿用于全域国土综合整治项目，共实施 107 个全域国土综合整治项目，总规模达到 537 万亩，位居全国第二。

三、全域土地综合整治的实施路径

针对不同类型的全域土地综合整治项目，其实施路径展现出多样性和灵活性，旨在更好地适应不同地区、不同条件下的整治需求。尽管实施路径各异，但各类全域土地综合整治项目在设计时总体可借鉴以下实施路径。

（一）规划引领与顶层设计

全域土地综合整治应以国土空间规划为引领，确保整治工作符合区域总体发展战略。在规划阶段，需注重顶层设计，明确整治目标、任务和时序，确保整治工作的科学性和合理性。同时，应强化规划衔接，加强区域国土空间规划、乡镇国土空间规划和村庄规划之间的协调，确保整治工作的一致性和整体性。

在规划选址方面，应以问题为导向，针对耕地破碎化、土地资源利用低效化等现实问题，科学确定整治项目和时序。通过优化土地利用结构和空间布局，构建土地最合理利用目标的全要素系统结构，实现整治工作的精准施策。

（二）政府主导与部门联动

全域土地综合整治应坚持政府主导，充分发挥政府在资源整合、政策制定和实施等方面的作用。通过明确各部门的职责和任务，加强部门之间的协作和联动。同时，鼓励和支持社会资本参与整治工作，通过多元化融资渠道，确保整治工作的资金需求。

在整治过程中，应注重全要素整治和多部门参与。通过整合土地、劳动力、资本、技术、数据等多要素资源，实现整治工作的全面性和协调性。同时，应加强部门之间的信息共享和沟通协作，确保整治工作的顺利进行。

（三）建立投资回报机制与多元融资渠道

应建立稳定的投资回报机制，吸引社会资本积极参与整治工作。通过市场化运作，确保投资主体获得合理回报，形成投资与收益的良性循环。此外，还应加强资金监管，确保资金专款专用，提高资金使用效率。

资金是全域土地综合整治的重要保障。为确保整治工作的资金需求，应建立多元化融资渠道，包括政府投资、社会资本参与、银行贷款等。政府应加大对全域土地综合整治项目的政策和资金支持力度，确保整治工作的顺利推进。

（四）完善实施模式与运营机制

在实施全域土地综合整治时，应注重实施模式的创新和运营机制的完善。通过引入"投资、建设、运营"一体化的实施模式，实现整治工作的全过程管理。同时，应建立负责项目资金筹集、建设和运营等工作的项目公司，确保整治工作的专业化和市场化。

在运营机制方面，应注重项目收益和产业开发。通过运营全域土地综合整治项目获得土地整理增减挂钩"指标"收益，同时开发农业等产业获得产业开发收益。通过多元化收益来源，实现整治工作的可持续发展。

（五）公众参与收益分配

全域土地综合整治应坚持公众参与和收益分配的原则。通过拓宽公众参与渠道，提高公众对整治工作的知晓度和参与度。同时，应建立公平合理的收益分配机制，确保整治成果惠及广大农民群众。

应注重对公众的宣传教育和舆论引导。通过宣传教育活动，提高农民群众对全域土地综合整治工作的认识和支持度。同时，应加强舆论引导，营造良好的社会氛围。在收益分配方面，应注重利益协调和共享发展。通过公平合理的收益分配机制，确保整治成果惠及广大农民群众，实现整治工作的共赢发展。

四、全域土地综合整治模式创新案例

全域土地综合整治一般以乡镇（街道）或土地储备机构作为实施主体，进行项目立项报批、拆迁补偿和实施，该实施主体可以与社会资本方开展合作进行投资。

在资金来源上，传统实施模式以财政资金支持为主，主要来源于新增建设用地土地有偿使用费和政府从土地出让金中提取的部分。

但是，财政资金较为紧缺，且在时序上较难满足需求，迫切需要开展多元化融资。而在引入社会资本合作时，项目回款来源如果是政府财政资金，容易被认定为增加政府隐性债务而涉嫌违规。在此背景下，社会资本和金融机构积极创新不依托政府信用和财政还款的市场化融资模式。一些创新模式案例介绍如下。

（一）集体经营性建设用地入市——以北京市大兴区为例

将集体经营性建设用地引入市场，是焕新村庄风貌、提升农村经济收益、构建城乡一体化建设用地市场的关键步骤。自 2013 年起，我国着手推进集体经营性建设用地入市的改革进程，2015 年选定了包括北京大兴区在内的 33 个地区作为先行试点。至 2019 年 8 月，这一重大改革成果被正式纳入新版土地管理法，并于次年 1 月 1 日起生效实施。

大兴区自 2015 年 2 月成为全国试点地区后，迅速行动，对现有的集体经营性建设用地进行了全面地梳理、确权登记及空间规划编制，并配套出台了一系列政策措施。采取"以镇为单位的空间整体协调"策略，以镇为实施的基本单元，精心制定了镇级层面的城乡统筹发展规划实施方案。至 2020 年底，大兴区已有 11 个镇成功推进了集体经营性建设用地的入市工作，累计入市土地面积达 108 hm^2，总成交额高达 271 亿元，这些土地主要被用于产业发展、集体租赁住房以及共有产权房的建设。

在金融支持大兴区集体经营性建设用地入市的实践中，涌现出多项创新举措。首先，通过实施"镇级统一筹划"模式，有效打破了以往"各村为政"的经济发展瓶颈，主动跨越村界，开创了以镇为实施单元的改革新路径。其次，构建了市场化的运作主体。在大兴区各乡镇政府的引导下，各村经济合作社联合成立镇级集体合资企业，作为入市的主导力量，实现了"一次性授权、全方位委托"，由该合资企业全面负责土地的整治开发、拆迁安置、市场交易及收益分配等工作。最后，将入市所得的土地收益作为合法的偿债资金来源。除按规定向区财政上缴部分土地增值收益调节金外，剩余资金由镇级合资企业自主支配，不纳入财政预算管理，也不增加政府的隐性债务负担，从而确保了其作为合规还款来源的合法性。

（二）农村土地综合整治——以苏州市相城区为例

全面土地整合治理以科学规划为基石，立足于乡镇层面，整体推进农用地整理、建设用地整理和乡村生态环境修复，优化生产、生活、生态空间格局。2019 年 12 月 10 日，自然资源部发布了《关于开展全域土地综合整治试点工作的通知》，并于 2021 年初宣布了首批 446 个试点区域，其中苏州市相城区黄桥街道入选。

黄桥街道的全面土地整合治理项目覆盖了土地整理、生态系统保护与基础设施升级，以及产业优化与升级3大核心板块。该项目的财务回馈主要源自现代农业的运营收益与科技创新产业园区租赁收入，项目融资总额达到100亿元。

在黄桥街道全面土地整合治理项目的资金运筹中，采取了多项创新策略以降低重复性并提升效率。首先，通过将原本零散的项目整合为6大类，制定出全面土地整合治理的实施蓝图，并获区政府统一审批，确保整治后的科创园区与现代农业基地的运营收入能有效覆盖初期投资。其次，区政府特别指定黄桥街道下属国有企业作为唯一执行单位，依据地区发展蓝图与试点要求，实施投资、建设到运营的一体化管理模式。最后，为保障项目用地，相城区政府明确指示要合理规划土地资源分配，确保执行主体能合法合规地获取所需土地，为项目推进奠定坚实基础。通过这些措施，不仅提高了资源使用效率，也有效降低了项目实施过程中的重复性与冗余成本。

（三）农用地、村庄综合整治——以嘉兴市南湖区为例

2019年，嘉兴市南湖区正式入选国家城乡融合发展试验区，并同步启动了省级全域旅游示范区的创建工作。在此背景下，南湖"旅游＋"乡村振兴项目作为全域旅游战略在农业农村领域的深化实践，旨在推动乡村旅游与基础设施的全面升级，以响应乡村振兴战略的核心需求。

该项目聚焦于南湖区8个乡村的土地综合整治与开发、灌溉系统建设，以及新兴旅游景点的配套设施建设，总投资规模达到13.7亿元。

在资金筹措与项目推进策略上，南湖"旅游＋"乡村振兴项目展现了高度的创新性。第一，项目充分利用农村土地制度改革的契机，将农用地流转机制与宅基地退出政策有机融入项目规划。具体而言，项目执行方直接获取了5 000亩农用地的经营权，并通过租赁方式取得了8个村落中因居民进城而空置的400处宅基地房屋的使用权。这些房屋经过精心设计与改造后，被转型为具有地方特色的民宿。第二，项目采用了灵活多样的运营模式以优化收益结构。一方面，项目执行方直接负责实践基地、农事体验等核心板块的运营；另一方面，为确保服务品质与运营效率，农产品销售与农家乐住宿服务则外包给专业的第三方公司运营。

五、全域土地综合整治申报流程

（一）前期准备与规划策划

由县、市、区政府组织，依据最新国土调查数据和"多规合一"的要求，统筹编制全域国土综合整治空间规划和实用性规划。对整治区域内的农用地、建设用地和

未利用地进行详细调查与评估，明确整治潜力和重点。

规划需设定明确的整治目标，包括耕地质量提升、新增耕地面积比例（不少于原有耕地面积的 5%）、建设用地总量控制以及生态保护计划。

（二）方案制定与专家论证

根据完成的规划要求，进一步制定详细的全域土地综合整治方案，明确整治具体任务、措施、时序和资金预算。

方案完成后，组织专家对方案进行论证，评估方案的可行性、合规性、资金保障等内容，后根据专家意见进行修改，形成符合政策且可操作性高的全域土地综合整治方案。

（三）审批与备案

将最终方案提交相应县、市、区政府审批，确保方案符合地方政策及实际要求。完成审批后，逐级上报至省自然资源厅进行备案，确保符合省级区域规划和政策导向。最终提交完成方案、数据库等材料进行备案以获取区域政府和省自然资源厅备案受理的正式文件。

（四）子项目申报与实施

将主管部门（农用地整理报市自然资源局、建设用地整理报省自然资源厅等）编制的农用地整理、建设用地整理等子项目的实施方案，提交主管部门审批，获得批复后，由当地政府或指定机构负责组织实施子项目，确保整治工作按标准推进。

（五）打包实施与后期管理

各子项目批复后，由自然资源局提出打包实施方案，明确打包实施的范围、目标、任务和资金安排。之后由区域人民政府对打包方案进行审批，委托地区平台公司负责具体实施。建立后期管理与维护机制，包括定期检测、评估、维护等，确保全域土地综合整治形成完整闭环，使得成果长期有效。

第三节 全域土地综合整治面临的痛点

全域土地综合整治作为推动农业农村现代化和国土空间优化的重要手段，在实施过程中面临着多方面的挑战与痛点。这些痛点不仅关乎规划与实际需求的匹配度，也涉及政策执行、经济效益、资金参与等多个层面，共同构成了当前全域土地综合整治推进中的复杂难题。以下是对这些痛点的详细分析。

一、现行规划与整治需求不完全相符

在推进全域土地综合整治时，主要目标是实现农村地区国土空间的连片开发与整村推进，以优化土地资源配置。过去，农村地区的规划多在增量扩张的背景下制定，以自上而下的行政指令为主，这导致规划往往忽视了地方特点和村民的实际需求。特别是在土地权属调整和土地收益平衡方面，过去的规划考虑不周，难以适应全域土地综合整治对现有土地利用结构进行调整和重构的需求。

现阶段，农村地区的土地利用活动受到总体规划、城市总体规划、村庄规划等多重规划体系的严格限制。国土空间规划正处于新旧交替的关键时期，为了有效实施用地布局的优化，必须对这些规划进行必要的调整。然而，现行的法律法规和政策对规划调整的修改条件设定了严格的限制。以广东省为例，其土地利用总体规划的修改仅在极少数特定情况下被允许，如国家、省重点项目建设用地和单独选址项目等，而并未涵盖因土地综合整治项目需要进行的规划调整。这导致在土地综合整治项目的实际操作中，经常遇到规划修改依据不足的问题。即使项目符合规划调整的条件，但受限于现行法律法规和政策的烦琐审批程序，规划的修改仍需经历漫长的等待。例如，《中华人民共和国土地管理法》第二十五条明确规定，对经批准的土地利用总体规划的修改，都必须经过原批准机关的批准；未经批准，不得改变土地利用总体规划确定的土地用途。这些严格的规定和要求，无疑增加了土地综合整治项目的时间成本和不确定性，进而影响了村集体及乡镇参与全域土地综合整治的积极性和动力。

二、用地布局优化政策存在障碍

农村地区常常遭遇建设用地与耕地交错分布、耕地碎片化等难题，这对村级工业园、农村居民点及耕地等用地布局的优化构成了重大挑战，而这也是全域土地综合整治的核心任务之一，更是推动农业农村现代化的关键基础。用地布局的优化要求对现有地类进行深度整合，这必然会触及权属调整、永久基本农田调整等敏感领域，当前政策环境存在诸多障碍：

第一，权属调整的政策路径不清晰。在广东省，尤其是珠三角地区，国有土地与集体土地交错分布的现象十分普遍。因此，权属调整不仅涉及集体土地使用权之间的调整，还牵涉到村与村之间集体土地所有权的调整，以及集体土地所有权与国有土地所有权之间的复杂调整。然而，现行政策在权属调整的具体操作细则上显得捉襟见肘，特别是对于集体土地所有权与国有土地所有权之间的调整与置换，更是缺乏明确的法律法规依据。

第二，永久基本农田的调整面临重重困难。珠三角地区普遍面临耕地和永久基本农田保护目标缺口大、耕地后备资源匮乏的严峻形势。在高度城镇化的区域，永久基本农田面积狭小且碎片化严重。尽管全域土地综合整治试点政策允许在一定条件下对永久基本农田进行调整优化（但需确保调整后永久基本农田的数量不减、质量不降），但这种调整被严格限制在整治区域的镇域、村域范围内，这极大地限制了为腾出发展空间而进行的永久基本农田调整的可能性。

三、农业、生态空间的综合经济效益不明显

实施全域土地综合整治，旨在保护并优化生态与农业空间，这是确保我国粮食与生态安全的关键策略。然而，一个显著的问题是，农业与生态用地的租金收益相较于开发建设用地而言要低得多，这使得全域土地综合整治在综合经济效益上表现平平。特别是在经济发达区域，由于永久基本农田与生态保护红线的严格限制，农用地转用受到极大约束，导致农村集体普遍对政府将这些土地划入永久基本农田或生态保护红线持抵触态度，这无疑增加了全域土地综合整治及其相关工作的推进难度。

实际上，现代农业与乡村旅游在推动农业空间集约化、生态空间可持续化发展方面展现出了显著的经济驱动力。然而，当前存在的点状供地模式、农用设施用地政策限制等制度性障碍，严重削弱了农业与生态空间的经济收益潜力。这一现状导致众多农业及生态相关项目，包括农业观光、生态旅游等文化旅游项目以及现代农业产业项目，其发展状况并不尽如人意。部分项目由于缺乏农用地转用的正规政策途径，甚至不惜违法违规用地，最终在大棚房、耕地非粮化等整治行动中遭受重大损失。

四、社会资本参与度不足

社会资本作为全域土地综合整治的重要资金补充，尽管政策上鼓励其参与，但实际操作中还需要注意严格把控风险。社会资本参与整治项目追求经济回报，而主要收益来源——节余建设用地指标交易和闲置宅基地转集体经营性建设用地入市，均属农村集体资产，需公开交易，增加了社会资本的投资风险。

以广东省 40 个全域土地综合整治试点项目为例，社会资本投资占比超半数的仅

7个，其余主要依赖政府财政。同时，项目前期融资困难，因需整治完成后才能以集体经营性建设用地抵押融资，导致启动资金匮乏。这些因素共同制约了社会资本的有效参与。

五、财政投入压力较大

全域土地综合整治涉及广泛区域及多元要素，其融资机制与国外成熟体系相比，显现出以政府财政直接投资为主的单一特点，市场及个人资金参与度低。2018年机构改革后，自然资源部门专项资金短缺，跨部门资金统筹难度增大。同时，公共基础设施与生态修复等非直接收益项目资金需求大，加剧了地方政府财政压力，导致基层政府推进整治的积极性受限。

因此，全域土地综合整治面临融资难题，资金来源结构亟须优化，需探索多元融资途径，增强市场及个人参与度，并与农民建立共识，协同推进整治工作。

第四节　全域土地综合整治投融资模式及案例分析

地方政府在推进全域土地综合整治项目的过程中，受限于自身专业能力和财力，需专业社会投资人积极参与。本节梳理了目前比较常见的政企合作模式，主要有投资人自营模式、EPC＋O模式、政府授权＋投资人＋EPC＋O模式、PPP模式以及特许经营模式等。

一、投资人（地方国企）自营模式

此模式主要适用于自身资金实力雄厚，且具有较强的项目执行能力，能够独立完成投资、建设、运营的投资人（地方国企）。地方政府选定一家具备土地综合整治能力的国有企业，约定由国有企业负责项目投融资、建设，政府负责项目行政审批、监督等，形成的土地综合整治收入由政府和国有企业进行分成。政府及自然资源主管部门需要制定明确的制度和办法来确保项目工程质量和后期的维护保障。模式交易结构见图8-1。

案例分析：河南省驻马店市遂平县土地整治试点项目

河南省驻马店市遂平县土地整治试点项目是一个具有示范意义的案例，该项目成功运用了投资人（地方国企）自营模式，实现了政府与社会资本的有效合作，推动

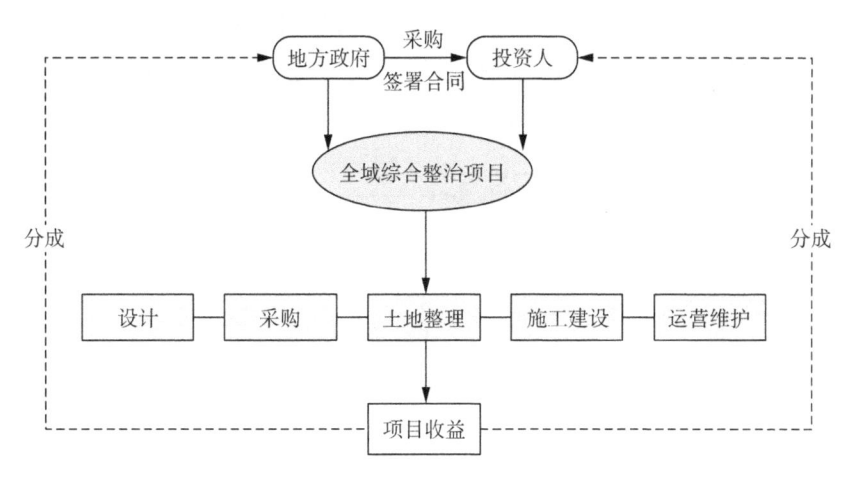

图 8-1　地方国企直接投资模式交易结构

了当地农业和农村经济的显著发展。

项目总投资额达到 5 亿元，覆盖遂平县多个乡镇，涉及农田基础设施建设、土地平整、灌溉系统改善、土壤改良等多个方面。通过全域土地整治，项目目标在于提升土地利用效率，优化农业生产布局，同时满足当地农产品加工企业对高质量原料的迫切需求。该项目是政府根据一加一面粉、五得利面粉、正康粮油、徐福记食品等农产品加工企业需求，开展的"定制化""订单化"土地整治。

政府通过公开招标的方式，引入了省自然资源投资集团作为社会资本方。社会资本方负责项目的投融资、建设及后期的运营管护，总投资中的 3 亿元由社会资本方提供，其余 2 亿元由政府配套资金支持。政府则负责项目的行政审批、监督以及政策支持，确保项目的顺利推进和合规性。

数据显示，项目实施后，遂平县的农田基础设施得到了显著改善，灌溉系统覆盖率提高了 30%，土壤肥力提升了 20%，农业生产效率提高了 15%。同时，项目还促进了当地农产品加工企业的发展，增加了农民收入，推动了农村经济的多元化发展。

二、EPC＋O 模式

此模式适用于地方国有企业拥有较强资金实力，但是缺乏建设和运营经验的情况。项目实施主体为地方城投公司，城投公司自筹建设资金并对项目施工总承包进行公开招标，招标范围包括设计、施工、招商等与项目有关的所有建设和服务。项目土地开发收益、指标交易收益、产业税收等收入由财政拨款，一部分用于支付专业公司（即施工总承包方）的成本及收益，另一部分用于乡村人居环境的改善。EPC＋

O模式下，一个总承包单位统筹原先分离运行的设计、采购、施工和运营等环节，并对投用后的工程进行常态化管护，确保工程正常运转，大幅缩短工期的同时又利于提高工程整体品质。EPC+O模式交易结构见图8-2。

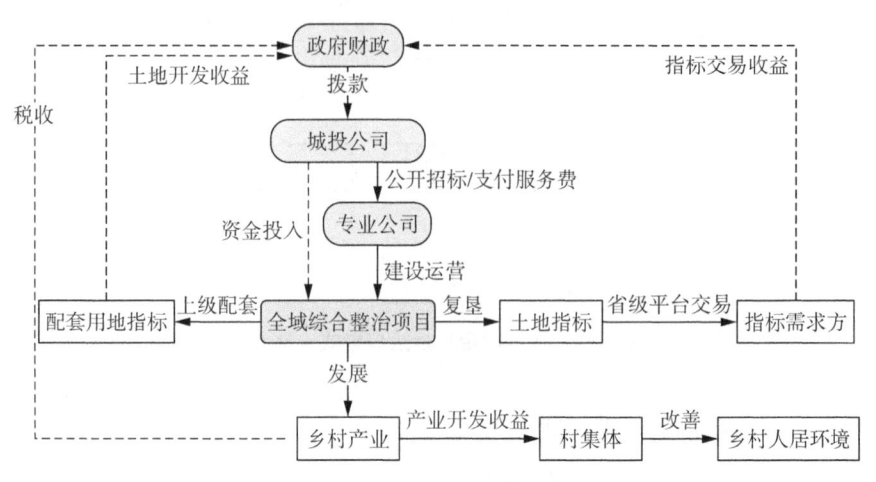

图8-2 EPC+O模式交易结构

案例分析：浙江省苍南县钱库镇兴湖村全域土地综合整治项目

兴湖村（湖广店）全域土地综合整治与生态修复项目整治修复范围约653亩，总投资约5.2亿元。项目腾空建设用地约204亩，用于规划建设住宅、小微园、公共服务设施等。其中，住宅用地85.5亩，小微园用地50亩，公共服务设施用地14.5亩，剩余50多亩节余指标由县政府统筹使用。

该项目采用EPC+O一体化承包模式，将设计、采购、施工和运营等关键环节整合在一起，由单一承包单位负责实施。其优势在于能够简化报批手续，缩短工程周期，提高项目推进效率。通过EPC+O模式的应用，项目实现了一体化管理，降低了单一主体的风险压力，并通过引入运营环节，确保项目在建成后持续运营并产生效益。

三、政府授权＋投资人（社会资本方）＋EPC+O模式

此模式适用于政府授权主体自有资金不足，难以单独投资项目的情况，在当前地方财力紧张的形势下已成为一种较普遍的投融资模式。地方政府授权下属国有企业全面负责项目的投资、建设及运营管护等工作，同时允许该国有企业与具有土地综合整治能力的社会资本方进行合作，社会资本方通常是资金方与土地综合整治工程总承包方组建的联合体。具体模式交易结构见图8-3。

该模式中，政府方负责制定相关政策、解决项目实施中的协调问题，管控新增

耕地指标交易的收益分配等重大事项。地方国有企业采取"两标并一标"的招标方式，选定具有 EPC 资质的社会资本方（或联合体），双方共同组建项目公司负责项目投资，社会资本方（或联合体）承担项目 EPC 和运营。

该模式通常能够引入实力较强的大型工程建设单位及专业运营商，充分发挥外部投资人的资金和专业优势。但此模式下项目能否实现自平衡是社会资本方需要重点关注的问题。

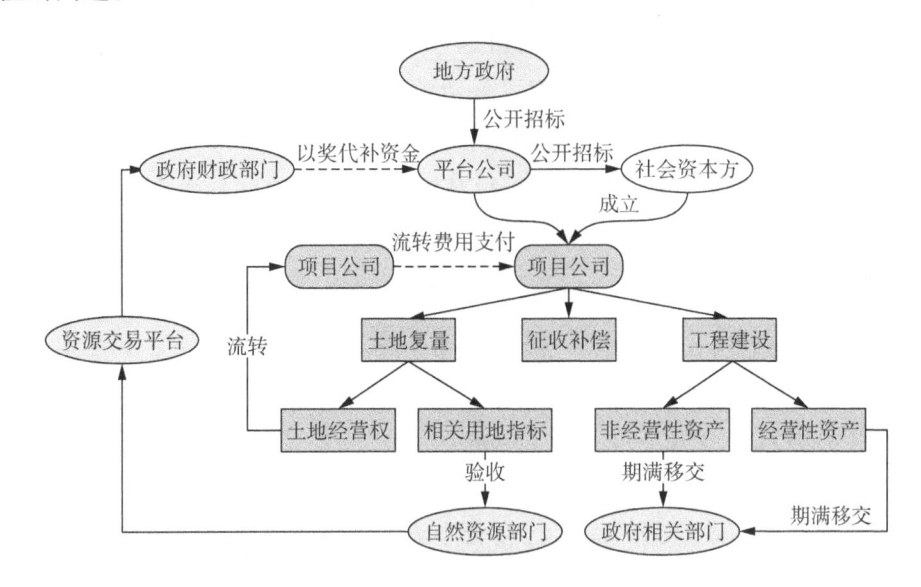

图 8-3 政府授权＋投资人＋EPC＋O 模式交易结构

案例分析：吉林省梨树县全域土地综合整治项目

本项目涵盖两大核心建设领域：首要为乡村道路工程及配套基础设施的建设，次要涉及 3 000 hm² 未利用地的整治与复垦工作。总体投资规模预估达到 42.96 亿元，乡村基础设施构建预算约为 31.51 亿元，而土地整治环节的费用预算约为 11.45 亿元。

项目采取"政府授权奖励性补贴＋投资人＋EPC（设计、采购、施工）＋O"的创新运营模式，其投资回报机制由投资成本回收及投资收益两部分构成。具体而言，投资成本涵盖项目筹备阶段费用、土地征收与拆迁补偿费用、建筑安装费用、工程建设其他相关费用、预备金及税费，均依据吉林省当前执行的造价规范进行精确计算；投资收益则以社会资本方（包括自有资金及银行贷款等融资方式）投入的全部资金作为计算基准。项目的资金来源主要依赖于项目区域内扣除必要计提后的补充耕地指标交易所得、土地经营权流转收益以及经营性资产的运营收入。

项目预期将促成 45 000 亩的补充耕地指标生成，根据吉林省人民政府办公厅发布的《关于引导和规范社会资本参与耕地后备资源开发利用的意见》，社会资本参与项目所生成的补充耕地指标，在通过验收确认后，将由市级与县级政府按照15%与85%的比例分配入库，据此，县级政府入库的补充耕地指标将达到38 250亩。

依据《国务院办公厅关于印发跨省域补充耕地国家统筹管理办法和城乡建设用地增减挂钩节余指标跨省域调剂管理办法的通知》，国家统筹补充耕地经费标准依据补充耕地的类型及粮食产能确定，其中，水田的补充费用为每亩10万元，而补充耕地标准粮食产能的费用为每亩每百千克1万元。本项目中，补充耕地指标的交易价格预设为每亩16万元，据此计算，补充耕地指标交易的总收益预计可达61.20亿元。在扣除省政府计提的15%后，县政府可保留的补充耕地指标交易收益约为52.02亿元，该数额足以全面覆盖项目的总投资及预期的投资收益。

通过本项目的实施，将显著提升农村基础设施的完善度与配套水平，促进产业发展的升级，进而推动乡村振兴战略目标的实现；同时，通过提高土地利用效率，使得增减挂钩的节余指标能够在农村与城市建设之间实现有效流通，既缓解了城市补充耕地指标不足的问题，又为乡村建设提供了必要的资金支持。

四、PPP模式

在PPP模式中，政府公开引入社会资本方，由国企平台作为政府出资方代表，与社会资本方成立项目公司，负责项目投融资、建设及运营管护，政府根据绩效考核结果按年度支付投资人政府补贴。合作期满后，项目公司向政府方无偿移交项目资产。PPP模式交易结构见图8-4。

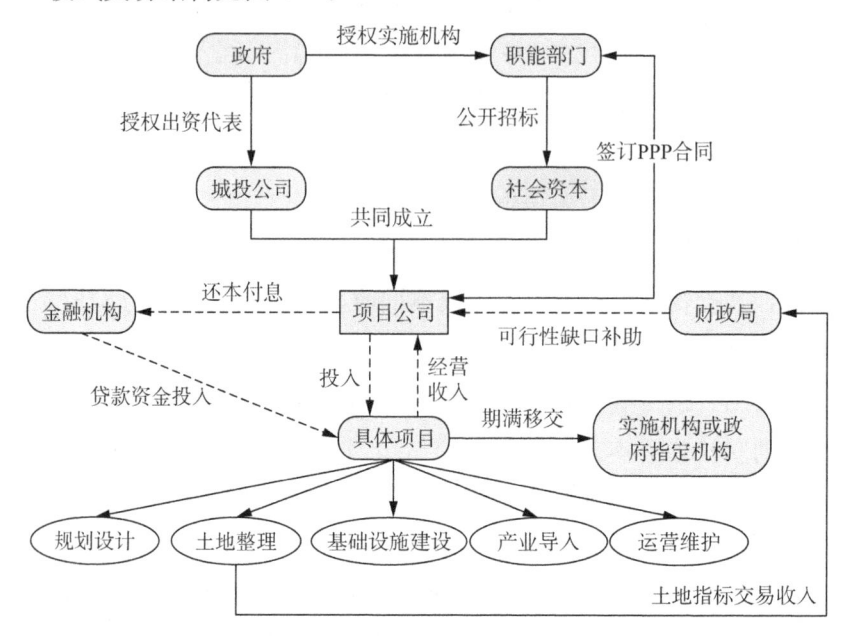

图8-4　PPP模式交易结构

该模式通过市场机制引入社会资本和专业运营管理公司，使政府和社会资本发挥各自优势，以较低成本进行项目开发。PPP 模式对地方财政承受能力也有一定要求，同时，地方政府（或项目相关方）完成项目入库（PPP 项目信息综合管理平台），虽然程序时间偏长，但合规性更强，也更容易获得金融机构的支持。

案例分析：内蒙古自治区批复实施赤峰市巴林右旗 PPP 模式实施高标准农田建设项目

项目建设总规模 12.7 万亩，总投资 2.09 亿元，亩均投资 1 646 元。其中，政府投资 1.53 亿元，社会资本投资 0.56 亿元。实现了公共资金与私有资本的有机结合，有效缓解了政府财政压力，同时激发了市场活力。

该项目采用 BOT（建设－经营－转让）"投建管服一体化"方式运作，具体而言，政府与社会资本方共同组建项目公司，负责项目的投资、建设、运营及后期服务。在项目建设阶段，社会资本方负责筹资并承担建设任务，确保项目按时按质完成，运营期由专业农业技术管理公司负责农田的日常管理和技术服务，提高农田产出效率和农产品质量。在项目合作期满后，项目公司将项目资产无偿移交给政府，确保公共利益的持续实现。

通过 PPP 模式，该项目不仅减轻了政府财政负担，还引入社会资本和专业管理团队，将农田灌溉利用率提高了 20%，作物产量提升了 15%～20%，直接带动当地农牧民增收。

根据与项目负责人取得的相关数据可知，该项目运营期限为 20 年，年均额外收益约为总投资额的 5%。基于数据，该项目的年均额外收益约为 0.104 5 亿元，考虑到运营成本和折价因素，年净收益约为年均额外收益的 80%，由此计算得出年净收益为 0.083 6 亿元［社会资本投资收益率＝（年净收益/社会资本投资额）×100%＝(0.083 6/0.56)×100%≈14.93%］。该项目投资收益率较为可观。

五、特许经营模式

政府采用竞争方式公开采购社会投资人，通过政府授权，社会资本可与投资人合资成立项目公司，负责项目的投资、建设及运营管护。通过特许经营协议明确权利义务和风险分担，约定其在一定期限和范围内投资建设运营基础设施和公用事业并获得收益，提供公共产品或者公共服务。特许经营模式交易结构见图 8-5。

此模式与"政府授权＋投资人＋EPC＋O 模式"较为相似，但此模式允许有财政资金进行补贴，后者需要项目内部自平衡。同时，城投公司的加入有利于统筹区域开发资金资源，降低融资成本。

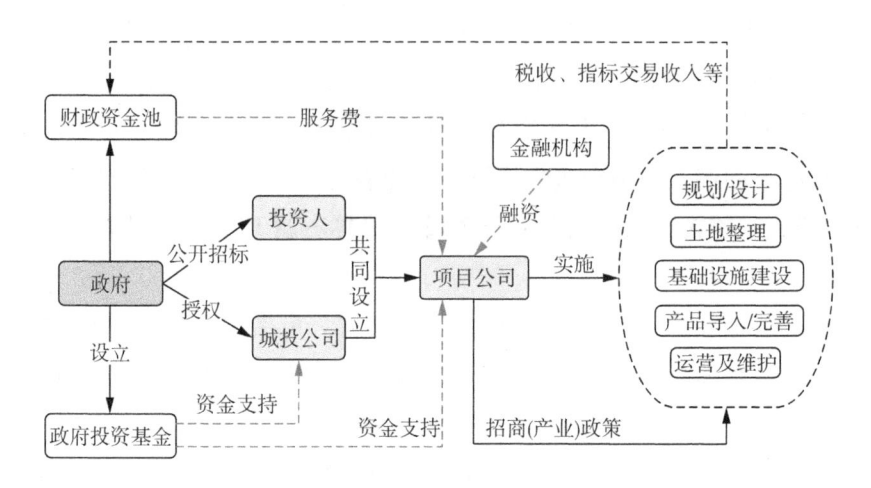

图 8-5　特许经营模式交易结构

案例分析：湖南省双峰县土地综合整治及乡村振兴建设项目

该项目位于湖南省娄底市双峰县，涉及建设用地增减挂钩、河湖水系连通治理、农村人居环境综合治理、农村道路基础设施建设等多个方面。项目总建设规模达到 303.621 2 hm²，总投资额为 51 000 万元。

双峰县自然资源局通过公开招标的方式确定双峰县城乡资产开发经营有限责任公司为中标单位，政府与其签订了特许经营协议。协议中明确了项目公司的权利义务、特许经营期限、收益分配方式以及风险分担机制等核心内容。项目公司在特许经营期限内享有项目的经营权和收益权，并承担相应的风险和责任。项目资金由中标人自行筹措，并负责项目的建设和运营。项目公司在特许经营期限内，通过提供土地综合整治和乡村振兴相关服务，获得收益并承担运营成本。

通过采用特许经营模式，该项目有效引入了社会资本，不仅缓解了政府财政压力，还通过市场化运作提升了项目效率与管理水平，直接推动了农业现代化、农村经济发展和城乡融合，为乡村振兴注入了强大动力。

当前，从地方财政状况与项目资金需求来看，吸纳更多社会资本投资成为全域土地综合整治的必然趋势。地方政府应根据实际情况，灵活选取适合的投融资模式，以实现政府、企业、农户三方的共赢。

未来，随着政策环境的优化与投融资机制的创新，全域土地综合整治将更加注重生态、经济与社会效益的协同提升，从而推动乡村振兴与可持续发展目标的实现。

第五节　全域土地综合整治工作建议

在新时代背景下，全域土地综合整治作为推动城乡融合发展、优化国土空间布局、提升土地资源利用效率的重要手段，面临着诸多挑战与机遇。

为有效推进全域土地综合整治工作，实现国土空间的高质量发展，本研究提出以下工作建议。

一、完善政府主导的工作机制

（一）构建市场化实施主体

推动成立全域国土空间综合整治的市场化实施主体，该主体应通过注资、注产、授予经营权等多种方式，不断提升其市场化运营能力。同时，鼓励当地国企与社会资本积极合作，合资成立项目公司，专门负责国土空间整治项目的具体实施。此外，应支持这些市场化实施主体在合法合规的前提下，取得建设用地使用权、农用地经营权及相关资产运营权，以确保其能够通过持续运营获得稳定收益。

（二）加强片区谋划与项目策划

明确不同国土整治片区的功能定位，如历史风貌提升、生态环境治理、产业转型升级、老旧住区改造等。结合这些定位，统筹谋划收益性与无收益项目，实现资金平衡，确保项目的顺利实施。

（三）加大财政金融支持力度

积极争取中央补助资金，加大政府债券发行力度，设立专项资金，优先安排财政预算用于全域国土空间综合整治。同时，发挥开发性、政策性金融中长期、低成本资金优势，引导商业金融机构创新服务产品，加大对项目的金融支持力度。

（四）编制导向性文件与验收评价标准

应尽快编制与全域土地综合整治相关的导向性文件，明确整治的内涵、范围、条件和方法。研制验收和评价标准，明确验收和评价依据、具体内容、具备条件、实施办法等，确保工作有据可依。

二、优化国土空间布局与权属调整

随着国土规划体系完善，传统单一要素、分部门的土地用途管制开始向全域统筹的国土空间用途管制转型。为此有以下2点建议。

（一）预留土地用途调整空间

在新时期国土空间规划与用途管制中，建议为高度城镇化地区预留县级内永久基本农田跨镇调整空间。以县级为单位实施全域土地整治，将城市核心区的分散农田整合为高效且规模化的永久基本农田保护区，并打造万亩农业示范区。可借鉴浙江省的经验，结合村庄规划与全域整治，允许在保证耕地质量和保护生态环境的前提下，进行农用地间的空间置换与布局优化，经验收合格后调整地类。

（二）建立健全权属调整机制

全域土地综合整治的关键在于优化国土空间布局，这必然涉及权属调整，即用益物权归属变更与土地价值再分配，其顺利执行直接影响土地权利人的参与积极性。针对部分地区国有与集体土地混杂、集体土地交错，且权属调整需求迫切但政策路径缺失的问题，建议基于我国国情，完善土地权属调整政策框架，允许在全域整治范围内跨越权属界限，重新界定宗地与产权。这包括同一所有权下不同使用权的调整，以及国有与集体、不同集体所有权间的调整。同时，构建一套涵盖调查、评估、分配、登记的技术体系，确保在尊重农民主体与村民自治的基础上，实现土地价值再分配的公平合理，稳健有序地推进权属调整工作。

三、投融资机制建设策略

（一）强化政府引导与资金整合功能

（1）完善资金归集与专项使用机制。政府应确保耕地开垦费、土地复垦费、新增建设用地土地有偿使用费、土地出让金提留部分及耕地占用税等专项资金的足额征收与专项使用，遵循"专款专用、高效整合"原则，强化跨部门协同，形成资金合力，提升资金使用效率与监管效能。

（2）探索政府债券与投融资规划。结合地区经济发展水平，研究发行地方政府专项债券，用于全域土地综合整治，并制定科学合理的投融资规划，实现资金的有效聚合与高效配置。

(二) 深化金融合作，降低资金成本

（1）强化金融机构支持。鼓励政策性银行（如中国农业发展银行）及商业银行（中国农业银行、中国邮政储蓄银行等）设立专项信贷计划，通过优化内部资金转移定价、提供专项绩效考核等措施，加大对全域土地综合整治项目的信贷支持。

（2）推动金融产品与服务创新。引导金融机构创新服务模式，如签订土地整治金融合作协议、提供定制化金融服务方案、实现资金与项目的精准对接、降低融资成本。

(三) 优化外部环境，激发新型金融机构活力

（1）调整政策，减轻税负。统一并适当降低新型金融机构（地方银行、贷款公司、资金互助社等）的存款准备金率和增值税税率，减轻其运营负担，增强其参与全域土地整治的动力。

（2）增强政策支持与激励。对于积极参与全域土地整治的金融机构，提供政策性贷款、再贷款优惠、财政补贴等支持，营造良好的外部发展环境。

(四) 创新社会化融资模式，拓宽融资渠道

（1）市场化运作与社会资本引入。政府应主导设立全域土地综合整治投资基金，吸引社会资本以股权、债权等形式投入，实现资金来源多元化。

（2）建立收益分享机制。遵循投资收益对等原则，设计合理的收益分配机制，激励政府、企业和社会资本积极参与土地整治项目，形成共赢局面。

（3）推广 PPP、BOT 等合作模式。在全域土地综合整治项目中引入公私合营（PPP）、建设—经营—转让（BOT）等现代项目融资模式，发行绿色债券等金融工具，拓宽融资途径，实现资金来源的社会化与证券化。

（4）构建多元化激励机制。采用"以奖代补""绩效挂钩"等灵活激励措施，满足不同投资主体的利益需求，激发社会各界参与全域土地综合整治的积极性。

四、策略优化与实施重点

(一) 策略优化：因地制宜与逆向思维结合

鉴于地形地貌的多样性和区域差异性，全域土地综合整治需采取因地制宜、分类施策的原则。在试点实施方案编制中引入"逆向思维"，旨在识别并规避项目"不可行"因素，确保方案的创新性、实用性、综合性和动态性。通过构建完善的后评价

制度，不断积累实践经验，以指导投资管理和决策，提升投资效益。

（二）效益评估与示范引领

效益综合评估需覆盖前期决策至投产运营全周期，系统分析经济、社会、环境效益及经营管理状况，并强化事中评价以及时纠偏。同时，培育示范案例，推动全域土地综合整治与国土空间规划的高质量发展，为同类项目提供宝贵经验。

参考文献

[1] 王建国. 在新起点上共促财政支农事业再上新台阶[J]. 中国财政,2013(6):23-26.

[2] 刘筱舟,曾柳絮. 全域土地综合整治促进生态文明建设[J]. 大众标准化,2020(15):130-131.

[3] 李晨,陈艳林,张琰. 规范开展全域土地综合整治的若干思考[J]. 中国土地,2022(8):46-49.

[4] 杜亚强. 当前政府投融资领域政策风险及发展机遇浅析[J]. 财会研究,2017(11):14-19.

[5] 李倩,胡志喜,杨帆. 打造新时代国土空间治理荆楚样本以国土空间格局优化和生态保护修复为核心,湖北启动全域国土综合整治[J]. 资源导刊,2019(12):54-55.

[6] 李红强,林倩. 全域国土空间综合整治融资模式创新和对策建议[J]. 宁波经济(三江论坛),2021(9):20-22.

[7] 陈凯. 全域土地综合整治的现实困境及政策思考——以广东省为例[J]. 中国国土资源经济,2021,34(10):44-49+54.

[8] 杨森涛,韦芬,陈富宁. 创新国土资源政策助力广西乡村振兴——解读《关于贯彻实施乡村振兴战略的若干意见》[J]. 南方国土资源,2018(10):20-22.

[9] 许恒周. 全域土地综合整治助推乡村振兴的机理与实施路径[J]. 贵州社会科学,2021(5):144-152.